SEE THROUGH THE MIND

Uncover the mystery of behavior motivation

看透人心

揭开行为动因之谜

皋古平－著

同济大学出版社 · Tongji University Press · 上海

目 录 | Contents

100 个为什么？

答案书中注：【000】

前　言

人心是什么？是人的理性还是人的七情六欲？对此，我经历了近 40 年的探索。20 世纪六七十年代时，我与全国广大青少年一样，都虔诚地相信：人不是为自己活着的，为自己而活是可耻的，人应该“大公无私”“无私奉献”。改革开放后的 1980 年 1 月，上海《文汇报》发表了《一个中学生的苦闷》一文（苦闷因信念与现实冲突而起），并随即发起了“怎样帮助她解除苦闷？”的讨论。有一天，我突然想到：是这个中学生坚信的“真理”错了呢，还是她把现实看错了呢？猛然间我开始怀疑自己多少年来坚信不移的“真理”了。不久，北京《中国青年》杂志发起“人生观大讨论”（也称“潘晓讨论”）。讨论激荡了年轻人的心，人们纷纷就人性的自私和利他直抒己见。其言辞，其苦闷，其呐喊，深深地触动了我。由此，我决心研究行为的动因和人性的本质。

我一面积极地思考，一面撰文参加前述的讨论。可那时的我，还说不出多少道理，只能从哲学上作简单的论证。我转向读书，而当时，理论界还没有多少研究人的问题的著作。1981 年的一天，我从报纸上得知上海国棉 17 厂正在举办“现代管理培训班”，学习《行为科学：一个现代科学管理学派》（上海市企业管理协会编、内部发行）一书。我四处寻找买书。书店没有，我直接找到了国棉 17 厂。厂领导看我一个军人如此诚心，当即送我一本。该书介绍了美国著名心理学家马斯洛的“人本主义需要论”。马斯洛认为，人有生理、安全、尊重、归属与爱等基本需要，并认为基本需要是行为的“决定因素”。我豁然开朗：人的需要就是人行为的动因，研究行为动因应该从研究人的基本需要入手。于是，我开始了对人的基本需要的研究。

随着对外开放的不断深入，介绍西方思想的书籍以及西方学术原著，越来越多地出现在中国图书市场。我陆续购买和阅读了许多有关人性和行为动因方面的书籍。其中介绍性的著作有《西方伦理思想史》《西方近代心理学史》《近代心理学历史导引》《生物进化论》《达尔文》《动机论：迈向 21 世纪的动机心理学研究》等；原著主要有《动机与人格》《精神分析引论》《裸猿》《物种起源》《达尔文读本》《为什么要相信达尔文》《动物的情感世界》《弗洛伊德传》《进化心理学：心理的新科学》《社会生物学：新的综合》等。其内容涵盖文艺复兴时期的人道主义、爱尔维修的自爱论、费尔巴哈的人本主义、达尔文的生物进化论、弗洛伊德的精神分析、马斯洛的需要论、D · M · 巴斯的进化心理学、威尔逊的社会生物学等。

当时在国内，关于“人的研究”一类的观点很多很杂，多方争论不休。我喜欢独立思考，便自己寻找答案。从注重实际和从根本上看问题的角度出发，一开始，我就认定人是动物。在此基础上，我一方面努力学习生物学家、心理学家、动物学家、医生在实际调查和科学实验基础上形成的理论；另一方面收集书刊电视上大量呈现的有关人类和动物的各种资料，包括个人的喜怒哀乐、欲望、情绪、动机、肉体和心理的感受，他人生理和心理的感受方面的实例。我订阅的杂志有《自然与人》《生物学》《生物进化》《野生动物》，经常观看的电视节目有《动物世界》《动物星球》《神奇的地球》。

我的研究大多是在笔记本上进行的（自称“研究性笔记”），这已成了我几十年的习惯。我在笔记本上记录突然出现的想法及一些思考；有时先列出要研究的问题，然后用理论和实际进行一步步的论证。想到哪，写到哪，让思想自由发挥；需要什么，或翻书，或查字典；写了一部分，有时进行归纳，有时进行分析比较，否定错的，肯定正确的，然后在此基础上作进一步的研究。30 多年里，我写了 30 多本、250 多万字的研究笔记和读书笔记。

1982 年，我对人的行为动因有了初步的认识，撰写了《人的行为基础初探》一文（约 1.5 万字）。当时我的立足点是从人体自身而不是从理性或社会性上寻找行为的根源。以后十多年，我对上文做了几次大的修改，1995 年再次定稿并更名为《人的行为动因揭秘》（近 2 万字）。该文的主要观点是：人是动物；研究人的行为必须着眼于人的需要；人的需要归根到底是机体上的需要；人有生存、性、享受、好奇、安全、好胜等需要，人的一切行为都根源于自身机体的需要。应该说，该文着眼于从人体上找行为动因、把机体的需要作为根本动因是正确的，但还没有抓住最根本的东西，即不懂得围绕“生存”看问题。

1999 年，我决心将上述论文扩展为一本书，第二年年初开始动笔。随后是边学习，边思考，边撰写。2000 年上半年，我偶得《生物进化论》一书。没想到，我从此走进了自然界，走进了达尔文的生物进化论。一下子，我眼界大开。

每当我闭上眼睛，让思绪走进自然界，就会在万物之中看到生物发展变化的历程和规律，就会看清人类的真实面目。以前，我对人的理解停留在表面上。尽管我认定情感需要是天生的需要，但不知从自然选择上寻找情感的根源。因此，我在给每一情感需要寻找依据时，总是从人的生活表现、生理反应、条件反射、动物行为比较等方面来证明。比如，1986 年，我把“母爱”的原因之一归结为“对自己辛劳的同情和爱护”。1995 年，我把母爱、情爱、安全、好胜、自尊作为由生理需要派生的稳定的类似本能的需要，而不知它们都是机体本身的需要。读了进化论，我一下子摆脱了以往就事论事的一孔之见。我认识到，人是动物；生存是一切生物的基本追求，是我们研究人的问题必须围绕的“轴心”。人体存在着用于维护生存的需要，即机体需要。人的情感是作为生存能力进化而来的，人体不仅有生理需要，而且有情感需要。机体需要是人的一切行为的根本动因。人的一部分利他行为根源于情感需要。

经过五年的努力，2005 年，我终于完成了 20 万字的书稿。后又经反复修改，2009 年初定名为《行为的动因》，2009 年 5 月在同济大学出版社出版。

用生物进化论研究人性和行为动因是一个全新的思路，甚至可以说是个“怪路子”。因此，30 多年来，我一直找不到志同道合者共同商讨，只能一个人默默地进行千万次的思考，不断地修改完善自己的观点。

《行为的动因》之后，我继续我的研究，看到了以往的诸多不足。在进化目标的问题上，我把“生存”作为进化的轴心，这与以往不从“生存”上看问题的观点相比，是前进了一大步；但是，我所说的“生存”，基本上是“个体生存”，而不是“物种生存”。尽管有时也说“循着物种生存这一轴心”“自然选择的对象是物种”，但实际上对物种生存的极端重要性并不重视，更没有用“物种生存”去统领全局，没有从物种生存上去认识人体上的种种机制，以致对“性别二性征”及一些情感的来源和作用缺乏准确、深刻的认识。

2010 年年底，我因无法用“对自己有利”来解释动物的全部行为，想到“物种生存是动物个体一切行为所围绕的目标”。2012年6月，我认定“物种生存是生物发展进化的根本目标”。此外，《行为的动因》一书中还有一大缺陷，即对于“群居”的重要性只字未提，以致在对自尊心等情感的根源和作用，以及人的利他性的认识上存在着根本性的错误。2012年4月，我在研究人类情感时，突然想到：“人类是群居动物，人体会不会产生有利于群居的情感。”随之予以肯定，并认为自尊心、正义感、同情心和孤独感就是这样的情感。

看到了问题，我对《行为的动因》一书进行了大幅修改，其中主要包括：其一，对物种生存和群居这两个问题作了专门的论述，并予以贯彻。这使我的研究开始走上了正确的轨道。其二，加强了对利他的研究，明确群居动物物种的生存还取决于“群体的维护”，从而得出“人体有利于群居的情感”“人不仅有自私的一面，而且有利他的一面”的结论。

2012年6月，终于形成新的书稿《人的本性是自私的吗：进化心理学视觉下的人性论》。2013年5月，该书在华东师范大学出版社出版。

此后，我每日带着问题读书、思考，或对人世间种种现实问题进行人性分析。思考中，我又发现新书仍存在许多问题，其中最主要的，是对进化的根本目标和群居这两个根本性的问题重视不够，论述不充分（所占篇幅均只有1千字）且贯彻不彻底；另外对“性别二性征”的根源和作用的认识也有欠缺。看到《物种起源》中的大量事实，想到达尔文所恪守的“用事实来支撑”的原则，我又深感自己在论证核心问题时所用事实严重不足。

于是，我从2016年上半年开始在《人的本性是自私的吗：进化心理学视觉下的人性论》的基础上再次重写。首先，我大量收集相关的人类和动物方面的资料，特别是花了三个多月的时间，观看和记录了100多集《动物世界》。在此基础上着手：其一，把“物种生存”和“群居”作为全书的重点，另立两章进行专门论证（共4万多字），并直截了当地把这两个问题的核心观点作为这两章的标题；其二，以物种生存为进化的根本目标，将动物体上“性别二性征”等繁殖特征明确地归于物种生存；其三，对“机体需要是一切行为的根本动因”问题进行了分类整理，并加强了论证，力求从繁殖上证明物种生存的地位；其四，从物种生存角度重新认识情感的作用，对情感的多种作用作了补充，另将“性嫉妒”新增为独立的情感、“情侣独占”新增为独立的机体需要。

人性及行为动因问题千头万绪，相当复杂。要研究这样的难题，除了毫不动摇地坚持以生物进化论为指导、以事实为依据之外，关键还在于要有正确的思路。在这次重写过程中，我开始重视思路问题，并确定了新的思路，即从外部的自然选择的设计上、从物种生存和维护群居上看问题，找根源。思路难，难以一蹴而就，就是在这段日子里，我还经常出现思考不够全面和彻底的问题。到了2016年下半年，才豁然开朗，开始全面执行“人体的一切都是外部自然界的设计”这一思路，坚定地把维护物种生存作为人体一切特性和机制的总源头。

在我的研究思路上，有三个关键点：一是着眼于外部自然，围绕生物进化的根本目标物种生存，从决定物种生存的个体生存、后代繁衍和维护群居三个方面，寻找人体一切机制的来源和作用，寻找行为的根源；二是把握群居对于群居动物物种生存的作用；三是着眼于从人体内部寻找驱动行为的具体动力。

我越来越明白，既然人体的一切都是自然选择的结果，那么我们的研究一定要从人体的外部着眼，即从自然设计上寻找人体一切的根源，理解自然界的意图。至此，我仿佛站在无限的高度俯视整个地球、整个生物界、整个人类发展变化的过程，感觉是那样的清楚和明了。

于是，我有了以下一整套的观点。

生物的发展进化是围绕物种生存进行的，或者说，物种生存是生物发展进化的根本目标。而物种生存取决于个体生存和后代繁衍，对群居动物而言，群居动物物种生存还取决于群体稳定。物种生存是靠个体去实现的。所以，要实现物种生存这一根本目标，群居动物的个体天生承担着维护个体生存、后代繁衍和群居三项具体任务。

要完成这些任务，自然界必然在个体的机体上进化出用于维护自我生存、后代繁衍和群居的若干机制（能力）。这样，对人类来说，个体的一切机制和特征都是为自我生存、人种繁衍、群体稳定所生所用的。

动物生存全靠行动，行动离不开动力的驱使。这样，动物机体上必然存在着驱动行为的动力机制，而要驱动行为，这个机制必然会把快乐痛苦的感觉作为动力环节。这种机制本质上乃是机体的需要（即“机体需要”）。就人类而言，人体存在着食物、性、睡眠等5个生理需要；好奇心、恐惧感、母爱、自尊心等13个心理（情感）需要。这些机体需要承担着维护自我生存、后代繁衍和群体强盛三项任务，其中必然有的用于个体生存，有的用于后代繁衍，有的用于维护群居。用于自我生存就是利己（自私），用于后代繁衍和群居就是利他。人性既有自私的一面，又有利他的一面。

机体需要是强大的，它是人的主宰，是人一切行为的根本动因。情感需要是人驱动行为的两大动力之一。理性对行为只有指导作用而没有动力作用。

贯彻这一思路，我撰写的《物种生存是生物发展进化的根本目标》一文（5000多字）被《生物进化》杂志（中科院南京地质古生物研究所、中科院古脊椎动物与古人类研究所主办）2016年第4期全文发表。这增强了我的信心。

本书的撰写也由此完成。本书共8章，主旨是证明行为的根本动因以及人性的真谛。围绕这一主题，各章的内容和目的是：

第 1 章　介绍以往中外思想家在人性及行为动因方面的认识发展历程，让人从中明辨是非，接受启发，把握真理。

第 2 章　通过介绍达尔文生物进化论、列举生物界的大量事实，揭示物种生存是生物发展进化所围绕的根本目标。本章是全书的核心。

第 3 章　论述群居是群居动物物种生存的又一个决定条件，生物体的一切性状都为物种生存所生所用，群居动物机体的一切都为个体生存、物种繁衍、群体强盛所生所用。

第 4—6 章　从不同方面论述人的机体需要。其中，第 4 章讨论机体需要的客观存在及基本特征；第 5 章证明人的情感是作为生存能力进化而来的，情感本质上是机体上存在的情感需要，机体需要包括生理需要和情感需要；第 6 章具体讨论 18 种机体需要各自的根源、作用和特点，以更好地把握人性，了解人的具体行为。

第 7 章　讨论机体需要的地位和作用。在此证明，机体需要是人的主宰，是驱动一切行为的根本动力，快乐痛苦的感觉是机体需要中的决定环节，情感需要是人内在的两大动力之一。

第 8 章　论证利他是自然界的意图；人天生地担负着维护个体生存、人种繁衍和群体强盛的任务；维护自己生存必自私（利己），维护繁衍和群居必利他；人的母爱、自尊心、正义感和同情心是利他情感。

最后，关于“看透人心”，我认为要把握两点：一是从生物进化论着眼，二是把握人心的主要内容及这些内容的根源、作用和特性。在我看来，情感就是人心，生理需要反映为欲望，欲望也是人心。于是，欲望和情感成为人心的主要内容。另一方面，欲望和情感都是为个体生存、后代繁衍和群体强盛所生所用的，它们有些为个体生存所生所用，有些为后代繁衍所生所用，有些为群体强盛所生所用，归根到底都是物种生存所生所用的。把握了这两个方面，就把握了一切行为的根本动因——那就真的能够看透人心了。

皋古平

2020 年 3 月于上海

第 1 章

人性及行为研究的历史进程

人类研究人性及行为动因已有几千年的历史，翻开历史的篇章，展现在我们面前的是历代思想家那激动人心的、令人深思的论述。从中还可发现这样的规律：人们对人性及行为动因的认识在根本上取决于其对人类自身动物性的认识，越接近越正确，越远离越荒谬。

所谓人性问题，就是关于什么是人的主宰、人的行为取决于自然欲望还是理性、人是自私的还是利他的问题。无疑，人性问题是人世间第一重要的问题，也是第一大难题。几千年来，一代又一代的思想家为此呕心沥血，孜孜以求。很多思想家在哲学、伦理学、生理学和心理学领域对人的本性、行为本质、行为动因等问题作出了丰富而深刻的论述。当前理论界许多仍在争论不休的问题，历史上早已有过明确的结论；而我们一些人以为是“真理”的东西，几百年前就遭到无情的批判和否定。

然而，我们必须看到，人性及行为动因问题，至今还没能得到根本的解决。人性和行为受制于理性的观点，在很大程度上仍是当今的主流。

那么，以往的研究是如何进行的？运用的是怎样的理论、方法和思路？得出了什么样的结论？我们可以从中得到什么样的启发和教训？

原始社会至奴隶社会中期，人们是自然看待人欲的。此后，人类思想家对人性的认识，可归纳为五个发展阶段：第一阶段，从理性上去认识，崇尚理性、精神和道德，主张禁欲主义，否定人的七情六欲；第二阶段，从事实出发，从自然欲望上去认识，肯定人的七情六欲，认为自然欲望是人的本性；第三阶段，从本能上去认识，以人的自然性为基础，把人的自然欲望归结为若干本能；第四阶段，把自然欲望归结为人的“基本需要”；第五阶段，一些思想家跳出了着眼人体内部研究的窠臼，而从人体的外部即自然界的设计上，寻找决定人性及行为的根据。

研究人类对人性及行为的认识，应把握以下几点：其一，人们对人性及行为的认识取决于人们对自身动物性的认识，人是动物，承认这个事实认识就趋于正确，远离之就走向荒谬。其二，人类对自身的认识不仅受到人的认识能力的制约，而且还受到社会制度的制约。这是因为，人类社会最重要的是发展生产力，而生产力的发展取决于与之相适应的生产关系的稳定，即社会的稳定。为了社会稳定这一大局，道德观念的约束有时并不一定以真理为基础（如封建社会的禁欲主义），它服从于目的；可这对人自身的认识来说，起到了阻碍的作用。正因如此，一方面，人类社会在道德方面经历了奴隶社会纵欲、封建社会禁欲、文艺复兴之后逐步释欲的历程；另一方面，人们对人性和行为动因的认识则经历了奴隶社会比较肤浅、封建社会错多对少、文艺复兴之后错误逐步被真理代替的过程。其三，人类对人性及行为的认识取决于人的智力开发、科学技术的发展和社会发展的需要。随着人类智力的不断提升、认识的不断积累，以及科学技术的不断发展，人类对人性及行为的认识不断地纠正错误，回归真理。

让我们看看历史吧。历史会给我们带来许多深刻有益的启示，帮助我们扫除前进道路上的障碍。

从理性上认识人性及行为

奴隶社会对人的管理主要靠暴力，而很少管束思想，加之当时文化极不发达，人类对人自身的认识相当少，某种程度上反而显得自然客观。人们普遍认为追求财富和享乐是正当的行为。在体育锻炼时，人们往往裸体或半裸体。

奴隶社会后期，追求财富和享乐的风气盛行，世风日下，党争激烈，社会政治生活动荡不安。鉴于这种情况，新生的封建制度迫切需要加强思想道德上的约束。正因如此，奴隶社会末期很多思想家总结历史的经验教训，看到了放纵“私欲”的危害，竭力强调道德生活和理性的重要性——从社会稳定和发展的角度上说，一定的道德教育确是必要的。然而，由于科学的不发达和认识的局限，时人又逐步走到事物的反面，对人的自然欲望进行了彻底的否定。他们把灵魂作为人的主宰，继而主张强化道德，控制肉体的困扰，节欲、制欲、禁欲。这一时期，古希腊出现了一大批思想家（哲学家、伦理学家、政治家），他们纷纷著书立说，对人的本性进行了较多和较深的论述。这些思想家主要有：毕达哥拉斯、赫拉克利特、普罗塔戈拉、苏格拉底、阿里斯提卜、德谟克利特、柏拉图、亚里士多德、伊壁鸠鲁和卢克莱修。

毕达哥拉斯（约前580—前500年）否定追求现实物质利益的必要性。他认为人是灵魂和肉体组成的一个和谐的整体，人的本性和道德都取决于灵魂。他说："在人身上最有力的部分是灵魂。"[1]他号召人们，节制自己的情欲，"清洗"和"解放"自己的灵魂，使灵魂摆脱肉体的困扰。他要求人们通过沉默、冥思苦想以达到忘我的境地，逐步登上道德的高峰。

赫拉克利特（约前540—前480年）认为，以往人们过着一种无节制的、不道德的生活，引起无数的罪恶，所以人要过有道德的生活。他十分鄙视人的肉体欲望，号召人们扑灭情欲，要像扑灭火灾一样。

苏格拉底（约前469—前399年）重视道德的建设，但他主张把人的感性欲望和物质利益从道德中全部排除出去，只讲理性在道德中的决定作用，把道德看成是天赋的。他要求人们只去关心自己的灵魂，而不要追求财富和荣誉等身外之物。这一思想后来被他的学生柏拉图继承发展，最后成为中世纪禁欲主义最初的思想渊源。

德谟克利特（约前460—前370年）认为，灵魂是人的主导者，肉体不过像是盛灵魂的器皿。他承认人有肉体快乐，但精神快乐高于肉体快乐，人应当有节制地享乐，而主要是求得智慧和心灵的宁静淡泊。

柏拉图（约前427—前347年）认为，节制就是欲望服从理性，理性控制欲望。他还认为灵魂要飞升，首先要去除欲望，因为欲望造成了人的感官苦乐。柏拉图在《斐多篇》中说："每种快乐和痛苦都是一个把灵魂钉在身体上的钉子。"道德修养的过程，就是使灵魂摆脱肉体的过程。人一旦摆脱了肉体欲望，灵魂就进入了一个光明圣洁的不朽世界。

1　北京大学哲学系、外国哲学史教研室编译《古希腊罗马哲学》，商务印书馆，1961年，36页。

亚里士多德（约前384—前322年）认为，人的欲望和行为应当由道德来处理，而人的本性在于理性，道德取决于人的心灵。人的特殊功能在于“人的行为根据理性原则而具有的理性生活”[2]。他认为，人的心灵可分为理性部分和非理性部分。理性部分在人的心灵中占支配地位，它不仅能够控制人的欲望，而且使人的行为合乎道德，使人幸福。也就是说，人的灵魂主宰人的肉体。

封建制度建立之后，“私欲”直截了当地被看成是罪恶，是洪水猛兽。因此，统治阶级出于稳定社会的需要，竭力加强思想的统治，推行宗教和禁欲主义，使灵魂的主宰地位得到了进一步的确认。

中国于公元前221年秦朝建立起进入封建社会（也有说自公元前1046年周朝建立起）。从此，中国不断加强道德建设和道德教化。对于人的欲望，开始阶段，强调通过“教化”防欲、节欲、制欲。到南北朝隋唐时期（420—907年），在统治者的积极推动下，佛教（西汉哀帝时期传入中国，一说东汉明帝时）和道教（产生于中国东汉时期）兴盛起来。随之，中国在一定程度上实行了禁欲主义。佛教称贪（欲望）、瞋（仇恨）、痴（对佛愚昧）是“三毒”，是“恶”的根本；人贪求私欲是大逆不道，所以要“摄制六情，舍众欲，散诸恶念”[3]；要灭情见性，见性成佛。到了宋朝，中国产生了以儒学为主，儒、释、道三者合流的“理学”，其中以程颢、程颐和朱熹形成的“程朱理学”为主。他们继续主张禁欲主义。朱熹说：“圣贤千言万语，只是教人明天理，灭人欲。”[4]从此朱熹的“灭人欲”成为南宋以后封建社会的统治思想。

5世纪，欧洲进入封建时代，此后占统治地位的伦理思想是基督教，是宗教神学，其经典是《圣经》。宗教的基本原则是爱、勿

2 周辅成编《西方伦理学名著选辑》（上卷），商务印书馆，1964年，287页。

3 《阴持八经注》。

4 《朱子语类》卷十二。

抗恶、禁欲主义、信仰等。基督教认为，人的本性不是从人的肉体、意志和情欲中来的，上帝把圣灵分给了人，这才是人的本质。基督教宣扬，人的灵魂是肉体的主宰。人的肉体不仅于人无益，而且是罪恶的渊薮。基督教要人们弃绝一切欲望，抛弃一切现实的物质利益，“把肉体、连同肉体的邪情私欲，同钉在十字架上。”[5]

在封建时代，神学伦理思想家推出了“原罪说”“赎罪说”“拯救说”，认为人天生有罪，罪在人的意志和行为听从欲望的支配，追求感官享乐和物质利益，违背了上帝的旨意；不安于自己所处的社会地位，这就是犯罪。人有罪就必须赎罪。但单凭自己的力量是无法赎罪的，必须“信靠基督”，弃绝肉体的诱惑，有高尚的道德。这样就会得到基督的拯救，获得来世的幸福。

不同的是，在奴隶社会与封建社会交替时期，古希腊也有一些思想家持相反的观点，他们看到了人的感性欲望的客观存在及其合理性，把人看作是感性的人。

普罗塔戈拉（约前 481—411 年）认为，人是有感性欲望和追求的人，而“人是万物的尺度”[6]，应该把个人的欲望和利益作为道德的来源，把个人欲望的满足作为判断世间万物好坏的标准。

阿里斯提卜（约前 435—355 年）是普罗塔戈拉、苏格拉底的学生。他把人寻求肉体感官快乐，看作是人的天性、人的天职。他还认为，幸福是人生目的，德行不过是达到幸福的手段。

伊壁鸠鲁（约前 341—前 270 年）把人的欲望分为两大类：自然的欲望和非自然的欲望。第一类自然的欲望又分为必要的和非必要的两种：自然而必要的欲望，是指为维持生命和保持健康所必需的一些物质快乐；自然而非必要的欲望，如性爱和亲子之爱等。第二类非自然的欲望也分为必要的和非必要的两种，其中非自然又非

5　《加拉太书》第五章。

6　北京大学哲学系、外国哲学史教研室编译《古希腊罗马哲学》，商务印书馆，1961 年，138 页。

必要的欲望，如爱财、爱权和纵欲等。他认为，自然而非必要的欲望和非自然又非必要的欲望是坏的欲望。他并不提倡禁欲或取消人的一切欲望，只是把物质的快乐限制在一定限度和范围之内。他认为，要保持健康身体和心灵安宁，首先要维持生命，因此为维持生命所必需的物质需要应当满足。在这个意义上，他说："一切善的开端和根源都在于肚子的快乐，连智慧和修养也必须归因于它。"[7] 伊壁鸠鲁坚决反对放纵肉体的快乐，他说："当我们说快乐是最终目的时，我们并不是指放荡者的快乐或肉体享受的快乐……而是指身体上无痛苦和灵魂上无纷扰。"[8]

综上所述，这一阶段主流的思想是非科学的禁欲主义，而其出现是社会发展的必然。在人类社会漫长的早期，人对自身的看法自然客观，承认人有七情六欲，并无拘无束地生活。但当时社会分散、落后，发展极其缓慢。人类要生存、发展，总要组织起来，而要组织起来，就必须加强对人的思想和行为的管束。早期是基于血缘家庭和氏族的管理，道德上是"风俗的统治"，结果一度导致人们沉浸于酒色享乐，世风日下，社会动荡不安。随着社会的发展，统一国家的建立，急需强化人欲的管理。可当时没有科学的理论，于是一些思想家在国家和宗教的推动下，不得不用强调理性、否定感性（七情六欲）来强化道德。无疑，这在理论上是错误的，但在实践上有利于道德规范和道德观念的建立和加强。正因如此，人守规矩了，社会稳定和发展了。

值得记忆的是，在一两千年的时间里，把灵魂、心灵、理性、精神作为至高无上主宰的道德宣传，对人的认识产生了根深蒂固的影响，以致直到 19 世纪末，弗洛伊德还不得不高举非理性主义大旗（即反理性主义）。不仅如此，直至今天，理性主宰仍有很大的

7 ［英］西里尔·贝利《伊壁鸠鲁现存著作》（英译本），牛津大学出版社，1926 年，135 页。
8 周辅成编《西方伦理学名著选辑》（上卷），商务印书馆，1964 年，104 页。

影响。这是历史，是我们人性研究的起点。

此后，随着社会的稳定，科技的发展，特别是受到欧洲文艺复兴运动的猛烈冲击后，人们对人性的认识逐步恢复其本来的面目，走上了不断发展的轨道。基本过程是：先是肯定自然欲望的存在及合理性，后是在此基础上寻找自然欲望的内容及其种类。开始认为这一形式是本能，后来认为是人的基本需要，再后来则换了一个视角，从自然界的设计上，探索自然欲望及其形式的来源和作用。

从自然欲望上认识人性及行为

封建社会后期，一方面，社会趋于稳定，禁欲主义逐步失去了原有的作用，同时，由于生产力的发展，资本主义生产关系在封建社会内部孕育和发展，而这种生产关系需要给人更多的自由；另一方面，几千年来，随着科学的不断发展，禁欲主义的非科学性逐步被人们认识，从而使人性的本来面貌得以逐步恢复。

14—16 世纪，在欧洲，科学技术和生产力的迅猛发展、美洲大陆的发现，加速了资本主义生产关系的发展壮大和封建制度的瓦解，也大大地开阔了人们的眼界。正是在这一时期，意大利等一些国家爆发了一场以人道主义为核心的文艺复兴运动。这是一场伟大的恢复人的本来面目、解放人性的思想解放运动。恩格斯说：“这是地球上从来没有经历过的最伟大的一次革命。”[9]这场运动反封建、反宗教，特别集中地反对禁欲主义。以人性反对神性，以人道主义反对神道主义，以理性反对蒙昧主义，以个性解放反对封建等级制度。人道主义思想启蒙运动的总口号是：“我是人，凡是人的一切特性，我无不具有。”他们认为人是自然的产物，人性在于人的感

9 《马克思恩格斯全集》（第 20 卷），人民出版社，1972 年，533 页。

性欲望，人天生追求感性欲望的满足。他们号召人们为追求现实的物质利益而奋斗。文艺复兴时期是一个伟大的时代，是一个产生伟人的时代。在这场运动中，涌现了一大批伟大的人道主义者。其代表人物有意大利的薄伽丘，荷兰的爱拉斯谟，法国的拉伯雷、蒙台涅等。

此后，欧洲资本主义的发展更为迅速，分别在17、18世纪爆发了英国和法国的资产阶级革命，并直截了当地建立了资本主义制度；19世纪，德国资产阶级革命也在孕育之中。另一方面，自然科学、哲学思维以及对人的认识也有了显著的发展。由此，禁欲主义受到了更加猛烈的冲击，人性得到了进一步的解放，人们对人性和人的行为本质的认识更为丰富和深刻。其间涌现了一大批思想家，他们包括英国的培根、霍布斯、洛克、孟德维尔、休谟、斯密、葛德文、边沁和穆勒等，法国的伏尔泰、卢梭、拉美特里、爱尔维修和霍尔巴赫等，德国的费尔巴哈等。

1．七情六欲是人的本性

薄伽丘（1313—1375年）坚决反对禁欲主义，明确地肯定人的七情六欲就是人的本性，尤其强调男女肉体上的爱情是既自然又健康的感情。他说：“这般人是多么愚蠢——尤其是有些人还道自己的力量比人类的七情六欲还大。”[10] 他认为，人的情欲是合乎自然规律的，它不受任何力量的约束和阻拦，任何人想人为地禁止人的欲望，不仅是极其有害和荒谬的，而且会碰得头破血流。薄伽丘讲了很多可笑的故事，揭露和嘲笑修士修女的虚伪性，说他们口中讲禁欲，实际上却无法违背人的本性，同样受情欲的控制。

爱拉斯谟（1466—1536年）是荷兰著名的人道主义者。他认为人来自自然，人的自然欲望就是人的本性。因此，人的情欲高于理性，情欲遍布人的全身，支配人的一切思想感情和行动。他主张

10 ［意］薄伽丘《十日谈》，上海文艺出版社，1959年，212页。

顺应情欲而生活，大自然这位人类的慈母既然赋予人以情欲，那么顺应情欲而生活就绝对不会不幸，而只会给人带来幸福。

蒙台涅（1533—1592 年）是法国杰出的人道主义者，他对封建禁欲主义进行了无情的嘲讽和批判，认为世界上哪有把痛苦和悲哀作为人生目的的蠢人。他说，要求人们放弃现世的物质利益和感性快乐去求什么来世幸福，这是多么荒唐可笑，是完全违背理性和人的自然天性的。让那些所谓明智的人去追求纯粹的精神安宁吧，“至于我，有着一颗灵魂，就得求助于肉体上的舒适。”[11] 为肉体上的舒服，人必然要去追求健康、生命、爱情和享乐。他主张人是利己的，认为人生来不为己而为大众的说法，只不过是一些伪善者的一句假公济私的谎言。感官享乐是人生的目的，人的理性只不过是为个人享乐提供正确方法和手段。

其后，英、法、德等国的思想家，在进一步肯定七情六欲的基础上，对欲望的根源和特点以及欲望的强大进行了深入的挖掘。

霍布斯（1588—1679 年）运用机械唯物主义的原理去分析人，把人比作是一部机器。他说，人是自然的产物，而且是自然的精制品。人就像一部机器，心脏像弹簧，神经像游丝，骨骼像齿轮。人不仅生理活动遵循机械力学的原理，而且人的思想、感性、欲望也都由机械的原理决定。

边沁（1632—1704 年）对人的本质认识非常深刻。他说：“自然把人类置于两个至上的主人‘苦’与‘乐’的统治之下。”“一个人在口头上尽可以自命弃绝它们的统治，但事实上他却始终屈从于它。”[12]“边沁一针见血地指出，禁欲主义原则从来不曾、也从来不可能为任何活着的人所奉行，只要地球上有十分之一的居民坚

11 《世界文库》（第 10 册），上海生活书店，1936 年，4579 页。

12 《从文艺复兴到 19 世纪资产阶级哲学家政治思想家有关人道主义人性论言论选辑》，商务印书馆，1971 年，581–582 页。

持信奉它，不过一天之内，地球就会变地狱。”[13]

卢梭（1715—1778 年）认为，自爱是人的第一天性。人来自自然界，自然要从自然界汲取维持生命的营养，人的各种欲念不外乎饮食男女和躲避痛苦的饥饿。“为了保持我们的生存，我们必须要爱自己，我们爱自己要胜过爱其他一切的东西。”[14]自爱的欲念是原始的、内在的，是先于其他一切欲念的。“人类天生的唯一无二的欲念是自爱，也就是从广义说的自私。”[15]

拉美特里（1709—1751 年）的深刻之处，其一在于他说：“人体是一架会自己发动自己的机器：一架永动机的活生生的模型。体温推动它，食料支持它。”[16]既然人是一部机器，人的自然欲望就是由人体的生理机械运动决定的，饮食男女就是人的本性。其二在于他认为，心灵上的快乐与肉体的快乐没有质的区别，只是数量差别而已。人的一切精神活动都可以归结和还原为肉体的感觉，人的精神快乐包含在人的肉体快乐的普遍性之中。因此，不存在脱离肉体快乐的心灵快乐。

爱尔维修（1715—1771 年）的思想更为丰富，影响更大。他认为，人的本性是利己的。他说：“人是一部机器，为肉体感受性所发动。”[17]“人是能够感觉肉体的快乐和痛苦的，因此他寻求前者，逃避后者。就是这种经常的逃避和寻求，我称之为自爱。”[18]趋乐避苦这种自爱自保的本性人人共有，是永远不可改变的一种本性。人的所有欲望、感情和精神都来自爱心。他认为，自爱本性在人身上表现为情欲。情欲表现为两种：一是天然的情欲，人生来具有的

---

13 章海山《西方伦理思想史》，辽宁人民出版社，1982 年，317 页。
14 [法]卢梭《爱弥儿》（上卷），商务印书馆，1978 年，289 页。
15 同上，95 页。
16 [法]拉美特里《人是机器》，生活 · 读书 · 新知三联书店，1956 年，20 页。
17 北京大学哲学系外国史教研室《十八世纪法国哲学》，商务印书馆，1963 年，499 页。
18 同上，503 页。

肉体上的趋乐避苦，永远不会改变；二是人为的或社会的情欲，如追求权力、财富的欲望，虚荣、骄傲、友谊、正义和怜悯等。天然情欲和社会情欲关系如何呢？在爱尔维修看来，人的一切社会情欲都可还原为天然的情欲，即可以还原为人的趋乐避苦的肉体感受性。他说：“感官的痛苦和快乐致使人们行动和思想，它们是推动精神世界的唯一砝码。”“各种感情在我们身上乃是肉体感受性的直接结果。”[19]

2. 利己利他的大争论

在批判禁欲主义的过程中，出现了这样一个问题：许多思想家主张情欲是人的主宰，利己是人的本性，那么人性中有没有利他的一面？由此，在英国引起了一场人的本性是利己还是利他的大争论。

霍布斯认为，人的本性必然是追求感官的快乐、逃避感官痛苦的，人都是只追求于己有利的事物，因而人的本性是极端利己的，人生就是一个无限追求个人欲望满足的历程。道德取决于人的感官苦乐。同时，他认为，人的利己本性和欲望本身并不是罪恶，它们都是合乎人类的天性的。

霍布斯的利己主义观点受到了剑桥大学柏拉图派的反对。其代表人物之一柯德华斯（1617—1688 年）反对霍布斯关于道德起源于人的苦乐感的观点，他认为，人的感觉（情感）是一种主观映象或幻象，不能给人提供真理，只有理性或理智的自性才能给人提供普遍的概念。其代表人物之二昆布兰反对霍布斯的利己主义观点，他的理论根据是“每个有理性的行为者对于人类全体所怀有的极大仁爱”[20]。他认为，仁爱心是人的一切道德行为的源泉，人是利他的。另一方面，昆布兰强调社会共同的利益，强调个人幸福只有在共同

19　北京大学哲学系外国史教研室《十八世纪法国哲学》，商务印书馆，1963 年，475 页。
20　周辅成编《西方伦理学名著选辑》（上卷），商务印书馆，1964 年，694 页。

幸福中才能实现。他说："除了通向全体人的共同幸福的那条道路而外，再没有其他道路可以使个人能够遵循着它达到自己的幸福。"[21]

英国资产阶级夺取政权后，这场利己利他的争论仍在继续。洛克（1632—1704年）、孟德维尔（1670—1733年）等思想家继承发展了霍布斯的观点，同时也兼收了昆布兰以及后来的反对者的观点。洛克认为，人是一个感性和理性的存在物，追求个人幸福或快乐是人的本性。他说："人是一种含灵之物"[22]"一切含灵之物，本性都有追求幸福的趋向。"[23]他还认为，人是有理性的生物，应该用理性来权衡利弊得失，理性能为人达到最大幸福提供正确的方法和手段。为了个人幸福，人不能只关心自己眼前的利益，而必须考虑他人幸福和社会幸福，因为社会总体的幸福包含了个人的幸福。培根（1561—1626年）就如何处理好个人利益和社会利益的关系，提出了"全体福利说"，认为全体福利高于个人福利。同时又认为，社会公益只是人类的抽象利益，个人的特殊利益才是具体的、根本的。[24]

孟德维尔的观点明确而深刻。在社会上群起攻击霍布斯的利己主义观点时，孟德维尔挺身而出，捍卫和发展了霍布斯的利己主义学说。他认为，人不仅在自然状态下是极端利己的，而且在社会状态下也是如此。人的各种意向和欲望都是出于人的自爱自利的本性，即使人们做了好事，但动机也是出自人的利己本性。即使一个人经过深思熟虑去做好事，动机也只是为了满足自己的荣誉感，为了受到别人的赞扬。所以孟德维尔认为，人的一切行为，一切美德都出自人的自爱自利的利己本性，世界上没有任何力量可以说服或强迫

---

21 周辅成编《西方伦理学名著选辑》（上卷），商务印书馆，1964年，699页。
22 [英]洛克《人类理解论》，商务印书馆，1959年，234页。
23 同上，236页。
24 章海山《西方伦理思想史》，辽宁人民出版社，1982年，255页。

人放弃这种本性。如果有人肯为公共利益贡献力量，或为他人做点好事，那末他一定要从对方那里获得一个等量的享受。

英国思想家沙甫慈伯利（1671—1713年）主张道德源于人的“情感”，强调人的利他性。一方面，情感有的是可以善的，“它们适度而不越一定限制就无害于社会生活，也无碍于道德”。另一方面，个人利益和社会利益是一致的，个人私利只有通过社会公利才能满足。他说：“为公众利益和为各人私己利益，不仅一致而且不可分；并且道德的正义或美德，必定是每一个人的利益，而不道德就是每一个人的伤害和无利。”[25]

此后，法国和德国的思想家也进行了人的本性利己还是利他的讨论。

伏尔泰（1694—1778年）认为，人性中利己与利他是并列的。自爱心是人的本性，即使像贪欲等自私欲望也不完全是坏的。人的自爱心是人们联系的纽带，推动了社会的进步。

爱尔维修（1715—1771年）主张，自爱自保是人的本性。他认为，我们的热情，欲求、肉体和精神的能力运用，都应归功于我们的种种需要，正是我们的需要强迫我们去思维、去愿望、去行动，也正是为满足这些需要，或者是为了让这些需要在我们身上引起的种种痛苦的感觉得以结束，我们才按照自己的自然的感情和我们特有的能力，发挥出我们肉体的或精神的力量。

霍尔巴赫（1723—1789年）与爱尔维修不同的是，他强调理性的作用，指出人除了自爱自利之心之外，还存在一种倾向利他的良心或人道心。

费尔巴哈（1804—1872年）是欧洲唯物主义哲学的杰出代表。他认为，人的自然本质决定人是利己的。利己是出于人维持生命的

25 周辅成编《西方伦理学名著选辑》（上卷），商务印书馆，1964年，765页。

一种本能，它根植于人的新陈代谢之中，与人的生命共存亡。费尔巴哈说："没有这种利己主义，人简直不能够生活，因为我要生活，我就必须不断地吸取有利于我的东西，而把有害于我的东西排除身体以外。这种利己主义可见还扎根在机体上面，即体内生活资料的新陈代谢上面。"[26]他还认为，人的利己本性决定人必然顾及他人的利益。

3. 同情也是人的本性

休谟（1711—1776年）和斯密（1723—1790年）既强调人是自私自利的，又指出人的本性中存在着一种同情或怜悯他人的情感。休谟把德和恶分为自然的和人为的两种。自然的德和恶，由心灵对快乐的趋向和对痛苦的厌恶所决定，因为"人类心灵的主要动力或推动原则是快乐或痛苦"。[27]自然的德使人天生利己，人为的德使人利他。休谟还认为，"同情是人性中一个很强有力的原则"[28]，它使人关心他人的利益。在休谟那里，人的利己情感与同情他人的情感是并列的，但这两者都出于人的苦乐的感觉。其中有这样一层意思：人不仅有肉体方面的欲望，而且有精神方面的需求，这两者都是人所需要的，满足都快乐，不满足都痛苦。

斯密的可贵之处在于他一心想证明，人除了有感官的需要，还有利他的一面，即有同情心。在当时科学还不够发达、无法科学地说明同情心根源的情况下，他用自己的理由对同情心的根源作出了解释。他认为，人们之间的情感是相通共鸣的，当我见到对方所处的地位，通过想象的作用，使我能设身处地地感受对方的感觉。他举例说，人们在看戏时，见到他们所钟爱的主人公危难时，就会伤心落泪。

伏尔泰认为，人对同类的爱和怜悯之心也是人生来具有的感情，

---

26 苏震华、李金山译《费尔巴哈哲学著作选集》（下卷），商务印书馆，1984年，551页。
27 ［英］休谟《人性论》，商务印书馆，1980年，616页。
28 同上，620页。

也是人的本性。然而，由于当时人们无法解释这种利他，只好将这种利他归于自爱。他说："正是对我们自己的爱，助长了对他人的爱。"[29] 可见，在他那里自爱仍是基础，"并列"只是相对的。

卢梭认为，除了自爱心，人还有一种天生的怜悯心。他说："怜悯心实际上也不过是使我们设身处地与受苦者共鸣的一种情感。"[30] 怜悯心使人不做损害他人的事，而做同情他人帮助他人的事。卢梭与葛德文一样，都认为利己必然走向利他。人从爱自己出发，必然会爱那些有利于自己生存的人。为了爱自己，我要爱别人。

培根提出要从人的身、心两个方面进行。在身方面，人是一个有自然需要的机体；从心灵方面，既要研究人的理解和理智的机能，又要研究人的意志和情欲。培根认为人性的研究应当成为一门科学，他说："我觉得对人的本性的概括综合研究，应当是一门自身独立的知识。"[31]

法国思想家笛卡儿（1596—1650年）用二元论去说明人的本性，认为人是由心灵和形体组成的。人的身体作为物质实体，同动物一样是一架自运的机器，完全服从机械运动的规律；但人有思想，这是区别于动物的地方。笛卡儿所说的"心灵"，包括意志活动（思想）、知觉、感情。他认为，心灵的基本感情有六种：惊恐、爱、恨、欲望、快乐和痛苦。笛卡儿强调，为避免感情的"误用或滥用"，要用理性支配感情，去做"感情的主人"；为应对自然欲望与意志（理性）的冲突，要用意志控制自然欲望。

这一阶段令人欢欣鼓舞，以往不可一世的禁欲主义，遭到了欧洲广大思想家数百年的猛烈攻击。他们的武器是人道主义。"人是自然的产物""人的自然欲望就是人的本性""人是一部机器，为

29 ［法］伏尔泰《哲学通信》，上海人民出版社，1962年，126页。
30 ［法］卢梭《论人类不平等的起源和基础》，商务印书馆，1979年，101页。
31 ［英］培根《崇学论及新大西岛》（英文版），牛津大学出版社，1980年，102页。

肉体感受性所发动”等大量的观点，形象而生动，丰富而深刻。应该肯定，这一时期的人道主义为研究人性及行为根源奠定了基础。当然，还有许多问题没弄清楚。说同情是“设身处地与受苦者共鸣的一种情感”是错误的，人对受苦者的怜悯之情不是来自“设身处地”，而是来自人内在天生的情感机制。用“仁爱心”“良心或人道心”“权衡利弊”来证明人性有利他的一面，十分无力。人性善恶应该从物种生存、人体机制上去把握，那种说“权衡利弊”“利己本性决定人必然顾及他人的利益”则是理智利他，而不是本性利他。再说，人体不可能有“仁爱心”和“人道心”这样的情感。由此应该肯定，由于那时还没有达尔文进化论，也不知人是动物，所以也就无法从根本上弄清人性的利己利他。

从本能上认识人性及行为

人们继续探索。

19 世纪 50 年代，英国伟大的博物学家查理 · 达尔文（1809—1882 年）在五年“环球考察”和大量资料搜集的基础上，出版了《物种起源》一书，创立了震惊世界的生物进化论，证明物种是可变的，生物界的一切都是进化的产物。对于人的起源，达尔文说，人源于动物，人与动物之间没有本质的不同；人们在动物身上观察到的现象对人类同样是真实的，即支配人和动物的规律是相同的。对此，有人评价说：“这是一个革命性的概念，因为在此之前，人类的行为被认为极大地独立于物理和生物因素之外，如果人类行为是某种生物结构的作用，那就意味着长期统治哲学、心理学的二元论是错误的。”[32]“由于达尔文强调人与动物的历史连续性，这使传统哲

32　张爱卿《动机论：迈向 21 世纪的动机心理学研究》，华中师范大学出版社，1999 年，9 页。

学中动物与人类行为遵循不同规律的观点被彻底根除，人们由此看到了人类行为与动物行为的相似之处。”[33]

可以肯定地说，达尔文的生物进化论为解释人性和人的行为提供了充分的理由。接下来的问题是，怎样用进化论具体地解释人性和人的行为？自然选择在设计人体时是怎样设计人性和人的行为动力的？弄清这些问题虽然还很艰难，可毕竟生物进化论给我们指明了方向。从此，对人性和人的行为的研究有了不断的发展。

19 世纪最后 25 年里，由于生物科学的发展，人类从哲学中分离出一种研究人的问题的新学科——心理学。开始，心理学把人的心理、意识作为研究对象，并不涉及人的行为。后来，一些心理学家开始把注意力集中于对人的行为的研究。

达尔文学说为人类行为的本能解释打开了大门。本能概念最初是用来解释动物行为的。既然动物有本能，人也应该有本能。19 世纪末 20 世纪初，心理学家们受达尔文进化论的影响，试图从人的自然性方面寻求人性本质和行为动因。他们通过对动物本能行为的大量研究，把自然欲望归结为本能，从而建立了本能学说，认为本能是人的主宰。

第一个阐述本能论观点的是美国心理学家詹姆士（1842—1910 年）。他认为，人不仅具有意志行为，而且还拥有大量的本能行为。他把本能定义为，有机体与生俱来的不学而能的行为方式。他将大量的人类行为区分出清洁、建设、好奇、恐惧、饥饿、嫉妒、谦逊、慈爱、幽默、忠诚、秘密、害羞、合群性、同情心等十多种本能。

本能论也是麦独孤策动心理学的核心。英国心理学家麦独孤（1871—1938 年）把心理学定义为“行为科学”。他强调人和动物行为都有目的性，主张人的行为和动物的行为都是由内在目的策

33　张爱卿《动机论：迈向 21 世纪的动机心理学研究》，华中师范大学出版社，1999 年，10 页。

动的，所以他又把他的心理学称为“目的心理学”。内在的动力是什么呢？麦独孤将行为的动力归之于本能。他说：“我们不能不承认一个动物的本能似乎是它的最本质和核心东西，它的一切身体器官和机能都仅为本能的奴仆。”[34] 本能不仅是天生的能力，而且是天生的推动力。“麦独孤强调，我们的一切思想和行为都是经由遗传得到的本能所引起的结果，这种本能是激发行为的根源。”[35] 关于本能的种类，最初，麦独孤提出人有逃跑、搏击、厌恶、父母性、恳求、交配、好奇、屈服、自夸、猎食、好群等 10 多种本能，后来又扩展到 18 种。

代表本能论最高成就的是奥地利的精神分析学家西格蒙德 · 弗洛伊德（1856—1939 年）。弗洛伊德深受达尔文的影响，认为人与动物无异。他说：“人在向文明发展的过程中，他在这个动物王国里获得了主宰其他伙伴的地位。然而他对这样的优越地位还不满足，便开始在自己的本质与其他动物的本质之间划一条鸿沟。他否认动物是有理智的，还封给自己一个永恒的灵魂，并且自称有一个神圣的祖先。这样，他就彻底斩断了自己与动物王国之间的脐带……我们都知道，半个世纪以前，查理 · 达尔文以及他的合作者和后人的研究结束了关于人类的这种假说。人既无异于动物，也不高于动物。”[36]

弗洛伊德是精神病科医生，他创立了“精神分析学”的治疗方法和理论，人称“精神分析学之父”。他在医院做见习生期间，一个有剧烈头痛、咳嗽、肌肉麻痹、对食物恶心等症状的精神病患者病例引起他极大的兴趣，他意识到人的身体疾病与心灵疾病有着密切的联系，精神病的病因是人的精神因素。从此，他开始致力于“人类内心的秘密”的研究。弗洛伊德从事精神病治疗 50 年，他在几

34 ［美］麦独孤著《心理学大纲》（英文版），伦敦梅休因出版社，1923 年，112 页。
35 ［美］希尔加德等著、周先庚等译《心理学导论》（上册），北京大学出版社，1987 年，463 页。
36 ［美］弗兰克 · 戈布尔《第三思潮：马斯洛心理学》，上海译文出版社，1987 年，2–3 页。

千个病人的医疗实践中挖掘“隐藏在内心深处的障碍”和“隐藏起来和主动遗忘的那些念头”，同时他还解析“梦的秘密”，还把自己和儿童作为研究对象。

通过研究，弗洛伊德发现，人的心里有一种蕴藏着的强大的非理性力量，这个力量就是无意识的本能。他认为，“心灵”不仅包括意识，而且包括很多无意识的东西；意识只是冰山一角，无意识（原始性欲、各种本能和出生后被道德压抑的欲望）才是“心灵”的主要内容。在他看来，人脑深处存在着一种不被人们认识的潜意识，即被压抑被控制的感情、欲望等。人的心理由潜意识、前意识和意识三部分组成，而潜意识“是我们心理的关键性的组成部分”[37]。

后来，弗洛伊德很自然地由潜意识、非理性引申出了本能学说。他认为，本能的刺激和本能的量是潜意识及其快乐原则的最终源泉。真正控制心理和生命的是一种未知的和无法驾驭的力——本能。本能作为一种力或刺激，拥有一股不可遏止、永不枯竭的能量，本能才是人的心理和生命的真正奥秘。

什么是本能？弗洛伊德认为，本能代表着所有产生于身体内部而且被传递到心理器官的力。他说：“本能是有机体生命中固有的一种恢复事物早先状态的冲动。”[38]

在弗洛伊德那里，人类基本的、遗传的本能的冲动来自他的动物本源。这种“动物本能是强有力的、反社会的、非理性的”。弗洛伊德认为，本能是行为的推动或启动因素，是行为的内在动力，人的所有行为都来自人的动物本能。

关于本能的种类，弗洛伊德经历了艰难的探索，提出了八对对立统一的本能，而在他晚年最后确认为爱恋本能和破坏本能（也称性本能和死本能）。他说：“经过长期的踌躇不决，我们决定假设

---

37 ［奥］格奥尔格·马库斯著、顾牧译《弗洛伊德传》，人民文学出版社，2011 年，85 页。
38 《弗洛伊德后期著作选》，上海译文出版社，1986 年，39 页。

只存在两种基本的本能：爱恋本能和破坏本能。”[39]

长期以来，人是理性的存在物、受理性支配的哲学信条，在哲学界和心理学界根深蒂固。弗洛伊德根据自己的医学实践和哲学思维，创立了以潜意识和本能理论为核心的精神分析学说，高举起了非理性主义的大旗。弗洛伊德自称，精神分析学是对人的认识的第三次大突破，是人类三大科学发现之一。哥白尼的日心说打破了人类中心的神话，达尔文的进化论打破了人是万物之灵的神话，弗洛伊德认为，潜意识和本能理论打破了人（指人的意志）是自己主人的神话。弗洛伊德申明，人主宰不了自己，人体内有一种人不能自主的非理性力量，即本能。这种本能是存在于人的机体并发生作用的冲动和力，它是强大的不可遏止的。有人如此评价弗洛伊德：“从某种程度上说，他的工作就是对于过分强调意志力与理性的人的一种反动。”[40]

应该说，弗洛伊德的本能理论是极其深刻的，而且极具创造性。正因如此，早在第一次世界大战之前，精神分析学说在欧洲知识界就已声名卓著；而在战后，它的影响达到了前所未有的规模，遍及欧洲各国和美国。它不仅支配了心理治疗这一特定的领域，而且还支配了教育、法理学、宗教、幼儿教育、艺术、文学和社会哲学。

这一阶段，值得肯定的是，由于达尔文生物进化论的出现，一些心理学家在人性及人的行为动因问题上，有了三个方面的新认识：其一，开始认识到“人来源于动物”“人无异于动物”，继而对人性的认识从着眼于人体内部向着眼于“动物本源”转移。这一转移意义重大，它表示人性研究开始走上了立足自然规律的轨道。其二，既然“动物有本能”，人也应有本能，从而把自然欲望归结为本能，并强调本能是非理性的无意识的力量；强调“心灵”包括意识和无

---

39 ［奥］弗洛伊德著、刘福堂等译《精神分析纲要》，安徽文艺出版社，1987 年，6 页。
40 ［美］弗兰克 · 戈布尔《第三思潮：马斯洛心理学》，上海译文出版社，1987 年，2 页。

意识，无意识的本能是“心灵”的主要内容，是人的主宰。这是对以往禁欲主义所尊崇的理性的有力反击。其三，着眼于“自然欲望”（这里归结为本能）种类的研究，它的意义在于，只有把握内在驱动人的行为的具体动力，才能真正把握人性及行为。

这一阶段的不足之处在于：其一，将本能作为最根本的东西是错误的，本能源于机体的需要，人体如果没有营养的需求，婴儿就没有吃奶的本能。其二，否定人性有善的一面。当时的思想家普遍认为人只有“恶的动物性”。霍布斯认为，“人对人是豺狼”。弗洛伊德认为，仇恨深藏于人与人之间所有友爱关系的背后，对一个对象的恨比对它的爱要古老得多，因此再没有比“爱邻人如同爱自己”这一要求与人的天性更背道而驰的了。

从人的基本需要上认识人性及行为

20 世纪 20 年代，本能理论受到人们的质疑，随之出现了驱力概念。驱力是指源于生理或心理需要的内部唤醒状态，这种状态驱动有机体去追求需要的满足。

驱力概念最初是由美国心理学家吴伟士于 1910 年引入心理学范畴的。吴伟士把驱力作为有机体行为的动力，反对把本能作为人和动物行为的原因。由于驱力论不会犯本能论的循环解释行为等方面的错误，在 20 世纪 20 至 50 年代一度十分盛行。

美国心理学家赫尔（1884—1952 年）是驱力论的集大成者。他认为驱力是需要状态的一种特性或特点，产生于心理不平衡，并发动行为使有机体回到平衡状态。他说：需要是“被视为产生原初的动物驱力”[41] 至于驱力的种类，他没有表述，只是把驱力分为原

41　张爱卿《动机论：迈向 21 世纪的动机心理学研究》，华中师范大学出版社，1999 年，42 页。

初驱力和二级驱力。所谓原初驱力是指先天具有激起行为性质的内驱力；所谓二级驱力是指通过条件作用过程获得引发行为作用的驱力。其实，他所说的二级驱力源于原初驱力。

驱力源于需要。驱力论者承认需要是驱力的根源，驱力是需要引起心理的后果，人若没有需要也就没有驱力。他们大量地谈论人的需要。如赫尔说："主要的原初需要包括各种各样的食物（饥饿）的需要、水（渴）的需要、空气的需要、避免组织损害（疼痛）的需要、维持适当温度的需要、排粪的需要、排尿的需要、休息的需要（长时间的努力之后）、睡眠的需要（长时间清醒之后）以及活动的需要（长时间不活动之后）。"[42]

20 世纪 50—60 年代，美国出现了人本主义心理学，其代表人物是马斯洛（1908—1970 年）。或许正是受驱力论的影响，马斯洛着力从人的需要的角度研究人性及人类行为动机，建立了人本主义"需要论"。20 世纪 60 年代他修订出版了《动机与人格》一书，对人的"基本需要"作出了系统而深刻的论述。

马斯洛认为，人的基本需要是行为的"决定因素"，并把人类千差万别的需要归结为五种基本需要，即生理需要、安全需要、爱的需要、尊重的需要、自我实现的需要。在马斯洛看来，所谓生理需要，主要是食物的需要，是身体对种种化学物质（如水、盐、糖、蛋白质、脂肪、钙、氧等）的需要。除了生理需要，人还有"心理需要"，即安全、爱、尊重和自我实现的需要。所谓安全需要，主要是指对于稳定、依赖、免受恐吓、焦躁和混乱的折磨，以及对制度、秩序、法律、界限的需要。所谓爱的需要，主要是指对于"朋友、心爱的人、妻子和孩子"的爱，以及"要成群结队、要入伙，要有所归属""要乡村式的亲密"的情感。马斯洛认为，"爱的需要既包括给予别人的爱，

42 张爱卿《动机论：迈向 21 世纪的动机心理学研究》，华中师范大学出版社，1999 年，42 页。

也包括接受别人的爱”。所谓尊重需要，主要是指对于“稳定的，牢固不变的，通常较高的评价的需要或欲望，有一种对于自尊、自重和来自他人的尊重的需要或欲望”。[43]所谓自我实现的需要，主要是指一个人能够成为什么，他就必须成为什么，一位作曲家必须作曲，一位画家必须绘画，一位诗人必须写诗，否则他始终都无法安静。

马斯洛说，之所以把种种心理需要作为基本的需要，因为这些需要是“生物性的需要，可以把它们比做像对盐、钙、维生素D的需要一样的需要”[44]。他还把心理需要称为“高级需要”“情感需要”，把安全、归属、爱、尊重和自尊的需要称之为“基本的情感需要”。马斯洛竭力反对把高级需要看成是“派生需要”、是生理需要的“副产品”，他说：“据笔者所知，没有一个实践曾成功地证明这种理论对于爱、安全、归属、尊重、理解等的需要的解释是事实。”[45]

马斯洛最大的功绩在于，其一，把人的基本需要确定为人类终极目的的欲望或需要，并把成百上千的需要归结为几个基本需要；其二，认为人有情感需要，有“善”的一面，这在一定程度上弥补了弗洛伊德的不足。对于人的动物性的恶或善，马斯洛进行了认真的研究。他不仅通过对精神健全的人的研究，发现人有爱、自尊和自我实现（部分人具有）等高级需要；而且通过对猿和猴的广泛研究，发觉它们通常是友爱合作的。他说：我们不能“只看见动物界的竞争，而对与竞争同样普遍的合作却视而不见”“我们断言类似本能的需要和理性是合作的而非敌对的”[46]。他还说：“尽管仍然必须对肯定人性中‘善’的前提十分谨慎，但现在已经有可能坚决地反驳认为人性在根本上是堕落和邪恶的那种绝望的观点。”[47]马

43 马斯洛著、许金声等译《动机与人格》，华夏出版社，1987年，51页。
44 马斯洛等著、林方主编《人的潜能和价值》，华夏出版社，1987年，73页。
45 马斯洛著、许金声等译《动机与人格》，华夏出版社，1987年，102页。
46 马斯洛等著、林方主编《人的潜能和价值》，华夏出版社，1987年，186页
47 马斯洛著、许金声等译《动机与人格》，华夏出版社，1987年，前言，3页。

斯洛肯定人有“情感需要”和“善”的一面有重大意义，这为彻底解释人的行为开辟了新的研究方向。

马斯洛的心理学，特别马斯洛对人的需要的论述载入了全世界心理学书籍，得到了全世界的承认。马斯洛心理学还被广泛被运用于教育、管理、医疗、防止犯罪等实践领域。他的人本主义心理学被称为心理学史上的“第三思潮”。《纽约时报》曾评论说：“‘第三思潮’是人类了解自身过程中的又一块里程碑。”

马斯洛最大的不足是，他又偏离了立足于动物本源的轨道。他认为基本需要是“柔弱的”。尽管他的基本需要“是先天给定的”“似本能”的，但“仍然是较容易受压抑或控制的”，而“文化是比似本能的需要更强的力量”。因此，他竭力反对弗洛伊德“本能是强大的、牢固的，不可更改、不可控制、不可压抑”的观点。两人的观点之所以有这样大的区别，主要是因为弗洛伊德的本能是“动物本能”，而马斯洛的基本需要是“似本能”的。由此，马斯洛对“基本需要”“爱”“善”就不可能有根本的认识。

从本能论者到马斯洛，应该肯定，思想家们对人性和人的行为动因的认识具有着划时代的意义。麦独孤主张人类和动物是由内在目的策动的，把本能作为最本质和核心东西，作为行为的动力。弗洛伊德的本能理论极其深刻，他的本能是来自“动物本源”的本能。驱力论者明确提出人的需要的概念，并列举人的具体需要。马斯洛把人的需要归结为几种基本需要，并提出了人有“情感需要”，强调人有“善”的一面。所有这些，都为彻底揭示人的行为动因发挥了重大的作用。

可是仍有很多问题没有得到根本的解决。思想家们并没有看到，一方面，人体的一切都是自然界以物种生存为目标设计的，而不是随意所生的。比如同情，自然界是为维护人类群体的稳定而设计的。另一方面，动物生存全靠行动，行动全靠动力的驱使，驱动行为的动力决定一切。由此，自然界必然把这个动力植根于人体之中，必然是确保人类生存的强大的机体本身的需要，而不是“本能”或“似本能的”“基本需要”。思想家并没有看到，自然界是把快乐痛苦感觉作为这个机体本身需要的动力环节的，所以这个需要才是人性和一切行为的主宰。

从自然界的设计上认识人性及行为

20 世纪 20—70 年代，与本能论和需要论同时，美国心理学领域还产生了一个学派——行为主义学派，这是对西方心理学影响最大的学派之一。行为主义学派的代表人物是华生，他主张“将人类一切的行为活动，都用‘刺激—反应’的公式来解释”[48]，并认为，人的行为是适应外部刺激和内部刺激所作出的反应。他直截了当地宣布，消除意识等一切主观的术语，并否定本能、遗传的存在。

值得肯定的是，华生始终把人类作为动物来研究，并联系实际，通俗易懂，没有发空泛之议论。问题在于，他只是一味列举诸如“胃痉挛”引起饥饿、“巨大声响”引起恐惧、“妻子跳舞时与舞伴挨得比较近”引起嫉妒之类的反应，而从来不去探究，人们受到这些刺激为什么会产生这样的反应？其内在有何种原因？从来没有去想，如果人体如果没有获取食物、保护生命、情侣独占以抚养后代的需要，这些所谓的“刺激”还能引起这些反应吗？人若没有天生的保护生命的恐惧感，“巨大声响”又有什么可怕的呢？说到底，行为主义的问题在于，否定人体内部存在驱动行为的固有机制，更不知这一“固有机制”产生的根源。

本能论与行为主义势不两立。本能论者麦独孤认为，人和动物

---

48 ［美］华生著、刘霞译《行为心理学：一个伟大心理学家的思想精华》，现代出版社，2016 年，14 页。

的行为都是有目的性的，行为不是反射的结果，而出于本能。他说：“有角的牛或鹿好战喜斗，不是因为它们生而有角；这些动物发展了这些武器是为了战斗本能服务的。食肉动物捕食其他动物不是因为它有巨齿，而是因为它的求食本能沿着这个方向而达到专门化，所以它的牙齿和爪也随而进化了。海豹入水不是因为它的腿变成了鳍，身体变成鱼的形状；它的结构之所以获得这些特点是由于它的求食本能专长于捕鱼的结果。”[49] 这里，麦独孤用生物进化的观点揭示，动物的行为是由求食等本能决定的，动物体内天生存在着决定行为的力量。麦独孤的伟大在于，他是自达尔文之后用生物进化论揭示动物具体特性之根源和作用的第一人，而正是他开启了从自然设计上去认识行为的视角。

20 世纪 30 年代，欧洲兴起与美国行为主义相对立的习性学运动。习性学是研究动物在自然环境中的习惯或行为的科学，又称“动物行为学”。它研究动物先天具有的利于生存的特性，比如，马蹄是马出生前就有的适应于平原的特性；鱼的鳍是鱼儿从卵中出生前就有的适应于水的特性；小鸭出壳前就有的跟随第一个运动的物体（一般是妈妈）的“印刻”（认母）特性。对于小鸭的这个特性，习性学认为，是“预先编制好的”，是小鸭进化形成的生物结构的一部分。习性学从维护个体生存的角度考察特性的作用，使心理学家重新考虑生物学在研究人类行为中的作用。习性学是第一个从进化的角度研究行为的学科；从另一方面而言，习性学运动是对当时美国行为主义否定人有先天特性的一种反抗。

到了 20 世纪 70 年代，许多重要的研究发现使得激进的行为主义难以为继，从而迫使心理学重新回归进化理论的怀抱。1975 年，美国生物学家、博物学家爱德华 · 威尔逊（生于 1929 年）出版了

49 ［美］麦独孤著《心理学大纲》（英文版），伦敦梅休因出版社，1923 年，113 页。

奠基之作《社会生物学：新的综合》一书【001】，从而宣告了社会生物学的诞生。该书根据数百名动物研究者25年间（1950—1975年）野外收集的大量资料和研究成果，论述了社会动物（群居动物）的集群进化、集群机制、集群种类，以及从水母到脊椎动物（非人类）等集群动物的集群组织、生物学性状、群体行为。最后，他研究了人类，认定人是生物，是社会性动物。他试图用自己的观点以及他人的“内含适应性理论”“亲代投资理论”“互惠式利他理论”等理论对人的行为作出解释。他推测，许多人类现象——比如文化、宗教、伦理，甚至美学——最终都能用社会生物学加以解释。威尔逊说：如果“我们是来自另一个星球的动物学家来完成地球上社会物种的分类”“按照这种宏观的观点，人文科学和社会科学就收缩成生物学的两个特殊分支”[50]。

威尔逊力求把社会生物学的研究对象延伸到人类，认为人类和其他动物遵从同样的生物法则，生物学是理解人类本性的一把钥匙。这是值得充分肯定的。威尔逊的社会生物学为人性研究指明了正确的方向。试想，人类既然是有血有肉的动物，为什么不能与其他动物遵从同样的生物规律呢？但《社会生物学：新的综合》的出版招致一片骂声，引发了激烈的争论，一大批社会科学家强烈反对书中提出的人的社会行为及人的天性具有生物学基础的观点。

至于如何用社会生物学观点具体地解释人性和人的行为，这是另一个难题。“基因决定人的本性”是威尔逊的基本观点，尽管这个观点以及其他一些观点并不完全准确，可他源于社会生物学的分析，还是有许多精彩之处。比如，他从实际出发，正确地分析了“类

50 [美]爱德华·O·威尔逊著、毛盛贤等译《社会生物学：新的综合》，北京理工大学出版社，2008年，513页。

群形式生活的潜在好处”(群居的好处)，具体有“增强抵抗能力”“增加觅食效率”“增加繁殖效率”等。又如，他以人体生理分析为基础，揭示了生理与意识的关系。他说：“位于视丘下部和大脑边缘系统的感情控制中心限制和决定了自我认识。这些中心通过恨、爱、内疚、恐惧等所有情感，侵蚀了我们的意识。”“是什么造就视丘下部和边缘系统？是自然选择的进化。伦理学和伦理哲学家必须在所有层面上用这种简单的生物学的观点来进行解释。”[51]

在社会生物学的影响下，一些科学家开始尝试把心理学与达尔文自然选择理论联系起来，用进化论来揭示人类心理的起源，解释人类的精神现象。他们相信，正如人体包含着很多专门化复杂生理解剖机制一样，寓于大脑中的心理也包括很多专门化的复杂机制。这门学科在 20 世纪 80 年代末开始成熟，被称为“进化心理学”。

进化心理学是心理学的一个新兴学科【002】，其主要代表人物有美国的 D · M · 巴斯、考斯米兹、图比和加拿大的巴科等。1999 年，D · M · 巴斯出版了进化心理学代表作《进化心理学：心理的新科学》。进化心理学的主要目标是人类的心理机制，它集中探讨的主要问题是各种心理机制的来源和作用。进化心理学认为，人类的心理机制是为解决祖先面临的适应问题而设计的，而在根本上，这些机制“都拥有明显的目的性特征——也就是说，它们都被设计来解决特定的生存和繁殖问题”。[52]

目前，进化心理学研究的心理机制主要有：选择栖身之所和生活环境偏好、风景美偏好、害怕、择偶偏好、外貌美偏好、性嫉妒、

---

51 [美]爱德华·O·威尔逊著、毛盛贤等译《社会生物学：新的综合》，北京理工大学出版社，2008 年，3 页。

52 [美]D · M · 巴斯著，熊哲宏、张勇、晏倩译《进化心理学：心理的新科学》，华东师范大学出版社，2007 年，11 页。

后代养育、亲属帮助、父母之爱、追求地位和声望、害羞、自尊。除此之外，进化心理学还研究一些“身体机制”，如抗毒等选择食物机制、妊娠反应机制等。

《进化心理学：心理的新科学》一书从头至尾运用生物进化论，结合事例，对众多心理机制的来源和作用进行了全新的分析。比如，对害怕机制，它说“害怕这种情绪对人类的适应性价值是显而易见的，它让我们及时处理所面临的危险，以便存活下来”[53]；对女性美机制，它说“对年轻的偏好是男性择偶偏好与女性的生育能力相关的最明显的证据”“我们评价女性美的一些线索反映了女性的繁殖价值”[54]。对母爱机制，它说，父母之爱对“后代繁殖至关重要”“所以，进化过程应该产生一整套专门用于抚养后代的心理机制”[55]。

如此大面积地直接用进化论研究人的心理机制，而且精彩不断，真让人感到痛快淋漓、欢欣鼓舞。应该说，进化心理学用进化论研究人的心理机制具有重大意义。其一，它给人的研究提供了正确的方向和方法；其二，它比较准确地发现和分析了人的心理机制和身体机制的根源，为理解人的很多行为提供了可靠的依据。哈佛大学教授史蒂芬·平克（Steven Pinker）说：“在对人的研究中，如果想要对人类经验的某些主要领域——比如美、母性、亲属关系、道德、合作、性行为、攻击性——进行解释，那么只有进化心理学才能提供比较连贯的理论。”

令人难以相信的是，对于母爱的根源，进化心理学之前竟无人理解。1987 年，有两位美国进化心理学家为准备一个有关动机的讨论会，“浏览了 34 本较早的相关书籍，寻找父母动机方面的心

53 [美]爱德华·O·威尔逊著、毛盛贤等译《社会生物学：新的综合》，北京理工大学出版社，2008 年，106 页。
54 同上，164 页。
55 同上，214 页。

理学研究和理论，结果没有一本书涉及于此，甚至连一段也没有。尽管母亲对子女的爱已经广为人知，但正是这种强烈的父母之爱让心理学家们颇为困惑，他们难以从理论上对此进行理解。一位著作颇丰的知名心理学家在关于爱的主题上写道：‘那种需要促使大多数人感到，对子女的爱是无条件的，这种需要看上去十分持久，而其中的原因目前还不明了。’（1986年）不过从进化的视觉看来，深厚的父母之爱的原因却是一目了然的，至少是可以理解的。”[56]可见，心理学直到1987年还不知母爱的根源。【003】

综上所述，自然科学和心理科学的发展，使人们在探索人性和行为动因的道路上不断前进。一方面，不管是人道主义、本能论、需要论，还是社会生物学、进化心理学，都在不同程度上揭示了问题的本质，而弗洛伊德的本能论、马斯洛的需求论、威尔逊的社会生物学理论、D·M·巴斯的进化心理学理论，对于揭示人性和人的行为动因之谜有着特别重要的意义。另一方面，研究思路也逐步回归真实，回归客观规律。针对禁欲主义，思想家们先是从人体本身（自然欲望、本能、基本需要）寻找人性及行为的根源，后来则是从人体外部的自然设计（习性学、社会生物学、进化心理学）寻找人性及人的行为的根源。应该肯定，因为人体的一切器官、机制、特性都是自然界的设计，所以着眼于外部的自然设计是研究人性及人的行为动因的必由之路。

然而，以上这些，都还是在没有弄清生物发展进化的根本目标、群居对于群居动物生存的决定作用情况下的认识。正因如此，他们

56 [美]D·M·巴斯著，熊哲宏、张勇、晏倩译《进化心理学：心理的新科学》，华东师范大学出版社，2007年，214页。

对人体各种机制的起源和作用、情感的本质和作用、利他行为的根源、行为的驱动力以及人体自身有哪些驱动力等问题，还缺乏根本的、全面的认识。比如，不懂得自尊心、正义感、孤独感等情感对于维护群居的作用。

所谓根本，即应从自然界的设计和自然界的意图上着眼，揭示人体一切驱动行为的机制、特征的来源和作用；这里涉及这些特征是为维护个体生存、还是为维护物种生存的？什么是生物发展进化的根本目标？人性有没有利他的一面？行为动因与人性是否密切相关？所谓全面，既要找到人体上驱动行为的动力机制，又要找到人体所有驱动行为的动力机制。研究的目标，应能够具体地解释人的一切行为。

照此说来，弗洛伊德没有谈及生物进化的目标，且他的“本能论”太笼统，太抽象，无法具体解释人的行为，再说本能并不是最基本的东西；还有，他没有研究人的情感，否认人性“善”的存在。威尔逊则一是没有提及进化目标，二是没有深入地论述，三是很少具体地研究人体上的特征。D · M · 巴斯仅认为生物进化的根本目标是维护个体生存，且并不重视群居的作用，因而没能从根本上弄清一些机制的根源和作用，没能找到纯粹利他的根源。且他对人体机制的认知还很不足，更为重要的是，他没有研究驱动行为的动力机制，没有研究快乐痛苦的机制。

本书将证明，物种生存是生物发展进化的根本目标，群居是群居动物物种生存的又一个决定条件，情感是为物种生存所生所用的。人体的一切机制和特征都是为了维护人种生存，都是为了维护个体生存、后代繁衍、群体稳定，而“一切机制”中最重要的机制是与快乐痛苦紧密相连的、具有动力作用的机制（机体需要）。这就是说，物种或人体都是按照一定原则形成的，人体的每一个机制、每一个特征都服从一定的目的。而以此为基础，历史上各种观点的片面与否就一目了然了。

第 2 章

生物发展进化的根本目标是物种生存

生物界的一切都是自然选择的产物，而以自然选择为核心的生物进化论乃是达尔文创立的。故要研究人性及人的行为，就必须以达尔文生物进化论为依据，把握达尔文的基本观点。同时，在此基础上，还应弄清这样一个极为重要的问题：何为生物发展进化的根本目标。本章认为，这一根本目标是物种生存，而个体生存和后代繁衍是物种生存的两个决定条件。

生物界纷繁复杂，动物行为千变万化。这里有没有规律可循？生物发展变化有没有方向？如果有，是什么？动物行为是各行其是吗？有没有共同的目的？

达尔文生物进化论和自然界中的大量事实证明：生物发展进化的根本目标是物种生存，具体目标是个体生存和后代繁衍。

达尔文与进化论

生物来自何处？几千年来，在整个欧洲，生物由神创造、物种一经创造就永远不变的观点（即“神创论”和“物种不变论”）顽固地统治着人们的思想。而自15世纪后半期开始，随着天文学、力学、数学、物理学、化学和生物学等自然科学的不断发展，到18世纪，人们开始向“物种不变论”发起了挑战，出现了布丰、拉马克等人的生物进化思想。

布丰（1707—1788年），法国博物学家。他认为，不同物种可能是由共同的祖先通过变异而形成的，生活环境的改变可以引起生物有机体的改变。当时，布丰的观点受到了瑞典著名博物学家林奈（1707—1778年）的公开反对。但林奈晚年因观察到生物变异现象，对“上帝创造物种”的论断也产生了怀疑，随后他在《自然系统》一书的最后一版中，将“种不会变”一项删除。

拉马克（1744—1829年）是布丰的学生，他第一个提出了生物进化学说。达尔文说：“在物种起源问题上进行过较深入探讨并引起广泛关注的，应首推拉马克。”拉马克在《动物学的哲学》（1809年发表）等著作中，阐述了他的进化理论。他认为，物种在生物进化的作用下是可变的，生物内在存在一种驱动自身不断由低级向高级阶段进化的力量。拉马克的进化学说主要包括两个方面：其一，一切物种，包括人类在内，都是由其他物种演变而来的，生物变异和遗传是一个连续、缓慢的过程。他观察到，化石生物越是古老就越低级、越简单，反之，则与现代生物越相似。其二，在演化机制上，他突出强调环境的作用；在进化的原因上，他提出两个法则，一是用进废退，即经常使用的器官较为发达，不经常使用的则会退化；二是获得性遗传，即生物后天变化所获得的形状是可以遗传的。达尔文说：“拉马克的卓越贡献就在于，他第一个唤起人们注意到有机界跟无机界一样，万物皆变，这是自然法则，而不是神灵干预的结果。”[1]

至此，生物起源问题还没能真正解决，“神创论”和“物种不变论”还远没有被驳倒。人们继续探索。

1．达尔文与环球考察

19世纪50年代，一个伟大的人物横空出世，震惊了世人，他的著作被称为“迄今为止改变世界的16本书之一”，他的理论被称为“19世纪自然科学的三大发现之一”。他是谁？他就是英国博物学家查理·达尔文；他的著作是什么？《物种起源》；他的理论是什么？以自然选择为核心的生物进化论。

达尔文1809年2月12日出生于距离伦敦200多公里的什鲁斯伯里古城，父亲是当地著名医学博士和医生，祖父是英国著名的博物学家和医学家。达尔文从小热爱自然，喜欢采集甲虫、青蛙、贝壳、矿物、植物和鸟卵，并喜欢养狗、骑马和旅行。1825年他赴爱丁堡大学学医，后于1827年转至剑桥大学基督学院主修神学。在剑桥大学最后一两年，他喜欢上了“自然科学，特别是生物学”，后来还选修了植物学和地质学。1831年12月他于剑桥大学毕业。

1831年英国海军部决定派“贝格尔号舰”进行环球科学考察，主要任务是对南美洲的东西海岸及其附近岛屿的水文地理进行勘测。达尔文作为随行的博物学者接受邀请参加了这次考察。1831年12月27日“贝格尔号舰”起航，穿越大西洋，沿着南美洲东西两岸及其附近的岛屿（1832年2月—1835年10月）横渡太平洋，顺着澳大利亚南侧（1836年1月）进入印度洋，然后绕过非洲的好望角（1836年5月）回到大西洋，再经南美洲东岸北端（1836年8月1日）于1836年10月2日返回英国。历时五年，绕地球一

---

1 ［英］达尔文著、舒德干等译《物种起源》，北京大学出版社，2005年，3页。

周，史称“环球考察”。【004】达尔文原本立志献身上帝，做个虔诚的牧师，不曾想一次环球航行却铸就了一个无神论的斗士，并由此从根本上改变了整个人类的思想观念。

达尔文遵循恩师亨斯特（剑桥大学植物学著名教授）“去搜集、观察和注意博物学中任何值得注意的事”的嘱咐，开始了伟大的航程。他的考察对象主要是古生物遗迹（化石）和现有的动植物，以及这些动植物所处的自然环境。考察方法是采集化石标本和实物标本，做记录，写考察日记。在南美洲及其附近岛屿三年半的时间里，达尔文一有机会就背起行囊，拿上地质锤，上岸考察，收集动植物珍奇标本，挖掘古生物化石。尤其一次在里约热内卢，贝格尔舰回去完成复查任务，达尔文利用在这里停留几个月的机会，进行了深入的考察。

在南美洲东西海岸及其附近岛屿三年半的考察中，达尔文的足迹踏遍了当地的深山老林、穷乡僻壤。回到住处他就加班加点整理标本、贴标签、编目录、分类、登记入册。他把标本当作宝贝，一批批化石标本被他及时寄回了伦敦。至考察结束，共计收集标本17000多种。

自然界的神奇，激起达尔文满腔的追求科学的热情。他经常访问和请教当地居民，有时还请他们做向导。一次他听说“不同岛上龟的形状不同”，连忙向当地居民打听。一次当地居民告诉他，这里鸵鸟的繁殖季节，总是好几只雌鸵鸟集体把蛋下在同一个窝里，为了揭开这个秘密，他用了好几天的时间进行考察，发现因当地气温特高，鸵鸟这样做是为防止早下的蛋变坏。面对自然界大量的奇闻异事，善于思考的达尔文时时刻刻在探索，在反思。闻到恶臭他去找黄鼬；挖出巨大的四足兽遗骸他去研究。一次他与坚信物种不变的舰长（博物学家）交谈，一连反问了五个“为什么”。

在考察过程中，三类事实给达尔文留下了深刻的印象，并经常引起他的思考。这三类事实是：其一，南美洲巴塔哥尼亚地区的动物化石，它们的年代虽然久远，却与今天的动物很相似；其二，美洲大陆上同种动物，从南到北，它们的形态逐渐不同；其三，加拉帕戈斯群岛的大多数生物都具有南美洲生物的特征，而群岛中各个小岛上的同种生物却又或多或少有些不同。

达尔文是带着《圣经》上船的，当时他还是特创论、物种不变论和目的论的信奉者。后来由于大量地与大自然亲密接触（观察、挖掘和访问），他饱览了大自然中的奇花异草、珍禽异兽，以及千奇百怪的地质结构、贝壳化石、海生动物的遗骸；饱览了生物界的千变万化、不同生物的生生死死，渐渐地，他发现用以往的理论无法解释种种事实。他突破了原定的研究地质学和无脊椎动物的考察计划，开始探索更广阔的领域，探究到底是什么力量把大自然装饰得如此壮丽，为什么动植物化石虽然古老却与今天相似，为什么南美洲从南向北同种动植物的形貌不完全相同。难道物种真是按上帝创造的数目不增不减、千古不变吗？终于，物种可变、生物进化的思想在达尔文的头脑中萌发。

达尔文对加拉帕戈斯群岛的考察，是他学术活动的真正转折点。在此之前，他的注意力主要在地质学方面，到了这里之后，他的主要兴趣便转向生物学了。贝格尔舰是 1835 年 9 月中旬来到加拉帕戈斯群岛的。在此，达尔文进行了一个多月的考察（1835 年 9 月 15 日—10 月 20 日）。这里特有的动植物强烈地吸引着达尔文。不同岛上形状不同的大海龟，怪模怪样的大蜥蜴，类型众多的陆栖鸟类，特别是，这些鸟类的同一物种在群岛的各个岛上都存在着一定的差异，比如，同是地雀属的鸟，在相距很近的不同岛上，鸟嘴的长短和粗细各不相同。

所有这些，使达尔文感到十分惊奇，为什么现代动物与古代动物十分相似，但又不完全相同呢？为什么现代动物的一些特点会集中在古代某一动物的身上呢？加拉帕戈斯群岛上植物和动物都带有南美洲特征，这些物种是不是从南美洲迁移来的？是不是南美洲物种的变种？“上帝为什么要这样煞费苦心地在不同的岛上把鸟嘴创造成粗细长短各不相同的呢？”自然环境对生物类型是不是存在着某些影响？

终于，达尔文认识到，这都是物种变异、遗传的结果。加拉帕戈斯群岛上的生物应是从南美洲迁移而来的。达尔文说：“这些新来的物种，在环境条件的长期影响下慢慢地产生了变异，就发展出了现在的状况，它们不过是南美洲鸟类的变种罢了。这类变种是在远离大陆的小岛上特殊生活条件下形成的，因此，各个小岛上的鸟具有它们在南美洲祖先的某些特征，而又不完全一样。”[2]

环球考察对生物进化论创立的意义是巨大的。尽管考察结束时许多重大问题还没有解决，可考察为进化论的创立奠定了基础。在考察期间，其一，达尔文放弃了“神创论”和“物种不变”论，对物种可变、生物进化等问题有了基本的认识。其二，达尔文已敏锐地感到物种起源问题是一个重大的理论问题，决心为解决这个重大理论问题而奋斗。达尔文在《自传》中说：“参加‘贝格尔舰’的航行是我一生中极为重要的一件事，它将决定我的整个事业。”其三，达尔文为证明物种理论收集了大量资料。

环球考察一结束，达尔文就为完整论证物种理论、弄清生物进化的来龙去脉，开始了紧张而艰苦的研究工作。但他首先不得不去处理大量的应急事宜：加工、分类和整理环球考察所得收集品；加工、整理、核对航海日记中的全部记录；发表地质学和动物学方面

2　张秉伦、郑土生著《达尔文》，中国青年出版社，1982 年，117 页。

的论文；做地质学方面的报告；出版《贝格尔舰航行中的动物学》《考察日记》《珊瑚礁的构造和分布》等著作；被选为地质学会和动物学会会员；应邀担任地质学会秘书一职。

待“琐事”忙了一阵之后，他便集中精力研究物种理论。达尔文清醒地认识到，要使自己的理论被人们所接受，就必须拿出大量的令人信服的证据，为新思想打造牢固的基础。然而，仅有环球考察所获得的资料是远远不够的。他深知，神创论和物种不变论在生物学领域是根深蒂固的，他的进化思想必然会遭到强烈的反对，就连很多博物学家也不会承认。所以他决心进一步搜集包括动物和植物在家养和自然状态下变异在内的一切材料。

当时的英国，家养动物和栽培植物品种繁多。达尔文回国不久即从 1837 年上半年后期开始，废寝忘食地对动植物在家养条件下所发生的变异事实进行了为期 15 个月的系统调查。其方法，一是通过交谈、通信、发调查表；二是从育种家、园艺家那里搜集家养动物和栽培植物的变异材料和培育方法；三是亲自实践，考察和研究小麦、玉米等农作物的选育过程，做移植实验，分析比较各种家禽家畜品种之间的差异。

后来，达尔文还想方设法研究家鸽：研究各家鸽品种之间的差异和起源问题；参加养鸽俱乐部、饲养各种家鸽；设法从美洲、波斯和印度购买鸽子标本，请人从中国的福州和厦门寄去鸽子标本和资料。此外，他还阅读了大批农业和园艺方面的书籍，用 8 年时间通过研究蔓脚类动物来学习分类学、练习解剖和绘图，还与养禽专家通信，了解动物杂交情况，搜集由杂交而出生的动物。

通过调查和亲身实践，达尔文看到物种在人工干预下是能够改变的，看到人工选择有着能够使同种动植物产生出明显不同特征品种的巨大作用。这些新品种不是上帝创造的，而是人工选择的结果。这引起他的思考：人能够改变动植物，动植物为什么不能被自然界改变呢？在家养动物和栽培植物的过程中是人在起选择作用，那么“在自然条件下又是什么力量在起选择作用呢？”在自然界中有的生物大量繁殖，有的生物大量死亡，这究竟受到什么法则支配呢？这是他长期百思不解的问题。

1838 年 10 月，达尔文为消遣偶尔阅读了马尔萨斯《人口论》。马尔萨斯认为，人口按几何级数（2、4、8……）增加，食物按算术级数（1、2、3……）增加，于是必然出现食物缺乏、人口过剩的矛盾。这就是说，自然界中有大量的动植物，而“育成这种生命种子所必要的场所和营养”却“限制在一定的界限里”。这使达尔文想到，考察期间所见的“大批飞鸟、野兽、牛和马都由于缺少食物和水而死亡”，想到不久前他曾有过的“物种的灭亡是对条件不适应的结果”的认识，他一下子想到了“生存斗争”。他说：“由于长期不断地观察动物和植物的习性，我具备了很好的条件去体会到处进行着的生存斗争，所以我立刻觉得在这样环境条件下，有利的变异将被保存下来，不利的变异将被消灭。它的结果大概就是新种的形成。”[3] 以生存斗争为核心的自然选择的思想就此萌生。

又经过多年的缜密思考，1842 年 6 月，关于物种起源理论的 35 页《概要》终于成稿，此时达尔文的自然选择进化理论已初步建立。《概要》之后，达尔文进一步搜集资料，并阅读了很多新出版的有关生物学的著作。1844 年，他将《概要》（1842）扩充成 231 页，至此自然选择理论基本完成。达尔文依旧觉得不成熟，没有到公开发表的时候。因而，他一边等待时机，一边继续研究。十多年后，即 1856 年初，在地质学之父莱伊尔的劝告下，达尔文才开始写作关于“物种起源”的书，结果在两年多的时间里完成了十章。在写第十一章时，英国年轻的自然科学家华莱士发表了与达尔文观点相

3 张秉伦、郑土生著《达尔文》，中国青年出版社，1982 年，142 页。

似的论文，于是达尔文便从1858年9月起立即着手《物种起源》全书的写作，1859年11月，这部伟大的著作终于完成。

1859年11月24日，达尔文《物种起源》（全名为《依据自然选择即在生存斗争中适者生存的物种起源》）一书出版。这本划时代的著作，以大量的资料科学地论证了生物进化的事实，第一次把生物与科学领域统一起来，并令人信服地阐明了生物进化的机制。

《物种起源》是源自生物学领域却影响到全人类思想的巨著，它揭示了自然界的一个巨大的秘密，给世人带来了如火山爆发一样的震撼。该书第一版第一次印刷1250册，发行当天便销售一空。第二次印刷3000册，也很快售罄。

《物种起源》出版后十多天，德国思想家、马克思主义创始人马克思（1818—1883年）和恩格斯（1820—1895年）之间通信时，恩格斯对马克思说："我现在正在读达尔文的著作，写得简直好极了。目的论过去有一个方面还没有被驳倒，而现在被驳倒了。此外，至今还没有过这样大规模的证明自然界的历史发展的尝试，而且还做得这样成功。"[4]达尔文进化学说是人类对生物界认识的伟大成就，是19世纪自然科学的三大发现之一。英国植物学家华生说："达尔文是19世纪、甚至一切世纪的博物学中最伟大的革命者。"

在获得巨大成功之后，达尔文并未就此停歇，而是在与疾病做顽强斗争的同时，不断实验，笔耕不已，先后出版了《兰科植物的受精》（1862）、《动物和植物在家养下的变异》（1868）、《人类的由来及性的选择》（1871）、《人种的起源》（1871）、《人类和动物的表情》（1872）、《攀缘植物的运动和习性》(1875)、《论食虫植物》（1875）等著作。达尔文一生著述颇丰，《达尔文进化论全集》共13卷，15册，约500万字。1882年4月19日，达尔

4 《马克思恩格斯全集》（第29卷），人民出版社，1972年，503页。

文终于精力枯竭，与世长辞，享年 73 岁。

2. 达尔文生物进化学说

达尔文的基本观点是：生物界普遍存在着变异，变异大多数可以遗传；同时生物界存在着激烈的生存斗争，斗争中有利变异趋于保存和积累，不利变异趋于消亡，适者生存。这样，变异积累到一定程度，旧物种死亡，新物种生存。另一方面，生物界不仅有个体生存问题，而且有繁殖问题。繁殖事关所生后代的多寡和强弱，这使得动物对配偶进行选择（即性选择），结果是强者有后，弱者绝后。

达尔文进化学说的具体内容如下。

（1）生物的变异和遗传

达尔文指出，生物界普遍存在着变异。所谓变异，就是同种生物世代之间或同代生物不同个体之间在形态特征、生理特征等方面所表现的差异。

在达尔文看来，生物的变异性是有机体的一种基本特性。自然界无时无刻都在变化、运动着，如果生物非常“顽固”，永远不变，那么就无法生存。达尔文列举大量事实证明了自然状态下变异的普遍性。同一种兽类，长年在寒冷地区生活的，皮肤厚、毛量多、密度大；一窝所生的小猪，个头有大有小，模样也有区别。同一父母的后代之间会有许多微小的差异。栖息在同一有限地区的同种个体也会观察到许多微小差异。达尔文指出，分布广、扩散大的物种极易发生变异；各地区较大属内的物种比较小属内的物种更容易发生变异。

达尔文特别强调，生物的变异不仅会发生在不重要的器官，而且会大量发生在很重要的器官。他说：“个体间的差异一般发生在博物学家认为不重要的器官上，但我可以通过很多事实，证明同种个体间的差异，也常发生于那些无论从生理学，还是从分类学来看，都很重要的器官。”[5]“生物发生变异，甚至重要构造器官上的变异，其数量多得惊人。”[6]“可能没有人会料到，昆虫的大中央神经节周围的主要神经分枝在同一物种里也会发生变异。”[7]为了证明物种可变和生物的变异性，达尔文对上百种品种繁杂的家鸽（他亲自饲养了近百只）进行了专门的、具体的比较研究，认为这些品种都是由野生岩鸽传衍下来的。

达尔文还通过生物界中变种、中间过渡类型生物和可疑物种的大量存在证明：生物是变异的，物种是可变的。他说，假如物种都是由神独立创造出来的，这些就无法解释了。变异的原因及法则如下。

生活环境和生活条件对生物体的影响。达尔文认为，生活条件通过两种方式起作用：一是直接作用于生物体的整个机制或局部构造，如用不同的食料饲养动物，食料好且丰富，生长发育就好，反之则差。“食物供应的多寡引起生物体大小的变异，食物的性质导致肤色的变异，气候的变化引起皮毛厚薄的变异等。”[8]在热带种植包心甘蓝不能很好地包心；密林中的树木向上生长直而高。二是间接地影响生殖系统。生殖系统对外界条件的变化极为敏感，例如，许多栽培植物生长茂盛，但很少结籽，或根本不结籽；在某一特殊阶段，条件的些许变化，如水分多一点或少一点，便足以导致结果或不结果。再有，驯养动物并不难，但要让它们在栏内交配、繁殖并非易事。许多野生动物在家养的条件下常常不能生育，或产生的后代变异比较大。

用进废退。经常使用的器官则发达，不经常使用的则退化。例如，家鸭的翅骨与其整体骨骼的重量比要比野鸭的小；而家鸭的腿骨与

---

5 [英]达尔文著、舒德干等译《物种起源》，北京大学出版社，2005年，33页。
6 同上，34页。
7 同上，34页。
8 同上，15页。

其整体骨骼的重量比却比野鸭的大。无疑，这种变化应归于家鸭飞少走多之故。母牛和母山羊的乳房，在经常挤奶的地区非常发达，在不挤奶的地区则较小。达尔文还注意到，许多家养动物的耳朵往往下垂，其原因可能是在家养的条件下很少受惊吓，耳肌不常使用的缘故。

杂交。达尔文认为，杂交可引起变异，“可形成现有品种”。他说：“不同变种间的杂交或同一变种内不同品系个体间的杂交，可以使动植物的后代强壮并富于生殖力，这与养殖家们的普遍信念是一致的；反之，近亲交配必定减弱个体的体质和生殖力。”[9]

相关变异。达尔文认为生物体的各个器官彼此密切联系，因此，如果生物体的一个器官发生变异，会引起其他一些器官发生相应的变异。如长腿的动物，颈也长；无毛的狗，牙也不全；毛白眼蓝的猫，一般都耳聋。

遗传。达尔文认为，生物的变异大多数可以遗传。尽管达尔文当时对支配遗传的基本法则还不清楚，但他肯定，能遗传的变异无论是微小的还是在生理上有重要价值的，其频率和多样性都是无可计数的。他还说：“对遗传力之强大，饲养者们从不置疑。”

（2）生存斗争

面对生物界发展变化的大量事实，达尔文深究其原因。他想，各部分生物之间的相互适应、它们对生活环境的适应，以及单个生物与生物之间的巧妙的适应关系，何以能达到如此完美的程度？那些被称为初期物种的变种，是如何最终发展成为明确的物种？而许许多多新的物种又是如何产生的？经过艰苦的研究，他得出这样的结论：“这一切都是生存斗争的结果。”

生物所面对的生存环境“包括气候、天气、食物短缺、毒素、

---

9 ［英］达尔文著、舒德干等译《物种起源》，北京大学出版社，2005 年，63 页。

疾病、寄生虫、捕食者和同一物种内的激烈竞争”。对此，达尔文称之为“恶劣的自然条件”。在这种条件下，达尔文举例证明“一切生物都卷入激烈的竞争之中”。鸟儿大量地取食昆虫和植物的种子，其他食肉鸟或兽大量地毁灭鸟儿的卵和雏鸟；食物缺乏的时候，为了生存两只狗在争夺食物；生长在沙漠边缘离开水分便不能生存的植物，为生存而争夺水分；一株年产 1 000 粒种子的植物与已经遍地生长的同类和异类植物相斗争；植物的幼苗大量地遭受敌害的毁灭；一块草地上自然生长着 20 种杂草，其中有 9 种因受其他繁茂植物的排挤而灭绝；在某种生物生长非常繁茂的地区，某些时期该生物也会因被敌害或因争夺同一地盘与食物而遭受重大减灭。

那么，生物界为什么存在生存斗争呢？达尔文从马尔萨斯人口论中得到启发，找到了生物进化的机制和驱力。他看到，高繁殖率与食物以及生存空间有限性的矛盾是生物界生存斗争的主要原因。他指出，一切生物都有高速率增加个体数量的倾向，这必然会导致生存斗争；由于生产出来的个体要多于能够存活下来的个体的数目，那么自然界中将不可避免地要发生生存斗争。他说，如果每一种生物都高速率地自然繁殖而不死亡，即便是一对生物的后代，用不了多长时间也会挤满地球。

在他看来，生存斗争包括以下三方面的内容：一是同一物种内个体与个体间的斗争；二是不同物种之间的斗争；三是生物与其所在的自然条件间的斗争。这些都可以从上面所列举的众多事例中得到证明。尽管生物个体具有几何级数增加的巨大潜力，但在自然界中生物个体的数量仍相对稳定。是什么在抑制生物个体数量的增加呢？达尔文认为就是生存斗争。

就此，达尔文具体地提出以下要点：一是食物的多少对物种的个体数量起控制作用；二是物种的个体数量取决于被其他动物捕食的情况，他举例说，毫无疑问，在任何大块田园里的鹧鸪、松鸡和野兔的数量，主要取决于被敌害消灭的程度；三是气候在决定物种个体平均数方面起着重要的作用，他说，那些周期性的极为寒冷和干旱的季节，似乎最能有效地控制生物个体数量的增加。“在北极地区、雪山之颠或荒漠之中，生存斗争的对象几乎完全是自然环境了。”[10] 达尔文说：“在我看来，只有对生存斗争有深刻的认识，一个人才能对整个自然界的各种现象，包括生物的分布、稀少、繁多、绝灭及变异等事实，不致感到迷惘或误解。”[11]

（3）自然选择

在人类手中产生巨大作用的选择（人工选择）原理也适用于自然界吗？生物在生存斗争中的谁胜谁负有无规律可寻？

达尔文作了肯定的回答。他说：“我们将会看到，在自然状态下，选择原理能够极其有效地发生作用。”一方面，“具有任何优势的个体，无论其优势多么微小，都将比其他个体有更多的生存和繁殖的机会，另一方面，我们也确信，任何轻微的有害变异，都必然招致绝灭。我把这种有利于生物个体的差异或变异的保存，以及有害变异的毁灭，称为‘自然选择’或‘适者生存’。”[12] 他还说，“在世界范围内，自然选择每时每刻都在对变异进行检查，去掉差的，保存、积累好的。不论何时何地，只要一有机会，它就默默地不知不觉地工作，去改进各种生物与有机的和无机的生活条件的关系。”[13] 结果是，有利变异趋于保存和积累，不利变异趋于消亡，一大批个体死亡而不留下后代，少数个体得以生存并传衍后代。

生物在自然选择的作用下是如何进化的呢？达尔文以狼为例予以说明：假设一个地区由于某种变化，狼所捕捉的动物中，跑得最

---

10 ［英］达尔文著、舒德干等译《物种起源》，北京大学出版社，2005 年，48 页。
11 同上，45 页。
12 同上，55 页。
13 同上，57 页。

快的鹿的数量增加、其他动物数量减少，在这种情况下，当然只有跑得最敏捷、体型最灵巧的狼才能获得充分生存机会，才被选择和保存。又如，由于花蜜能吸引昆虫传粉、导致杂交，而杂交能产生强壮的幼苗，因而那些花腺体最大的植物，分泌的花蜜就最多，受到昆虫的光顾就最多，获得杂交的机会就最多。长此以往，它们就会占有优势并形成一个地方变种。

达尔文把每一微小有利的变异能得以保存的原理称为自然选择，以示与人工选择的不同。他说，自然选择“是永无止境的，其作用效果之大远远超出人力所及”。[14] 人工选择“仅就生物的外部和可见的形状加以选择，而‘自然’（请允许我把‘自然保存’或‘适者生存’拟人化）并不关心外表，除非是对生物有用的外表。‘自然’可以作用到每一内部器官、每一体质的细微差异及整个生命机制”[15]。正是因为有自然选择，不管自然环境发生怎样的变化，整个生物界也会不断进化，不断发展，始终处于繁茂的状态。

在达尔文那里，“自然选择作用过程多是非常缓慢的”“渐进的”，一个物种的形成甚至要经过若干万年无数次变异、遗传和选择的自然进化的过程。

（4）性选择

生物进化不仅有个体生存问题，而且有后代繁殖问题，或者说生物界不仅有为个体生存而进行的斗争，而且有为后代繁殖而进行的斗争。繁殖有其不同于个体生存的特殊性，达尔文于 1837 年就开始搜集人类的由来和后代繁殖方面的材料，于《物种起源》出版八年后（1867 年）开始写作《人类的由来及性选择》一书，1871 年出版。值得注意的是，达尔文用该书四分之三的篇幅，对他发现的“性选择”进行了详尽的论述。

---

14 [英]达尔文著、舒德干等译《物种起源》，北京大学出版社，2005 年，45 页。
15 同上，56 页。

动物界普遍存在着性别二性态，即同一物种中雄性与雌性在特征上存在着差异。其一是雄者的生殖器官与雌者不同，这是第一性征；其二是雄者有着与生殖行为并没有直接关系的不同于雌者的特征，即第二性征。比如，雄性动物普遍比雌性高大凶猛，雄者具有较大体型、强壮、好斗性；为了易于寻找或接近雌者，雄者具有某些感觉器官或运动器官，这是雌者没有的，或比起雌者雄者的这些器官更为发达。同其他动物相比，鸟类的第二性征更是多种多样，更为显著。

雌雄动物之间为什么会有第二性征方面的区别？达尔文认为，择偶一般都是雄者主动，而雄者只有通过与雄者的竞争、吸引雌者、防止雌者逃脱等手段才能获得雌者，这就导致了雄者的第二性征不断发展进化，以致出现了明显的雌雄区别。达尔文说："可以肯定，在几乎所有的动物中，存在着雄者之间为了占有雌者的斗争。"[16]"显然，这些性状是性选择而不是自然选择的结果。"[17]

所谓性选择，就是配偶的选择，本质上是"为了成功繁殖的选择"，达尔文说，"性选择是以某些个体专在繁殖方面比同一性别和同一物种的其他个体占有优势为前提的"，[18]是"某些个体所具有的优越于同一物种其他同性个体的优势，这种优势只与生殖有关。"[19]此意是说，性选择是在同一物种内部进行的，选择的是同性个体身体上的优势性状，谁有更利于繁殖的性状就选择谁。这个性状就是达尔文所说的"第二性征"。

第二性征的作用在于性选择。比如，有的用于寻找或接近雌者，有的是防止雌者逃脱的抱握器官，有的是用于同其竞争对手进行战

16 叶笃庄编《达尔文读本》，中央编译出版社，2007 年，312 页。

17 同上，311 页。

18 同上，309 页。

19 ［美］恩斯特·迈尔著、田洺译《进化是什么》，上海科学技术出版社，2009 年，137 页。

斗并把它们赶走的进攻武器或防御手段，有的用于刺激、吸引或魅惑雌者。在雌者方面，它们最容易受那些装饰较美的或鸣唱最动听的、表演最出色的雄者所挑逗，喜欢与之配对，同时喜欢挑选那些精力充沛而活跃的雄者。

自然选择的法则是“适者生存”，性选择的法则是“最善于繁殖和养育其后代的那些个体，在其他条件相等的情况下，将会留下最大量的后代，以继承它们的优越性；而不善于繁殖和养育其后代的那些个体就会留下少量的后代，以继承其弱小的能力”[20]“甚至绝了后代”[21]。这就是说，雄性为了获得雌性配偶而发生斗争，这种斗争的结果，不是让失败的一方死掉，而是让失败的一方不留或少留下后代。

问题是，雄性的这些特征往往对个体的生存极为不利。雄性孔雀的长尾不仅给飞行带来困难，而且不利于逃避天敌，某些公鹿的巨大的角发达到令人吃惊的地步。对此，达尔文起初并不能理解。1860年，他在给美国一位生物学家的信中说：“那些微不足道的结构细节常常令我感到很不舒服。比如那些雄性孔雀尾巴上的羽毛，无论我什么时候看见都感到不胜其烦。”后来，达尔文对此进行了认真的研究，他抱定“很难想象这样一个过程没有任何的目的性”[22]，他坚信“一定具有最高的重要性”[23]。这个重要性是什么呢？是繁殖。“根据这一事实我们认识到，由于在战斗或求偶时战胜了其对手因而留下了大量后代所带给那些雄者的利益，到头来要比由于对生活条件更能完善适应所带来的利益为大。”[24]

达尔文还认为，尽管性选择有时与自然选择并不一致，但“性

20 叶笃庄编《达尔文读本》，中央编译出版社，2007年，309页。
21 同上，315页。
22 [美]杰里·科因著、叶盛译《为什么要相信达尔文》，科学出版社，2009年，179页。
23 叶笃庄编《达尔文读本》，中央编译出版社，2007年，330页。
24 同上，315页。

选择在很大程度上还受到自然选择的支配，以保全物种的普遍福利”[25]“如果这些性状由于过分消耗动物的生命力，或者由于把它们暴露在任何巨大危险之下是高度有害的话，那么自然选择还会决定优胜的雄者不致获得这等性状。”[26]

至此，我们不妨重温达尔文关于自然选择强大作用的论述。其广度，“一切生物都卷入激烈的竞争之中”；其深度，“同种个体间的差异，也常发生于那些无论从生理学，还是从分类学来看，都很重要的器官。”“‘自然’可以作用到每一内部器官、每一体质的细微差异及整个生命机制。”其频率，“自然选择每时每刻都在对变异进行检查，去掉差的，保存、积累好的。不论何时何地，只要一有机会，它就默默地不知不觉地工作。”由此可知：生物界的一切都是生物进化的产物；生物个体的一切性状都是因个体生存和后代繁衍所生所用。

最后，记住达尔文的一句话：“用自然的力量来解释自然界的一切现象。”[27]生物是有生命的物质，它的唯一追求就是生存。无疑，生物的一切发展进化都是围绕生存进行的，而生存决定于生存能力，生存能力则表现为动物体上的种种器官、机制、特性。所以，生物体上的一切进化都是器官、机制、特性等生存能力的进化。

生物进化的实际状况

地球约形成于 45 亿年前。起初地球上并没有生命，大约 38 亿年前，才由非生命物质演化出原始的生命。最初的生物，有的适应环境（生存能力强），有的不适应（生存能力弱），生存能力弱的

25 叶笃庄编《达尔文读本》，中央编译出版社，2007 年，316 页

26 同上，315 页。

27 同上，引言，4 页。

很快死亡，生存能力强的生存下去；而生存下来的生物，有的有繁殖能力，有的没有繁殖能力，无繁殖能力的很快灭绝，有繁殖能力的物种得以延续。后又经漫长岁月的进化，原始生命才逐渐演变成为如今地球上丰富多彩的生物界。

亿万年来，生物界始终存在着激烈的生存斗争，一切生物都经历着自然的选择。在激烈的生存斗争中，不仅个体生存艰难，物种生存也十分艰难，它们同样经受着自然的选择。选择的结果，一批批物种灭绝，一批批生存能力更强的物种得以生存或新生。一大片个体随着所属物种的“不适”终于全部死亡。

我们看到，个体生存和物种生存并不都是一致的，它们始终存在着矛盾和冲突。那么，自然界将如何选择？是以个体生存为目标，还是以物种生存为目标？或者说，什么是生物进化所围绕的根本目标？是个体生存服从物种生存，还是物种生存服从个体生存？

让我们看看事实吧。

1．一切生物个体都为自己的生存而斗争

在广袤的自然界，生物的生长状况漫山遍野地呈现在我们周围。各种各样的植物，有的鲜花盛开，有的果实累累，有的枝枯叶黄，有的在寒风暴雨中挣扎；各种各样的动物，在进食，在饮水，在筑巢，在狩猎，在追逐，在打斗，在逃跑，在躲藏，在伪装，在迁徙。这一切究竟是为了什么？

19 世纪 50 年代，达尔文进化学说揭示：一切生物都在为生存而斗争，即“生存斗争”。“在食物缺乏的时候，为了生存两只狗在争夺食物，可以说它们真的是在为生存而斗争”[28]“我们都承认，自然界的每个物种都在为生存而斗争，为食物而斗争。”[29]

28 ［英］达尔文著、舒德干等译《物种起源》，北京大学出版社，2005 年，46 页。
29 张秉伦、郑土生著《达尔文》，中国青年出版社，1982 年，166 页。

生物要生存，如果自然界无限广大、应有尽有、平静、和谐，那么一切生物都能生存下去。而事实并非如此，生存并非易事。在达尔文看来，生物的生存环境是恶劣的，供生物生存的食物和空间是有限的，同一物种内这一个体同那一个体之间，或者同异种的个体之间，或者同生活条件之间，都在为生存进行着激烈的斗争。这个斗争主要包括生物与气候、天气、食物短缺、毒素、疾病、寄生虫、捕食者之间的竞争，以及同一物种内个体之间的竞争。斗争的原因是，高繁殖率与食物、生存空间有限性的矛盾；斗争的结果是，适者生存，不适者灭亡。

在生物界，生存斗争到处可见。动物吃植物，食肉动物吃草食动物，食肉动物吃食肉动物；植物与植物争夺生存所需要的养分、水分、阳光、空间；动物与动物争夺食物、领地、巢穴。一切动物都在为觅食而奔忙，但仍常常可见大量的动物死于饥饿。“为了生存下来，有机体不仅要决定吃什么，还要避免自己被捕食。”[30]“我们看见自然界的外貌焕发着喜悦的光辉，我们常常看见过剩的食物；我们却看不见或者忘记了安闲地在我们周围唱歌的鸟，多数是以昆虫或种子为生的，因而它们经常地在毁灭生命；或者我们竟忘记了这些唱歌的鸟，或它们的蛋，或它们的小鸡，有多少被食肉鸟和食肉兽所毁灭。”[31]

一切生物为了生存都要吸收营养，一切动物都要进食。正因如此，我们平常见得最多的就是动物在吃。马牛羊吃草，老虎狮子鳄鱼吃肉，鸟吃虫，鸡吃谷，昆虫吃植物，鱼吃昆虫，昆虫吃昆虫，秃鹰吃腐肉。角马每天要吃16个小时的草，大象每天要喝200升的水，鹈鹕一口可以吞下5000克的鱼。一条鳄鱼为猎食小河马大

30 [美]D · M · 巴斯著，熊哲宏、张勇、晏倩译《进化心理学：心理的新科学》，华东师范大学出版社，2007年，83页。

31 叶笃庄编《达尔文读本》，中央编译出版社，2007年，108页。

胆地潜入庞大的河马群（30 多只）。10 多只鸟类大胆地在草原大火中捕食四处飞散的昆虫。丛林里一棵无花果树，有 40 多种鸟和猴子轮番来吃。一头斑马被偷猎者猎杀剥了皮，六七十只兀鹫从天而降蜂拥而至，几分钟就将这头斑马的肉啃食殆尽。重达 200 吨的蓝鲸，为填饱肚子，不得不每天在大海里游 200 公里的路程，并连续游数周不息。几百万只火烈鸟在非洲藻类繁盛的柏哥利亚湖聚集。许许多多的角马、斑马、野牛明知河里有凶猛的鳄鱼，而且时有同伴死于鳄鱼之口，还是不顾一切地去河边喝水。15 万只北方鲣鸟飞行 5500 公里，从西非来到英国东海岸一个渔场，每年在这里吃掉 8000 吨鱼。小小的河狸（体重 2 公斤左右）用锋利的门齿从根部啃断几米高的树木，它们在水塘边建窝，将它们收集的树枝、树木一一拖进水下仓库，并将树枝插在淤泥中保鲜，作为家中过冬的食物。

有一则触目惊心的求生故事（纪录片《自然志——生命之初》）。在格陵兰岛上有个山谷，一对白颊黑雁为使它们的幼鸟远离地面食肉动物，而将窝巢筑在山顶的一座巨大的石塔之上。它们刚生了 5 只幼鸟。山顶上没有东西（草）吃，它们越来越饿。食物在谷底，可要向下飞越 120 米的悬崖峭壁才能得到。大雁能飞，而 5 只才出生两天的幼鸟不会飞。这给幼鸟的生存带来巨大的考验。为了生存，这 5 只小雁，在父母带头飞走之后，一个个勇敢地跳下悬崖。场面惊心动魄：它们先是小心翼翼地挪到悬崖边，然后一跃而起，随之直线坠落（幼小翅膀只能起到平衡作用）。令人不敢直视的是，在高空坠落的过程中，有的多次重重地撞击在岩石上；有的被撞后连续在岩坡的乱石丛中向下翻滚；有的被撞后弹了出去在空中翻滚；有的途中被摔昏，醒了继续前行。小小幼鸟，两只殒命。值得庆幸的是，有 3 只幼鸟终于实现了它们生存的目的，回到了在谷底焦急等待的父母的怀抱。

中国中央电视台《动物世界》栏目有过一则“为生存而奔驰的角马”的纪实：在非洲，随着旱季的来临，为寻找食物和水源，每年 7 月下旬，都要呈现一场极为壮观的角马大迁徙。它们浩浩荡荡地从坦桑尼亚向肯尼亚的马赛马拉国家自然保护区进发。这是自然界最伟大的迁徙旅程。数以百万计的角马一批批绵延不断地行进在征途上，途中不仅要穿越狮子、猎豹埋伏的草原，还要跨越布满鳄鱼、河马的马拉河。大批角马死在路上，但同时也有大批小角马在途中诞生。千军万马过马拉河的场景是最为壮观和惨烈的。河岸既高且陡，河中水流湍急，有鳄鱼河马出没。但见一批批角马不顾一切地跳入河中，奋勇渡河，不时有同伴葬身鳄鱼或河马之口，可它们义无反顾地向前。攀登高达 6 米的河岸更是险象环生，绝大多数角马总是要冲击多次才能成功。它们一次次重重地摔滚下去，弄得浑身是泥，可还是迅速地爬起来继续上冲。这一切究竟是为了什么？为的是寻找充足的水源和食物，为的是对岸碧绿草原这一“粮仓”的存在，为的是生存。

中国的青藏高原是地球上海拔最高的地方，这里酷热与严寒、潮湿与干燥并存，再加上低氧、高辐射等因素，形成了地球上最严酷的生态环境。在这里留存的动物不得不挣扎求生。比如，中国云南那世界上绝无仅有的滇金丝猴，面对没有可供食用的果实或者嫩叶、食物极度匮乏的状况，只得食用一种附生在树上的地衣。地衣很难咀嚼和消化，但吃了总胜于挨饿。地衣生长缓慢，需要 15 年的时间才能恢复规模，所以滇金丝猴总是在 25 平方公里的活动范围内四处觅食，以求生存。

动物为了获得食物，不仅要经历奔波、寻找、迁徙、猎杀的千辛万苦，还要为争夺食物而进行激烈的斗争。其中既有两只狗、两只狼、两只熊，或一群鬣狗同另一群鬣狗等同一物种之间的争食斗争，又有鬣狗抢夺狮子的食物、狮子抢夺猎豹的食物、空中的兀鹫抢夺地上鬣狗的食物等不同物种之间的夺食斗争。

一切生物都要为保护自己的身体和生命而斗争。自然界充满风险，其中有来自动物与动物之间的相食，以及争食物、争水源、争领地的相互残杀；有来自环境方面的风险，如地质变化、气候变化、自然灾害。由此，动物们不得不躲避、逃跑、隐藏、伪装和反击。在俄罗斯远东地区的丛林中，为躲避西伯利亚虎的猎杀，熊竟将自己巨大的巢穴建在树上。阿尔卑斯山野山羊为避免命伤狐狸之口，竟将家安在悬崖绝壁的山顶上，只有在觅食喝水时才下山。而在山下一旦遭遇狐狸的追杀，就立即登山攀岩，使得狐狸眼睁睁地看着却无从下手。

至此，我们还发现，一切生物体都有着维护自我生存的能力。所有动物的机体上都存在着维持生命、吸收营养、获取食物、保护身体的若干器官和机制。除了心脏、肺、牙齿、舌头、食道、胃肠、血液外，还有如牛的头角、长颈鹿的头颈、大象的鼻子、鲨鱼锋利的牙齿、乌龟的壳、刺猬满身的刺、响尾蛇的毒液、北极熊防水的皮毛、变色龙的变色、猎豹的迅速、老虎的凶猛、鸟的翅膀，还有五官、嗅觉、视觉、听觉、智慧等。

让我们再看看动物界那些令人惊奇的生存本领吧。飞鱼为逃避捕食者的追逐，能冲出水面在空中滑翔 200 米而逃生。响尾蛇的尾部末端有一串角质环，当遇敌时，它会以每秒 40 ~ 60 次的速度迅速摆动尾环，长时间地发出响声，使敌人不敢靠近或被直接吓跑。为了保护自己，加利福利亚松鼠把蛇皮嚼烂涂在尾巴上，用蛇的气味武装自己，吓跑敌人。据英国《每日邮报》报道：美国宾夕法尼亚大学生物学教授丹尼尔·简森在过去的几十年中一直研究毛毛虫，拍过许多毛毛虫的伪装照片，令人惊奇的是，那些人类不屑一顾的毛毛虫，为了生存进化出了高超的伪装术。“它们有的晃身变成为一片树叶，有的巧妙伪装成一根树枝。”有一次，这位教授从头至尾观察了毛毛虫伪装成蛇的全过程："只见它把腿缩进身体，然后扩张身体，把屁股憋得很大，弄成了三角形蛇头的样子。毛毛虫身上花纹独特，致使身体末端看上去极像毒蛇的头部，以此抵御天敌。"

鸟瞰全球，生物物种在地球上的分布，一般会遵循这样的规律：哪里最适合生物生存（有充足的食物和水源），哪里的物种就最多，最繁茂；哪里生存环境恶劣，哪里的物种就稀少，就荒凉。热带雨林是最适宜生物生存的地方，正因如此，这类只占地球陆地面积百分之三的森林中，生活着的物种竟占全世界物种总数的一半以上；而在冰雪无垠的北极、崇山峻岭的高原、一望无际的沙漠，尽管风光无限，可物种很少。问题的根本在于，生物所需要的不是美景，而是维持生命所需要的充足的食物、水分、氧气和无害的自然环境。

我们知道，"同一物种内个体与个体间的斗争"是自然界中生存斗争的一个重要方面。对于这种斗争的意义，我一度不仅不能认知，而且不愿相信。但如果人类可以互帮互助、避免互斗、反对侵略，动物界又为何不能避免同类间的争斗呢？其实，在动物界，同一物种内部个体之间、族群之间争食物，争领地，争配偶的现象是普遍存在的，而且常常十分惨烈。比如，很多鸟类的幼鸟会手足相残，一对奥斯卡鲣鸟夫妇生下了两颗蛋，孵出两只幼鸟，弟弟出生不久，比它大四天的哥哥就不停地啄它的头和脖子，致使它远离巢穴、奄奄一息。

显然，同一物种中的生存斗争也是优胜劣汰，留下强者，即留下强者的基因，使同一物种中的个体不断强壮。不仅如此，个体的优胜劣汰还会导致群体的优胜劣汰。达尔文说："我们可以看到，在最原始的社会发展初期，最聪明的一些个人、能发明与运用最好的武器或陷阱网罗的人、最善于自卫的人，就会生养最大数量的子女。许多部落之中，有这种天赋的人数越多的部落，人口就越会繁殖，而终于取代其他的部落。”[32] 物种正是在不断选择生存能力强的个体的基础上进化的。无疑，通过生存斗争选择强者，优化物种，使物种在斗争中获胜，正是自然界的意图。

在动物界，动物包括个体、家庭、家族、种族、种群、物种。无疑，个体是一切的基础，而一切都归于物种。个体与物种的关系，必然是没有个体就没有物种，没有个体的生存就没有物种的生存。任何生物都有生存能力，而这个能力既是个体的生存能力，也是物种维持生存的一种能力，其中有些能力甚至直接决定物种的存亡。比如，长颈是长颈鹿能吃到高处植物以维持生存的能力，正因为有了这个能力，才有长颈鹿个体，才有长颈鹿这个物种。相反，如果没有这个能力，个体鹿就不能生存，因而这个物种也就不能形成。那些得以生存的物种，正是因为其个体有着强有力的生存本领。比如，鲟鱼，已在地球上存在 2 亿年，其生存的关键在于鲟鱼是底栖动物，生活在水底，对水的温度和盐度的耐受性极强，且水底食物充足，没有天敌。可见，个体生存是物种生存的前提和基础。

个体的机体上存在着各种各样的机制，看起来都是为个体生存，而根本上乃是为物种生存。物种是以个体的形式存在的，有个体才有物种，有多种个体才有多种物种。相反，没有个体，也就没有物种。一旦同种个体全部死亡，那么该物种便灭绝。在激烈的生存斗争中，个体生存艰难，物种生存也十分艰难。它们同样经历着自然的选择。物种的生存状况首先取决于个体的生存状况，个体数量过少，这个物种就成为濒危物种。据生物学家说，目前地球上已鉴定的生物约 200 万种，已灭绝的物种约 1 500 万种，每天都有大量的物种灭绝和新生。中国长江江豚种群数量以往几十年下降很快，经 2017 年最后一次调查，只有 1 012 头。目前该种群已被国家列为濒

---

32 ［英］达尔文著，潘光旦、胡寿文译《人类的由来》，商务印书馆，2013 年，198 页。

危物种，国际自然保护联盟也将其列为极危物种。为延续壮大这个物种，武汉中科院水生所选择对一些长江江豚进行人工饲养和繁殖，2005 年终于成功繁殖了一头，2018 年 6 月又成功繁殖了第二头。

2．不利于个体生存的繁殖特征的存在

一切生物都要繁殖。动物个体皆有性器官，除极少数雌雄同体、社会性昆虫中的不育工虫外，余皆为雌性或雄性。一切动物个体都有繁殖系统，如生殖器、精子、卵子、哺乳动物的乳房。一切生物的雌性和雄性都要结合，植物花飞授粉，种子生根发芽；动物雌雄交配，精卵结合。母鸡生蛋，鱼产卵，老虎生崽。母猪一胎生一窝小猪，鱼一次产数万只卵，蛋孵出小鸡、小鸭、小蛇、小鳄鱼。各种生物都千方百计地进行繁殖，都有自己的繁殖本领。在海马的世界里，怀孕乃是雄性的事。雌海马将卵放到雄性的育儿囊中，雄海马携带着这些卵，继而受精孕育。在我国广西南部的河水中，有一种在水下生长的植物叫海菜花。陆地植物的花朵是由昆虫授粉的，海菜花的花朵在水下，怎么授粉呢？自然选择的鬼斧神工，使海菜花进化出了令人神奇的繁殖本领。每天清晨，海菜花螺旋型花茎将花朵托出水面，让昆虫为其授粉。黄昏，当海菜花接收到太阳落下的信号，花茎就把花朵缩回到水底。

然而奇怪的是，自然界又在动物体上设计了大量不利于个体生存的繁殖特征。动物交配不是随意进行的，不是有异性就行，它们要选择，即进行性选择，选择配偶。如达尔文所说：“动物的求偶绝不是如人们所想象的那么简单而短促的一桩事。”“可以肯定是，在几乎所有的动物中，都存在着雄者之间为了占有雌者的斗争。”[33] 择偶斗争一般有两种形式：一是同一性别（一般为雄者）的个体之间的斗争，以便赶走或弄死竞争对手，获得交配权，此时雌者处于

33　叶笃庄编《达尔文读本》，中央编译出版社，2007 年，312 页。

被动地位；二是雄者刺激或媚惑雌者，这时谁是胜利者由雌性决定。一个物种中雄性与雌性之间的不同的繁殖特征被称为性别二性征。雄性的生殖器官与雌性不同，达尔文称之为“第一性征”。此外，因择偶斗争的需要，雄性体上还存在着大量与繁殖无直接关系但用于繁殖的特征，达尔文称之为“第二性征”。

用于第一种择偶斗争的，主要是向竞争对手进攻的武器或防御的手段。雄者普遍具有较大体型、强壮、充满好斗性等特点。比如，雄狮高大、强壮、威风凛凛；公鹿头上顶着树枝状的大角；雄性山羊的大角长度是其头部二三倍。用于第二种择偶斗争，即那些刺激或媚惑异性的性征是多种多样的。鸟类的第二性征最为显著。许多鸟的躯体上生出各种各样的肉冠、垂肉、隆起物、鼓气的囊、顶结、裸羽轴、羽衣以及修长的羽毛；它们的喙、头部周围的裸皮以及羽毛常常具有华丽的色彩。雄鸟用种种装饰物来打扮自己，这些装饰物在生殖季节往往变得更鲜艳。又如，雄孔雀有长长的漂亮的尾羽；一雄性蜂鸟长着两根是其身长三倍的尾羽，摆动时如同两根彩带在飞舞。有的雄鸟能发出一种类似麝香的气味，用来迷惑或刺激雌鸟。

我们发现，动物许多繁衍特征十分不利于个体的生存。有一种鹿，雄性头上顶着巨大的树枝状的角，有的重达 40 公斤，可支撑着它的头颅却只有微不足道的两公斤。这在达尔文看来，公鹿头上树枝状（比头颅要重几倍）的大角，“那样的构造，这将使其在发育过程中消耗掉很多生命力”[34]。而且雄鹿经过激烈打斗和交配后，其体重常常会减轻百分之二十。雄孔雀的尾羽是异常美丽的，然而长长的尾巴给生存带来很多不利：行动困难，不利于飞行和逃避天敌；闪亮的颜色会吸引捕食者；特别是在雨季，一条湿漉漉的尾巴就成了一条实实在在的拖把。雄孔雀令人惊艳的尾羽还要分流大量

34　叶笃庄编《达尔文读本》，中央编译出版社，2007 年，316 页。

的代谢能量，因为这条尾巴每年都要彻底换羽一次。雄性的红领寡妇鸟“拖着极长的尾巴——基本是其身长两倍。带着这条上下翻飞的长尾巴，雄性寡妇鸟在空中的飞行简直就是一种挣扎。任何人看到这幅场景都不禁要问：这条长尾巴到底有什么用处？”[35] 有一种雄性蛙每天夜里都要用它鼓胀的声囊演绎一首长长的小夜曲，然而这种歌声也招来了蝙蝠和吸血蝇。

择偶斗争大费周折。在坦桑尼亚的一条河里，生活着鳄鱼和河马这两种庞然大物。每逢交配季节，它们都会进行一场争夺交配权的战斗。雄性鳄鱼的战斗常常在岸边进行。它们用长满锋利牙齿的头部，进行一次又一次猛烈的撞击，同时还用牙齿进行撕咬。河马是世界上攻击性最强的物种之一。它们的战斗常常从岸边打到岸上。一般情况下，只有统治整个族群的公河马才有交配权，但在强烈的性欲驱动下总会有其他公河马向它发起挑战，于是战斗不可避免。河马的武器是它那巨大的嘴巴和锋利的牙齿，特别是嘴巴下面那两颗长长的大牙。战斗时它们张开大嘴互斗，嘴巴张得近乎垂直，宽度近乎是其头部直径的两倍。它们有时面对面打斗，有时半站立起来互相撕咬。经过一二十个回合的战斗，有时统治者获胜，维护了它的交配权；有时挑战者也会获胜，夺得交配权。

在智利境内的巴塔哥尼亚河流域，生活着一种奇异的甲虫，雄性甲虫拥有昆虫界最大的颚，这就是“达尔文甲虫”。可就是这小小甲虫的择偶也要进行斗争，雄性的交配权也取决于力量和颚的大小。雄性甲虫搜索雌性的过程漫长而艰辛。雌性甲虫一般都呆在接近树冠的地方。一次，一只雄性甲虫开始了求偶的征途，它爬上了一棵大树。途中有许多竞争者，它用那超过自己身长的大颚一路过关斩将，时而将其举起，时而将其击倒，6个竞争者逐一被摔下了树。

---

35 ［美］杰里·科因著、叶盛译《为什么要相信达尔文》，科学出版社，2009年，181页。

终于它找到了雌虫，并与之进行了交配。

在非洲丛林，有一种在水边小树叶上跳动的树蛙，其雄性获得异性也要进行斗争。它们的策略是在高处用歌声吸引雌蛙。因为站得越高声音传得越远，一只雄蛙不断地向高处攀爬，可当它爬到最高处时，已有一只雄蛙捷足先登。很快，争夺交配权的斗争爆发了。两只雄蛙相互用身体撞击、两腿蹬踹，终于捷足先登者跌落，挑战者成功抢占了高地。随之，雄蛙鼓起颚下的大气球开始唱歌，果然，引来了一只白肚皮的雌蛙。

雄者会刺激或媚惑雌者。雄鸟们，有的在一群雌鸟面前展示它们华丽的羽毛以及奇特的表演；有的用各种各样的声乐和器乐的鸣叫迷惑雌鸟；有的靠舞蹈或做古怪滑稽的表演来表达它们的求爱。雌鸟无论转到哪个方向，雄鸟张开的翼羽和尾羽都会转向它那一边。在亚马逊丛林里，几十种蜂鸟的求爱场面，真是热闹非凡，滑稽可笑。它们有的将翅膀组成一幅椭圆式的图案，在雌鸟面前不停地跳动；有的展开翅膀和羽毛像芭蕾舞裙一样，在空地上翩翩起舞。有些雄鸟的美丽装饰物平时显而不露，等到在雌鸟面前夸示时才显露出来，它们竖起尾羽并把羽翼展开，成为一把大圆扇或一张大盾牌，置于身体的前方。在澳大利亚，雄性的园丁鸟会用小树枝搭建出奇特的“凉亭”，有的像蘑菇，有的像帐篷，大小甚至达到3米宽、1.5米高。这些凉亭还会像过节一样点缀不同的装饰：鲜花、蜗牛壳、浆果等。为搭建这些凉亭，常常需要数小时甚至数天的时间。谁能想到，如此大费周折，它们竟然不是作为巢穴使用的，而仅是用来引诱雌鸟。

我们看到，雄性动物为繁殖而进行的斗争时常会降低自己的生存率。两头公鹿用它们树枝状的大角互斗；两头站起来高达两米的公棕熊在较量；北欧地区生长的重达400公斤的公麝牛以40公里／小时的速度冲向对手。两头公象的头和巨牙撞击在一起，它们有时要进行3天的对决，直到分出胜负。这类斗争常常十分惨烈，受伤致残屡见不鲜。在北美洲太平洋沿岸生活的北象海豹，雄性体长6米，是雌性的两倍，重量可达3吨。这样的两个庞然大物争斗起来常常很血腥，雄性硕大的身体猛撞到一起，牙齿在对方脖子上留下深深的伤口。雄性西班牙羱羊决斗时，双方高高跃起，两个头四只角猛烈撞击，声振山谷，而且彼此要较量三四十回合，扭断脖子撞破脑袋的事时有发生。

以上这些，在1871年达尔文《人类的由来及性选择》发表之前，一直是一个谜。科学家们一次又一次地发现表现在雄性身上的性别特征违背了进化论，浪费了能量，降低了生存率。这是为什么？如前文所述，达尔文在经历了一段“迷惑”之后，终于第一个明白，是为了繁殖。雄孔雀的尾巴之所以被进化，是因为雌孔雀更喜欢选择羽毛艳丽的雄孔雀作为配偶；雄性一般比雌性的体型更大，是因为雄性往往通过格斗才能得到配偶。达尔文认为性别二性征的意义在于繁殖，在于获得雌性生育后代。达尔文性选择理论大声提示我们：“记住，选择的传递不在于存活与否，而在于繁殖与否。有一条漂亮的尾巴或一副动人的歌喉并不能帮助你生存下去，但却可能增加你拥有后代的机会。”[36]

至此，我们终于明白这一切是为了繁殖。可问题是，繁殖的极端重要性究竟体现在哪里？长期以来，思想界形成这样的思维定势，即：繁殖有利于繁殖者。有书说：雄性之间的打斗，是“给雄者带来利益”，是“增加你拥有后代的机会”。有纪录片说，所有动物都想让“自己的基因得以传递”。照此说，交配也给雌者留下后代带来利益。这样一来，繁殖的极端重要性就体现在能给繁殖者留下后代、带来利益之上。

36 ［美］杰里·科因著、叶盛译《为什么要相信达尔文》，科学出版社，2009年，184页。

应该高度重视的是，动物体上不利于个体生存的繁殖特征的存在，是一个极有价值的事实。从这里，我们不仅看到这是为了繁殖，而且应得到另一个重大的启发，即这一切都是为了物种的生存，而不是个体的生存。

值得深入思考的几个问题。

问题1：为什么自然界选择给强者留下后代？【005】

动物择偶打斗，胜利者（强者）才能获得交配权，才能生育后代。显然，那些在打斗中的失败者（弱者）可能得不到雌性，绝了后，或者在生殖季节的后期才能得到一个发育迟缓而精力不充沛的雌性，留下来的后代数量较少而且精力不充沛。更有甚者，在河马王国，交配权大多被统治者霸占着，不少公河马因此一生与后代无缘。无疑，这是自然界的设计。显然，这个设计并没有顾及个体的利益，就是不想让弱者繁殖后代留下基因。其目的很清楚，为了保证物种的强壮，保证物种的生存。如果自然界仅从个体利益考虑，那就应该让每一个体都留下后代。这种不公平，显然不是为个体利益，而是为物种利益。

再看看那些雄者中的强者，有的在力量的对抗中获胜，获得了交配权；有的由于装饰美丽、鸣唱动听、表演出色，迷惑了雌性。无疑，无论是迷惑获胜的优胜者还是打斗获胜的优胜者，都是优良品种。其结果呢？那些战胜了其他同性对手的雄者，或者对雌者而言最富有魅力的雄者，必然留下数量较多的后代，并将它们的优越性遗传下去。纪录片《野性美洲——山脉》在介绍落基山雄性大角羊之间的打斗时说：“打斗确保了落基山大角羊最优良的基因被保存下来。”这就是说，打斗本质上是为了保存“最优良的基因”，保存物种，而基因在根本上乃是物种的基因。

由此，应当相信，这一切都是为了物种的生存。动物们之所以交配不易、择偶艰难，根本的原因在于动物的繁殖始终都由自然界管着，而有利于物种生存是其繁殖的根本原则。如此看来，雄性之所以要通过打斗争夺配偶，雌性之所以要那样选择“如意郎君”，是因为在激烈的生存斗争中，只有强者才能生存，而择偶就是选择强者，所以择偶是保证物种强壮从而得以生存的关键环节。

试想，如果仅从个体利益考虑，自然选择应该让每一个体都留下后代，而不会只给强者不给弱者留下后代。这种不公平为的是什么？显然不是为了个体利益，而是为物种的强盛、物种的利益。这使我想起，许多开花的植物会生出香甜的花蜜，奇怪的是，这不是为了自己享用而是给蜜蜂享用的，其目的是让蜜蜂在享用时粘上花粉，蜜蜂飞来飞去，花粉就会在这种植物物种间传播，从而雌雄结合繁殖后代。植物没有欲望上的利益的追求。应该看到，这纯粹是自然界让其延续物种。

可见，繁殖的重要性不是体现在给繁殖者带来利益，而是体现在后代延续物种生存上。孔雀有害生存的长尾、公鹿有害生存的大角的存在理由，并不决定于对孔雀公鹿是利大还是利小，而决定于它有利于物种的生存，这才是自然选择的根据。

问题2：为什么自然界让一些物种的个体交配后就死亡？【006】

有些物种的个体只能活到生育的年龄，生殖后便死亡。雄性切叶蚁在交配后不久会因能量耗尽而死亡。在马尾藻海产卵的鳗鲡产卵后就会死去。一些物种雌性怀孕营养不足，只好把与己交配的雄性吃掉。如，有一种蜘蛛，交配后雌蜘蛛会吃掉雄蜘蛛，以获得孕育后代所需的营养。螳螂也是如此。一天，英国自然博物学家大卫·爱登堡带领的摄制组，拍摄了螳螂交配的全过程。这两只螳螂，一边在交配，一边雌螳螂在吃着雄螳螂，后雄螳螂身体被咬断，头部掉了下来，可腹部那些能够控制交配的神经细胞仍处于活跃状态，交配仍在进行。

还有两个这样的事实：蚕的一生很短，一般只有40天左右，经历蚕卵、蚁蚕、熟蚕、蚕茧、蚕蛾等过程。雌雄交尾后，雄蛾立即死亡，雌蛾产卵后也慢慢死去。它们死去了，可留下了后代，约500个受精卵，从而使蚕这个物种得以长存。蜉蝣，是最原始的有翅昆虫，一生经历卵、稚虫、亚成虫和成虫4个时期。稚虫以水中生物为食。成虫不取食，寿命很短，一般只活几小时至数天，其间它们唯一所做的就是交配和产卵，留下后代，随之死去。可怜之至，似乎专门为繁殖而生，可正因如此，现今蜉蝣在地球上留下了2000多种蜉蝣目物种。

这是为什么？显然，以上行为不是为了个体的生存，而是为了物种的生存。个体的生命服从于物种的需要。否则我们无法理解，许多个体交配后就死去，对一个已经死亡了的、不存在的个体还有什么利益可言。

生物物种的身体结构有的复杂、有的简单，它们的寿命也就有长有短。生育是要有一定周期的。寿命长的可以生育多次，寿命短的可能就只生育一次。而如果只生育一次的雌性怀孕后营养不足，那么在交配中雌性只能将雄性吃掉，以保证后代的正常发育、物种的生存。交配时活生生地被吃掉，是多么的残忍。可没有办法，如不这样，这个物种一开始就不会被选择，即使选择了，那也早因没有后代而灭绝。可见，一切都必须以延续物种为原则。

问题3：为什么自然界在一些昆虫中设计不育“工虫”？

生物学家的观察和研究证明，在白蚁、蚂蚁、蜜蜂、黄蜂等社会性昆虫中，存在着众多没有生殖能力的雌虫（生物学称其为“工虫”），它们除了要维持自己的生存外，全部使命就是为其他昆虫服务。比如，蚁群有三种成员，即蚁后、雄蚁、工蚁，蚁后和雄蚁的主要职责是繁殖后代，工蚁的职责是为蚁群觅食、筑巢、保卫家园、照顾幼蚁。在社会性昆虫中，“工虫”是一种特殊的成员，它没有“留下后代”的利益追求。这是为什么？自然选择为什么要设计这样一种不能生育的成员呢？原来，这些社会性昆虫身体结构简单，生存能力极弱，单个昆虫无法同时完成维持生存和繁殖两项任务。没有办法，在长期的进化过程中，这些物种就形成了一部分个体专门从事生育，另一部分个体不生育专为生育者服务的内部分工，这些物种因而得以延续。这充分说明，自然选择的根本目标就是物种生存。不育工虫正是为了保证社会性昆虫物种的生存而特设的，没有这样的分工，就没有社会性昆虫这样的物种。

说到这里，有必要弄清这样一个关键问题，即观察生物界万事万物的角度问题。以往多从个体利益的角度来理解动物行为和机体特征的来源及作用，所以繁殖为自我，后代是自我利益的体现；我则主张应从物种生存的角度来理解动物行为和机体特征的来源及作用。以往多把个体和繁殖统一于个体生存，我则主张应将个体生存和繁殖统一于物种生存。个体与其后代是两个不同的个体，它们各有各的胃和头脑，各有各的需求和寿命。个体用于自身的唯一需求就是生存，一切降低自己生存率的行为都必定是自然界为其他目的设计的。它之所以用生命去繁殖，在根本上，不是出于自身的意愿，而取决于其体内早已设定的强大驱力或固有的神经联系。

也许有人说，这些拥有“工虫”的社会性昆虫功能特殊，微不足道，不应与其他物种遵循同一个原则。这就错了！地球上所有物种都得接受优胜劣汰、适者生存的统一规律制约。在以物种生存为轴心的规则下，个体生存服从物种生存，如果物种生存需要牺牲个体生命，那么个体就必须作出牺牲。我们看到，不仅动物体存在着繁殖特征，那些无感觉无欲望的植物体也存在着繁殖特性，这些都是为了种族的延续。任何个体都是物种中的个体，同一物种中的若干个体留下千千万万同种的后代，一代又一代，个体不断死亡又不断新生，物种长存。

神奇的自然界正是这样设计的，它在个体的机体上既设计了维护个体生存的机制，又设计了用于繁殖的机制。原理并不复杂，不维护个体的生存，就没有物种；不繁殖也没有物种，谁来繁殖呢？只能是个体。这样，个体就不仅有维护自己生存的追求，而且有繁殖留下后代的追求。这虽然降低个体的生存率，可为了物种的生存不得不如此。从根本上看，达尔文所说的“自然选择”和“性选择”都服从于物种生存，或者说物种生存是这两个选择共同围绕的轴心。事实正是如此，自然选择在以物种生存为根本目标的前提下，不仅会围绕“个体生存”进行选择，而且还会围绕“繁殖”进行选择。其结果，一些弱的个体会不断死亡或绝后，强的个体则生存并繁殖，物种长存。维护个体生存和繁殖两方面的机制融于一体势必会相互影响，可物种生存是主线。正因为如此，个体寿命服从繁殖的需要，服从物种生存这一根本。应该相信，物种生存是生物发展进化所围绕的根本目标，个体生存和物种繁衍是进化所围绕的具体目标。

3．生物体各种性状的根源和作用

对所有生物而言，既然物种生存是生物发展进化的根本目标，那么自然选择就会根据这个目标在各个物种的机体上设计种种器官、机制、特征。由此，应当认定这样一个事实：生物个体机体上的一切必然都是为了维护物种生存而生，都对物种生存有用。物种生存取决于个体生存和繁殖，这样个体机体上的一切必然有的是为个体生存所生所用，有的是为物种繁衍所生所用。正如巴斯所说：“不同物种所拥有的各种特征似乎都有一种目的。比如，豪猪的刺让它免受捕食者的伤害；海龟的壳为壳下软组织提供保护；而许多鸟的喙都被塑造来凿开坚果。”[37]对于群居动物来说，物种生存还取决于群居，那么群居动物的机体上就不仅存在着确保个体生存、物种繁衍这两个方面的功能，而且还存在着确保群体稳定方面的功能。由上可知，人体的一切都是为维护个体生存、繁衍和群居设计的，或者说，我们人类机体上的一切有三个根源【007】，即有的源于个体生存，有的源于繁殖，有的源于维护群居。

（1）个体生存方面的性状

动物要生存，第一是要获得营养（包括食物、水分、氧气等），第二是要躲避危险，以保护身体和生命。由此，各种生物必然都会在这两个方面进化出种种器官、机制、特征。

动物通过吃获得食物，而吃需要嘴巴、牙齿、舌头，以及咬合力等适应性特征。由此，啄木鸟为捕食树皮中的昆虫，将自己的嘴巴进化得像强直的凿子一样。变色龙为了捕捉甲虫，进化出了长度是其头部两倍的舌头，伸舌如同抛锚。云豹为了能吃进大块的食物，嘴巴进化得能张开 90 度。巨蜥的喉部进化出了一块骨头，进食时此骨使喉部膨胀，一顿可以吞下相当于自身体重 80%的食物。青藏高原的大熊猫，每天要吃 20 多公斤的竹子。吃竹子需要爪子配合，这样大熊猫的手掌发生了奇特的适应性进化，它们前爪手掌下方的腕骨处长出两根小手指（原有 5 指现 7 指），以便更好地抓握竹茎。斯里兰卡猕猴为了储存和携带剩余的食物，在嘴部进化出了颊囊。

获得食物需要种种觅食、捕猎的本领，这对于个体生存是极为重要的。有一种植物叫维纳斯捕蝇草，竟然进化出了捕食苍蝇的特殊本领。它的两个花盘如同河蚌的两个可以开合的介壳。开时，花盘

37 [美]D · M · 巴斯著，熊哲宏、张勇、晏倩译《进化心理学：心理的新科学》，华东师范大学出版社，2007 年，5 页。

以鲜艳的颜色和香味诱惑苍蝇，苍蝇一旦触动花盘中的机关，两个花盘就合拢，将苍蝇紧紧地困住，此后将其慢慢地消化。更为神奇的是，婆罗洲有种植物叫猪笼草，它进化出了以多种昆虫为食的本领。它长着一个像圆桶一样的大笼子，笼口上方长有一片叶子以挡住外来的雨水。笼的表面非常光滑，底部有特殊的液体，大多数昆虫一旦落上去就会掉到底部淹死，然后被笼底腺体分泌的酶所消化。

对食肉动物来说，要有充足的食物，就要有猎杀大型动物的本领。由此，食肉动物在嘴巴、牙齿、舌头，以及咬合力等方面都得到了特别的进化。老虎的犬齿非常发达，适于撕裂食物，也是制敌与刺杀猎物的有力武器。为了轻易地撕开猎物，大白鲨嘴里长着凹槽般的嘴唇，以及一排排像刀片一样锋利的牙齿（最长的可达 8 厘米）。

有一种重 400 公斤长 4 米多的鳄鱼，长着 70 多颗牙齿，被这个庞然大物捕获，必死无疑。海象的上犬齿经过进化延伸到嘴外形成两颗长长的獠牙，成了最厉害的捕猎和攻击武器。美洲豹进化出了强有力的颌部，其咬合力能咬穿猎物的头骨、猎杀凯门鳄。

哪里有食物，哪里的动物就进化出种种获取食物的本领。花蜜是营养丰富的美食，一些动物就进化出了吸食花蜜的特征，这就有了蜜蜂、蜜熊、蜜鸟、蜜蝠。为了吃到花朵深处的花蜜，许多鸟进化出了长长的喙。用长喙吮吸花蜜的蜂鸟还有一个绝招，它们能快速拍打翅膀，使身体像直升飞机一样悬停在空中，尽情享用美食。美洲有一种蝙蝠在吸食花蜜的过程中，进化出了超过其身长的舌头，它就是花蜜长舌蝠。

在加里曼丹岛的丛林里，果实累累，昆虫众多。由此，有种原本不适应树栖生活（与不适应树栖生活的獴存在亲缘关系）的熊狸，为了生存竟进化成了树栖动物，更为奇特的是它还进化出了能抓握树枝的卷尾。凭借这一优势，熊狸能到达更远的地方，获得自己最喜爱的果实。在这个岛上，以树蚁为食的飞蜥，为了便于树间行动，进化出了杂技般的滑翔特技，它的翼膜从肋骨和皮肤间展开，形成了是原来四倍的像翅膀一样的体宽。有了这种技能，它吃完这棵树上的树蚁能很快地滑翔到另一棵树。在非洲开阔的草原上，珍珠鸡等鸟类大量存在，这使得生活在这里的狞猫进化出了能跳高至 3 米的粗壮后腿，成了陆栖动物捕食鸟类的能手。在海洋与河流之间，有一种湖叫潟湖，湖中有一片红树林，树上昆虫众多。为了捕食这些昆虫，湖中进化出了一种射水鱼。此鱼口腔顶部有一个特殊的凹槽，它与舌头构成一条管道，鱼鳃挤压口中的水经管道射出，可形成强有力的水柱。有了这个“水下猎枪”，射水鱼一旦发现水面树枝上的昆虫，就将其从高处击落而食之。

还有，为了充分利用食物资源，在不同环境下许多动物进化出了各自的生存技能。长颈鹿进化出了能吃到高处嫩叶的长颈。食肉动物进化出了能够猎杀大型动物的特征。狮子进化出了极为发达的视觉、听觉、嗅觉、牙齿和可伸缩的利爪，是名副其实的“草原之王”。树栖动物进化出了在丛林中上蹿下跳觅食的本领。红疣猴在树冠之间一次竟能跳跃 16 倍于自己身长的距离。在非洲，身材矮小的鬣狗进化出了强健的颚齿、锋利的爪子和敢于从凶猛的猎豹、狮子口中夺食的胆量。

吃，需要食物，而食物不是随时随地都有的。为避免食物缺乏危及生命，许多动物进化出了承受饥饿的种种本领。乌龟、鳄鱼能几个月不进食。冬天食物匮乏，许多动物进化出冬眠的本领，它们以不进食和减少能量消耗得以存活。动物除了需要食物，还需要氧气。青藏高原的含氧量仅为海平面的一半，而紫外线辐射程度则翻了一倍。在这里，每一次呼吸都变得异常艰难，每一刻都有太阳无情地炙烤。为生存，牦牛进化出了特殊的骨骼结构，它有 14 根肋骨，比家牛多一根。这样就形成了更大的胸腔，能容纳比其他牛大一倍的心和肺。牦牛的血液还进化出了独特的化学成分，能够更高效地将氧气送到全身。这些适应性的进化，有助于牦牛从稀薄的空气中吸取生存必需的氧气。

自然界充满了风险，其中有来自气候方面的风险，又有来自动物界的风险（包括捕食者的猎杀）。为了生存，所有生物都进化出了躲避危险、保护生命的本领。许多鸟类为躲避恶劣的天气会迁徙到数千公里之外的地方。鸵鸟，冬天身上会长出更多、更浓密的羽毛。懒熊，为避免白蚁的叮咬进化出了既厚又长的皮毛。猎狗，进化出了威吓对手的 11 种叫声。穿山甲，为保护自己进化出了覆盖全身的鳞片。刺猬，进化出了满身长长的刺，一遇危险就将整个身体蜷缩成一个刺球，使敌人无从下手。响尾蛇，进化出了每秒钟可摆动 40—60 次尾部的尾环，并能长时间发出响亮的声音，以使敌人不敢近前。非洲艾伯丁裂谷的蛞蝓（也叫鼻涕虫），生活在数百万狩猎蚁横行霸道的环境里，由此它进化出了一种特殊的保护自己的能力，即全身都能分泌出极度黏稠的黏液，使自己变得黏糊糊的，从而把爬到它身上的狩猎蚁颚部黏在一起，让狩猎蚁跟黏液纠缠，自己顺利逃脱。乌贼鱼，进化出了一遇危险就施放墨汁般的“烟幕弹”的本领，这使得敌人受惊迷惑。生活在美洲大陆的负鼠，听到一点点响动，要么立即逃跑，要么躲在树下，要么露出牙齿准备进攻，如情况太危险，它会立即倒地装死。

伪装是动物保护自己惯用的生存策略。为躲避捕食者，动物皮毛的颜色都普遍地进化为与环境色彩相近的保护色。斑马条形状的斑纹，北极熊的白色，蝴蝶的翅膀进化出了许多与周围环境融为一体的色彩图案；在树叶上觅食的螳螂、蚂蚱等昆虫，进化出了一身透明的绿色。变色龙是自然界中当之无愧的“伪装高手”，它的皮肤会随着环境而改变，还会将暗黑色变成明亮的颜色，或将平静时的绿色变成红色，以警告对手、威胁敌人。有一种兔子（雪兔）会随着季节的更替而改变皮毛的颜色。夏天，它的皮毛呈红褐色或灰褐色；冬天，它的皮毛就变成了纯白色，这使得它能更好地和周围的环境融合在一起。

视觉、听觉、嗅觉，对于动物的觅食、猎杀、打斗、逃生，是十分重要的。正因如此，它们得到了不断的发展进化。变色龙的眼睛能环视360度，将四周的一切尽收眼底。鹰的视力相当敏锐（瞳孔特大、视网膜成像特别清楚），是人的8—9倍，能在3000米的高空中，准确地发现地面上的田鼠、黄鼠等小动物，甚至能看到水中的鱼类。尼罗鳄的耳朵中长着一些发丝般的微小构造，可以听到遥远的低频的声音。狗的嗅觉是人类的数千倍。蝙蝠进化出了不是用视觉而是用回声定位的本领，它是依靠自己的叫声所产生的回声来识路的哺乳动物。它的喉部发出一种高频声波，也就是超声波；它用耳朵接收回声，从而作出判断，确定方向。正因如此，蝙蝠能在没有光线的夜晚飞行和觅食。

动物要觅食、猎杀、打斗、逃生、迁徙都需要行动，而行动的关键在于行动的方便、敏捷、迅速、定位。于是，为了生存，动物们都进化出了适应自身生活的行动本领。

很久很久以前，一些爬行动物的前肢慢慢进化成了翅膀，它们随之成了在空中翱翔的鸟，这不仅使它们行动便捷，而且使它们有了广阔的觅食空间和生存空间。因为季节的变化，一些鸟类为食物、繁殖和避寒，需要迁徙到另一个地方，飞行使这一切成为可能。白鹳夏天生活在欧洲，冬天要在南非度过。为此，白鹳每年都要经历一次长达13000公里的大迁徙。胡兀鹫进化出了3米长的翼展，一天能飞行几百公里。为使飞行更为轻便和迅速，鸟类进化出了由空心骨头组成的骨架及不沾雨水的羽毛。正因如此，翠鸟最高时速可达96公里；红尾　能以每小时160公里的速度俯冲捉食；雨燕最高时速可达每小时200公里，俯冲如闪电一般。

在海洋里，飞鱼进化出了能冲出水面滑翔200米的速度，以逃脱捕食者追逐。箭鱼经进化，上颌向前延伸像一把长长的宝剑，身体最长可达 6 米，是海洋里著名的游泳冠军。

在陆地上，变色龙的舌头能以每秒 15 米的速度弹出捕捉（粘住）猎物。小小的北极兔进化出了每小时 60 公里的速度和瞬间转变方向的本领，由此它们屡屡逃脱北极狼的猎杀。猎豹进化出了每小时 110 公里的速度，成了陆地上追杀猎物跑得最快的动物。螳螂有比它眨眼快 10 倍的攻击速度。

自然环境是多变的，有时还会发生剧烈的变化。到这里不禁要问，当巨变发生之后，存活下来的生物的特征会发生怎样的变化？围绕什么而变？无疑，是为生存而变。

一千万年前，在北美洲与南美洲之间，大洋深处的结构运动形成海底火山，火山不断喷发形成岛屿。三百万前，这些岛屿已在以往并不相连的南北美洲之间架起了一条大陆桥。由此，南北美洲的动物开始了相向的大迁徙。

大陆桥是个狭长地带，这个地带就是现在的中美洲。动物迁徙到这里，有的物种没能进化出适应新环境的生存技能而灭绝，有的物种为了生存不断变异进化而活了下来。中美洲一侧是太平洋，另一侧是加勒比海，具有多样性的生态系统，是野生动物的天堂。位于天堂中心的哥斯达黎加遍布枝繁叶茂的森林，吸引了很多动物到来。在这里，为了生存，动物们进化出了种种新奇的本领。食蚁兽通常为地栖动物，而在哥斯达黎加进化出了食蚁兽家族中的异类：一种被称为小食蚁兽的树栖动物，它有一条具有平衡能力的尾巴，从而有了在树冠层捕食蚂蚁的本领。这里藤蔓植物繁多，使得许多来自北美洲的动物都进化出了卷尾，以适应丛林生活。有几种猴子都进化出了一条在丛林中快速移动的尾巴，末端腹部无毛，裸露部分与手掌一样有触觉，能抓握树枝，如同第五只手。它们像杂技演员一般，在树枝间穿梭、跳跃，来去自如。如蜘蛛猴，熊狸，白脸卷尾猴。卷尾还有一个作用，就是觅食时，吊在树上防蚂蚁蜇伤。有一种来自北美洲的浣熊，还进化出了一条长长的舌头，专门从管状花的深处吸食花蜜。这样它就变成了另一个物种——蜜熊，成了浣熊的表亲。

哥斯达黎加有一个植物进化的特例。分布在热带环境的干旱林，旱季极其干燥，且有近半年的时间。在此环境里，一些树木为了生存，旱季叶子凋零，以减少水分蒸发，留住干燥环境中的水分；而树干全部变绿，以保持光合作用的进行。

以上这些性状都是为了维护个体生存进化出来的。

动物界有这样一个故事。很久以前，加里曼丹岛和苏门答腊岛与亚洲大陆经由大陆桥连接，后在最近一次冰期结束时，海平面再次上升，加里曼丹岛才与亚洲大陆隔绝。之后由于岛屿环境狭小，生存和繁殖资料缺乏，原有的大型动物经历数代进化，体型大幅缩小，即大型动物侏儒化。如大象变成了侏儒象；苏门答腊岛犀牛变成了侏儒犀牛，其体型仅是非洲白犀牛体型的三分之一。可想而知，不是为了生存，高大威猛的大象和犀牛，怎么会进化成后来这个样子呢?

（2）后代繁殖方面的性状

繁殖是物种生存的另一个决定因素，没有繁殖就没有物种，也就没有生物。由此，在各个种类的生物体上，不仅会进化出种种用于个体生存的特征，而且一定会进化出种种用于繁殖的特征。繁殖的关键在于有足以维持物种生存的一定数量和质量的后代，而这取决于以下几个方面：怎样生殖（繁殖方式）、找什么样的交配对象、后代的质量和数量，以及后代的保护和抚养。

37 亿年前，地球上有了生物。从此，生物的结构和特征经历了从简单到复杂、从低级到高级，种类从少到多的进化过程。生物的繁殖方式也经历了从简单到复杂、从低级到高级的过程。在开始的

25 亿年间，生物是通过复制、分裂甚至断裂来生殖后代的。只有到 12 亿年前，一些动物才进化出有性繁殖，才有了性别（雄性和雌性）之分。鱼类是第一批进化为有性生殖的脊椎动物。有性繁殖开始是卵生。一只动物一次能产下成千上万只卵，如章鱼一次可以产十多万，有些鱼一次可以产上百万。卵包括有壳的蛋。动物一次产蛋的数量一般在几个到几十个。生殖方式取决于生活环境和生活方式。生卵的大多是水生动物，如鱼；生蛋的大多是陆栖动物，如鸟。

卵生在动物中是很普遍的。一般的鸟类、爬虫类，大部分的鱼类和昆虫几乎都是卵生动物，如鸡、鸭、鸟、鱼、青蛙、乌龟和蝴蝶等。卵生动物产下卵（蛋）后，经过孵化，变成动物，其营养来自卵本身。卵生的最大缺点是存活率很低。卵生动物把卵或受精卵排出体外，或产于水域之中（如鱼、蛙等），或掩埋土砂之中（如蝗虫、龟、某些蛇类等），或留于树皮空隙中（如蝉）。可想而知，把如此脆弱的卵置于荒野之中，遭受捕食者的捕食和风雨的摧残是必然的。森林里，100 条小蛇中平均只有一条能侥幸活到成年。

随着物种多样性和生殖方式的发展，一些动物物种进化出了胎生的生殖方式。所谓胎生，乃是动物的受精卵在母体的子宫里发育成为幼儿后直接产出的过程。胚胎在发育时，通过胎盘和脐带吸取母体血液中的营养物质和氧，这与卵生胚胎的营养来自卵自身完全不同。2 亿年前，一些动物进化为胎生并哺乳的哺乳动物，对产出的幼儿进行母乳喂养。哺乳动物可以调节体温，无论外界的温度如何，它们总能将体温保持在 36℃ ~ 41℃之间。胎生和哺乳为胚胎提供了保护、营养以及稳定的恒温发育条件，最大程度降低了外界环境对胚胎发育的不利影响，使后代的成活率大为提高。

我们看到，正因为哺乳动物的幼儿发育成熟了才出生，野兔出生第一天就会吃草；刚刚出生的小角马从基本站立到行走只需几分钟；藏羚羊出生后 15 分钟就能站立行走。这些幼崽出生后母亲无法携带，如果出生前不将其发育至可以行走，那必入虎狼之口，这个物种的生存就难以为继。不仅如此，许多哺乳动物幼崽出生后，还有较长的哺乳和抚养期，得到母亲的照顾、保护和传授生存技能。其结果，幼崽存活率高，体质和心理健全，生存能力强。由此，哺乳动物虽然只占动物总数的5%，却已经成为地球的主人。神经系统的发展，尤其是大脑的发展，使得哺乳动物更加聪明，生存能力也远远超过了其他物种。

在动物生殖方式的进化过程中，还经历了由卵生到胎生的一种过渡形式：卵胎生。卵胎生是指动物的卵在体内受精、体内发育的一种生殖形式。受精卵虽在母体内发育成新个体，可胚体与母体在结构及生理功能的关系并不密切。胚胎发育所需营养主要靠吸收卵自身的卵黄，实际母体对胚胎主要起保护和孵化作用。卵胎生改善了胚胎和幼体的发育环境，使孵化存活率比卵生者较有保障。现在已知的卵胎生动物很少。

为了物种生存，一些在特殊环境下生活的动物进化出了特殊的生殖本领。澳大利亚的雌性科莫多巨蜥具有单性繁殖的本领。在它独自身处一地而周围又没有雄性的极端环境下，它就进行单性繁殖。它的身体会通过某种方式，感知到外界不具备正常交配的条件，此时它的卵细胞就会直接分裂出替代精子，使其体内的卵子受精。[38] 在北非草原上有一种龟叫豹纹陆龟，这里环境特殊，雌龟与雄龟很难相见。于是雌龟就进化出了这样的机制：一旦交配就将雄性的精子储存起来，此后逐渐将其与卵子结合。有些昆虫也是如此，它们常常一生只交配一次，之后雌性就将雄性的精子储存在体内，以后需要时再将其与卵子结合。此外，动物还进化出许多繁殖特征。西班牙　羊生活在高山上，冬天食物匮乏，只有春天才有充足的食物。

38　央视9套：《死亡之吻——科莫多巨蜥》。

由此，它进化出了冬天发情春天生崽的特征，在最冷的冬天它们热血沸腾（发情），而在食物丰富的春天它们生崽。顺便指出，所有这些都不是动物有意的选择，而是自然的选择，是自然界从这些动物物种随意生崽导致大量死亡的教训中作出的选择。

在有性生殖的时代，繁殖一般都是通过雄性和雌性交配实现的，而后代的数量和质量取决于雌雄双方身体的素质。在同一个物种中，个体素质是有差异的，比如有高有矮、有强壮有羸弱、有精明有愚钝、有精力充沛有萎靡不振，这些通过遗传直接影响到后代的质量；而且对有些物种而言，父母的能力还会影响后代的抚养，而最终必然影响到该物种在恶劣环境下的竞争力，危及物种的生存。可见，动物交配不是随随便便的，不是有异性就可以，交配前必有一个择偶、求偶的程序，这是一个特别重要的程序，一个决定物种生存的程序。由此，各种动物都进化出了种种择偶、求偶的特征和本领。

前面说过，择偶主要有两个途径，一是雄性通过打斗选择，胜者获得交配权；二是雄性展示歌声、身体的色彩、舞姿等特点，以吸引、迷惑雌性，得到雌性的青睐，从而被雌性选择。由此，怎样获得交配权或赢得雌性喜爱成了进化的方向。为了获得交配权，雄性动物进化出了大量的丰富多彩的第二性征。只有打斗获胜才能获得交配权，这迫使雄性用于打斗的特征得以发展；雌性择偶的挑剔，迫使雄性用于迷惑的第二性征得以发展。比如，雌鸟总是选择魅力较强的雄鸟，这迫使雄鸟不断地增添美色及其他吸引雌性的属性。

我们看到，为了繁殖，雄性的第二性征显得丰富多彩。在用于打斗方面：雄牛强壮的身体、公鹿树枝状的大角、公象的巨牙、雄性象海豹两倍于雌性的体长、北美洲落基山公羊镰刀状弯曲的大角，以及雄性“达尔文甲虫”超过身长的大颚。在用于迷惑雌性方面：雄树蛙颚下长着大气球；雄性短吻鳄发情期时，为了召唤附近的雌性，发出低吼，胸部肌肉不断抖动，以致在其背部的水面上激起大面积的涟漪（腾起浪花）。除了鸟类，很多鱼类的第二性征也很发达。在生殖期，雄鱼也常出现某些与繁殖活动有关的第二性征（生殖期结束后即消失或复原）。如，雄性斗鱼在体侧出现绚丽而呈蓝宝石形的小圆斑；雄性中华多刺鱼的腹棘内侧出现小锯齿，并在半透明的腹棘内呈现鲜蓝色。还有，许多海洋甲壳类的雄者的足和触角进化得能够抱握雌者，以避免浪涛的冲击破坏它们的交配。这正如达尔文所说："为了繁殖其种类，它们就需要有这些器官。"[39] 总之，所有这些特征都因择偶、繁殖而生。

达尔文在谈到性选择时说："有许多其他构造和本能必定是通过性选择而发展起来的——诸如雄者用于同竞争对手进行战斗并把它们赶走的进攻武器和防御手段——雄者的勇敢和好斗性——它们形形色色的装饰物——它们用来发出声乐或器乐的装置——以及它们那些散发气味的腺体，后面这些构造中的多数仅仅是为引诱或刺激雌者服务的。"[40]

繁殖还有一个重要环节，那就是后代的抚养（也就是父母之爱）。在这个环节，动物们又进化出了哪些本领呢？卵生动物一般都会精心选择产卵的地方，力求有利于卵的发育和安全。许多动物产卵后会把卵掩埋起来，以防止捕食者的捕食和自然环境的损害。在非洲盐碱湖生活的火烈鸟，在湖中高处泥堆上筑巢生蛋孵卵，以防湖水对卵的侵害。南美洲亚马孙河流域有一个凯门鳄湖，这里生活着几百只黑凯门鳄。雌鳄产卵前，在湖边选择隐蔽的地方，用腐烂的树叶和树枝建一个巢穴。产卵（蛋）后用树叶和土将蛋全部盖住。在接下来的 3 个月里，它一直在附近的湖里守卫、巡逻，一旦发现偷卵者，立即上岸驱赶。在小鳄鱼出世的那几天，它一个个轻轻地把它们从巢穴里挖出来。小小的树蛙也是这样，交配后，雌蛙将卵产

39 叶笃庄编《达尔文读本》，中央编译出版社，2007 年，310 页。
40 同上，311 页。

在树叶上，为保护这些受精卵，雄蛙折叠这片叶子将卵包在里面。几天后，孵化出来的小蝌蚪就随着雨水到了水坑。印度蟒产卵后会用身体将卵圈起来，一直守护直到孵化为止。许多动物在卵孵化结束后，会为幼儿提供食物和身体保护，直到它们能够独立生存为止。

我们看到，各种鸟类也都会为雏鸟觅食、喂食。燕子将一条条虫子放进雏鸟的嘴里。雕将捕到的食物啄下来喂给雏鸟，一块块地啄，一块块地喂。鸵鸟孵卵，由雌鸟雄鸟轮流进行，幼鸟孵出后，大多是雄鸵鸟担起照顾的责任。双角犀鸟，一种像变了形的巨嘴鸟，它抚养雏鸟有这样一套复杂的程序：先是在树干的裂缝中建窝，并用自己的粪便封住洞口，只留一丝缝隙，以防捕食者侵入；在开始的 11 周，雌鸟在窝中照顾雏鸟，雄鸟在外觅食，以喂养窝中母子；11 周后，雌鸟出窝，只留雏鸟在窝里，父母共同喂养雏鸟；再两周后，雏鸟出窝，熟悉环境，练习飞行，父母则再花两周的时间喂养、照顾雏鸟。

哺乳动物普遍进化出了照顾幼崽的特征。有些哺乳动物在腹部进化出了育儿袋，如袋鼠、袋獾、负鼠、树袋熊等，它们的幼崽出生后很快会爬进育儿袋，呆上几个月，以母乳为生。还有一种有袋的哺乳动物，如针 ，它将卵产在腹袋中，大约 10 天后幼崽孵出，以乳汁为食，8 个星期后离开腹袋，母亲将其藏到一个安全的地方，定期喂养。哺乳动物的幼崽从出生到独立生活，都由父母抚养。这个时间比较长，大型动物一般要几年，如牦牛 1 年、棕熊 2 年、狮子老虎 3 年、河马 7—8 年。黑猩猩培育后代的时间是 9 年，人类的后代 20 岁左右才开始独立生活。其间先要喂奶，断奶后要为其提供食物，平日一直要照顾和保护，猴子猩猩之类还常常背着自己的孩子。幼崽一旦走散，父母会尽力寻找。在北极苔原，一只小驯鹿走散了，它的母亲只好离开迁移的大部队（鹿群），连续几天苦苦寻找自己的孩子。此外，为使幼崽将来能独立生活，动物们会教幼崽生存技能，猴子教幼崽用石头砸坚果；狮子教幼崽捕猎技巧；

黑猩猩教幼崽采集蚂蚁、辨别可食或有毒的植物和水果；母象帮出生不久的小象练习行走。可见，所有这些都因繁殖而生。

（3）关于生物性状的作用

既然生物体的一切性状都因物种生存而生，那么这一切自然地也就为物种生存所用。达尔文说，在世界范围内，自然选择每时每刻都在对变异进行检查，去掉差的，保存、积累好的。那些对个体生存、繁殖、群居都无用的东西必然被淘汰，而一切被保留下来的东西一般来说必然都是有用的【008】，都是一种生存能力。达尔文断言："每一生物的构造，现在或过去，对它的所有者总有某种直接或间接的用途。"[41] 比如，豪猪的刺让它免受捕食者的伤害；海龟的壳为它壳下的软组织提供保护；而许多鸟喙都被塑造来凿开坚果。相信，一个物种的机体上不会无缘无故地普遍地产生某种新的性状。意大利马耶尔纳编的《世界动物百科一本通》中说：动物们"无论哪方面的长处，都是为了适应各自赖以生存的环境而进化出来的本领"。

由此，生物机体的各种特征都服从一种目的，都是有用的；生物体上的一切都是为个体生存、繁衍和群居（对群居动物而言）而生，都是为个体生存、繁衍、群居而用；反之，生物体上的一切都应该从个体生存、繁衍、群居这三个方面寻找原因和归属。达尔文自然选择理论"告诉我们，这些有机体结构的组成部分都拥有明显的目的性特征——也就是说，它们都是被'设计'来解决特定的生存和繁殖问题的"。[42] 比如，牛的尾巴用于驱赶吸血牛虻和蝙蝠。

41 ［英］达尔文著、舒德干等译《物种起源》，北京大学出版社，2005 年，113 页。

42 ［美］D · M · 巴斯著，熊哲宏、张勇、晏倩译《进化心理学：心理的新科学》，华东师范大学出版社，2007 年，11 页。

一些植物的毒素，以及未成熟果子的苦或酸，是一种自我保护，“有助于减少植物被吃掉的可能性”。成熟植物的果实色彩鲜艳，为的是吸引动物来吃，从而传播种子。动物们知道色彩鲜艳的果实通常有着丰富的营养。

达尔文说：“自然选择只能通过给各种生物谋取自身利益的方式而发生作用，因此我们看到，即便我们认为不重要的性状和构造，自然选择的结果，对生物来说也有很大作用。当我们看到食叶的昆虫呈绿色，食树皮的昆虫呈灰斑色；在冬季，高山上的松鸡呈白色，而红松鸡的颜色呈石楠花色时，我们一定相信，这些颜色是为了保护这些鸟和昆虫，使其免遭危害。”[43]“植物学家认为果实的茸毛和果实的颜色是极不重要的，但优秀的园艺学家唐宁说，在美国无毛的果实比有毛的果实容易受象鼻虫的危害，紫色的李子比黄色的李子更容易染上某种疾病，黄色果肉的桃子比其他颜色果肉的桃子更易受一种疾病的侵害。”[44]“蒲公英美丽的带茸毛的种子和水生甲虫扁平的带缨毛的足，初看起来只与空气和水有关系，但实际上带茸毛种子的好处，是在陆地已长满其他植物的情况下，可以更广远地传播开去，落到植物稀少的土地上繁衍，水生甲虫足的构造非常适合潜水，使它能和其他水生昆虫竞争，使它能猎取生物并逃避其他动物的捕食。”[45]“响尾蛇用它的响器，眼镜蛇膨胀颈部，蝮蛇在发出很响而粗糙的嘶声时把身体胀大，都是为了恐吓那些甚至对于最毒的蛇也会发起攻击的鸟和兽。蛇的这些行为和母鸡看到狗在逼近她的小鸡时便把羽毛竖起、两翼张开的原理是一样的。”[46]“成熟的草莓或樱桃，既悦目又适口，卫矛的华丽颜色的果实和枸骨叶

43 [英]达尔文著、舒德干等译《物种起源》，北京大学出版社，2005年，57页。

44 同上。

45 同上，52页。

46 同上，114页。

冬青树的猩红色浆果都很美丽，这是任何人都不可否认的，但是这种美，只供招引鸟兽吞食其果实，以便使成熟的种子得以散布。”[47]

植物种子里贮藏着丰富的养料，达尔文说其“主要用途是为了有利于幼苗的生长，以便和四周繁茂生长的其他植物相斗争”。[48]

谈到尾巴扁平、身体后部宽阔及两胁皮膜开张、会飞等构造不同的松鼠时，达尔文说：“我们不能怀疑，每一种构造对于每一种松鼠在其栖息的地区都有用处，它可以使松鼠逃避食肉鸟或食肉兽，可以使它们较快地采集食物，或者，如我们有理由可以相信的，可以使它们减少偶然跌落的危险。”[49]

在纳米布沙漠，沙子温度很凉。这里的变色龙为了热身，就改变了皮肤的颜色。朝阳的一面颜色变深，阴（背阳）面仍然保持浅色。其作用在于，深色便于吸收阳光的热量，浅色以减少热量的流失。显然，变色龙的“变色”是为了保护自己。

动物的第二性征常常是难以理解的，可达尔文总是将其归为繁殖。当有人认为雄鸟在求偶时展示其美丽羽衣的异常姿势是没有目的的，达尔文说：“这是我永远不会承认的一个结论。雄鸟的各种装饰物对它们肯定具有最高重要性，因为在某些场合中，它们获得这等装饰物是以面临飞行或奔跑的巨大阻力为代价的。”[50]“雄鸟以如此浮夸的姿态和以如此激烈竞争的手段来显示其魅力，难道这是毫无目的的吗？”[51]“我们清楚地看到了雄鸟的羽饰以及其他装饰物对它们一定具有最高的重要性，我们进一步看到这种美甚至有时比相斗的胜利还更重要。”[52]雄鸟在雌鸟之前孜孜不倦地炫耀其

47 [英]达尔文著、舒德干等译《物种起源》，北京大学出版社，2005年，113页。
48 叶笃庄编《达尔文读本》，中央编译出版社，2007年，120页。
49 同上，147页。
50 同上，329页。
51 同上，331页。
52 同上，330页。

各种装饰，发出鸣叫声并进行奇特的滑稽表演，显然为了刺激、吸引或媚惑雌鸟，即是求爱，是为了获得雌鸟的青睐。雄孔雀长长的尾羽，看起来毫无疑义。而达尔文说："它们的雄鸟在雌鸟面前竖起、展开，并振动绚丽的羽毛是一个痛苦的过程。很难想象这样一个过程会没有任何的目的性。"[53]

非洲沙漠地区的水域里生长着一种龟，形似枯叶（人称枯叶龟），体型很大，轮廓不规则，壳甲凹凸不平，就像漂浮在水中没有生命的一个丑陋的物体。原来这是一种隐藏术，水域里鱼类丰富，而枯枝枯叶横生，形似枯叶的特征使它很难被鱼儿察觉，从而成了捕食鱼类的高手。许多动物都有自己的隐藏术。老虎身上橘黄色条纹的作用就是为捕猎时提供隐藏。它们那由橘黄色毛色覆盖的身体轮廓很难被猎物辨认，虽然人的眼睛很容易就能分辨出不同的色彩，但绝大部分动物无法辨认出橘色。

斑马的斑纹有用吗？央视"人与自然"频道纪实片《斑马——非洲条纹》揭示，斑马的斑纹有两个作用：其一，斑纹是斑马彼此识别的标志。斑马的斑纹与人类的指纹一样是独一无二的，小斑马从出生时起就开始熟悉母亲的斑纹。其二，斑纹是一种防御手段。斑马是群居的，彼此紧挨并活动着，斑纹不停地叠加和移动，势必造成捕食者视觉上的混乱。狮子发现一群斑马，可看到的是一些混乱的不断变化的线条，它们很难准确地分辨出具体哪一匹斑马，这样就会因无法确定攻击对象而放弃攻击。对任何猎手而言，要想冲出一条出路都是极大的考验，更别提捕获群体中的小斑马了。

我们看到，人类家养的狗非常听主人的话、对主人十分温顺。忠于主人是家狗最基本的特征。这是为什么？显然，这是家狗的生存之必然。家狗只有对主人忠诚，才会得到主人的收留和食物，才

---

53 ［美］杰里·科因著、叶盛译《为什么要相信达尔文》，科学出版社，2009 年，179 页。

能生存。对主人越忠诚，就越能得到主人的关照。家犬是人类从狼和豺狗中选择而来的。若干万年前，人类为看家护院，从它们中选出一两只或多只带回家饲养，选择的标准，除了对外人凶狠就是对主人忠诚（听话）。这样“听话”的被留下，不听话被淘汰，经过千万年的选择，就形成了如今一些独特的忠于主人的家狗品种。家犬“忠主”不是意识，而是一种在自然选择中形成的情感，这是其他任何动物都没有的独特的情感。

看一看我们人类的机体吧。人类体毛退化，身体裸露，浑身光洁，这些作用何在？“从进化上说，人类这身裸露的皮肤必然有它的特殊价值，不然在自然选择面前是难以通过的……有人认为，人类祖先脱毛与摆脱能传染疾病的寄生虫，如跳蚤、虱子等有关，当时许多其他动物确实都死于寄生虫。也有的认为脱毛是有利于降低热量、适应地面狩猎或长途迁移的需要。”人的“皮下脂肪，显然利于御寒”“人类的脂肪层终年都有，厚度超过任何其他陆生动物”[54]。汗腺是一种适应器，它有助于调节体温；味觉指引我们成功地摄入有营养的物质。呕吐和反胃是一种保护性的反应，它们被设计来防止我们摄入有害的食物，吐出那些超越味觉和嗅觉防御所能承受的东西。这种反应使人们远离脏的东西，从而避免疾病。孕妇的妊娠反应，恶心、呕吐、厌食，美国科学家“已经找到了强大的证据表明妊娠病是一种适应器【009】，它能够阻止孕妇摄入或吸收致畸剂——即不利于胎儿发育的有害毒素”，孕妇“呕吐反应阻止了毒素进入孕妇的血液，从而保证胎儿赖以生长的胎盘不受侵害”。科学研究还证明，“头三个月没有妊娠病的孕妇，其自发性流产比有

54 李难《进化生物学基础》，高等教育出版社，2005年，111页。

妊娠病的孕妇要高三倍之多”。[55]

人的耳、眼、口、鼻、舌五官及体内消化、血液、呼吸等系统对于生存的作用是众所周知的；此外，其他所有的东西对生存也都是有用的，如眼睫毛、鼻腔毛作用是阻挡异物的侵袭，指甲用于保护经常活动做事的手脚，打喷嚏为的是喷出异物或凉气，身体受冻时发抖在于产生热量保护机体，呼吸道感染（感冒）时鼻涕、痰增多为的是阻挡细菌侵入等。总之，人体一切天生具有的特征，必然是适应性（有用）的特征。不妨再说两例。小孩哭闹和少儿叛逆是常常令父母头痛的，可这也是适应性特征的表现：小孩越小越爱哭，是因为小孩越小越需要父母的照顾，而只有哭才能引起父母的注意；十多岁的少年都会经历叛逆期，那是因为小时候他们必须一切都听从父母，否则就无法生存，但随着他们一天天长大，要生存就必须独立、自强，所以到了一定年龄大脑里就生出了一种叛逆的情感（本质上是好胜心、自尊心的完善和加强），表现在行为上就是常常与父母的管教相冲突。对此，父母既应耐心对待、积极呵护，又应感到高兴：孩子翅膀硬了，要自己飞了。

综上所述，生物体的每一个特征都是自然的设计，这个设计不是任意的、毫无规律的，而必然是根据一定目的的设计。这个目的就是物种生存。

如此一来，可以肯定，在动物界，自然选择会作出如下的总体设计【010】：其一，总目标是物种生存，具体目标是个体生存、后代繁衍、群体稳定（对群居动物而言）；其二，目标实现全靠个体，每一个体都天生担负着维护物种生存总任务，以及维护个体生

55 ［美］D · M · 巴斯著，熊哲宏、张勇、晏倩译《进化心理学：心理的新科学》，华东师范大学出版社，2007 年，91 页。

存、后代繁衍和群体稳定的三方面的具体任务；其三，个体全靠行动，行动全靠动力的驱使，这样，自然界必然在个体的机体上设计种种维护个体生存、后代繁衍和群居三个方面的动力，而且这些动力足够强大，能支配一切行为。结果，动力主宰物种的生存。

在后面的研究中将揭示，情感就是一种生存能力；与快乐痛苦感觉紧密相连的机体需要就是驱动行为的强大动力；人性有利他的一面。

第3章

群居是群居动物物种生存的又一个决定条件

物种生存有两个先决条件，即个体生存和后代繁衍。一些动物“喜欢”群居，不群居就无法生存。尽管群居乃是维护个体生存和后代繁衍的一种生存方式，但从群居的相对独立性来说，群居是群居动物物种生存的又一个决定条件，或者说是一个相对独立的条件。

要了解一个动物物种的本性及其行为，关键在于了解该物种机体上的结构、机制、特征是由哪些因素决定的，或者说，关键在于把握物种形成和生存的决定条件，因为决定条件是生物体一切性状和作用的根源，是动物本性及其行为的根本所在。一般情况下，生物体的一切，都是自然界以个体生存和物种繁衍为目的设计的，是为个体生存和后代繁衍所生所用的。现在的问题是，人类是群居动物，人体的结构、机制、特征的形成及作用会有新的决定因素吗？人体有维护群居的机制和特征吗？

群居对于群居动物物种生存的决定作用

在动物界，有的动物群居，有的独来独往。所谓群居动物是指所有成员以集体为单位，整日一起觅食、作息、行动、迁徙的彼此相互关照的动物。陆地食草动物一般都是群居的，如角马、羚羊、藏野驴、野马，以及斑马、犀牛、大象、非洲水牛、羚牛等。所有灵长目动物都群居，如金丝猴、黑猩猩、猕猴、狒狒、长臂猿等。几乎所有的海洋哺乳动物（抹香鲸除外）都是群居动物，如虎鲸、蓝鲸、座头鲸、海豚、海狮、海象等。此外，许多大类的动物则是有的群居、有的不群居。群居的有：鸟类中的火烈鸟、海鸥、企鹅、鹈鹕、麻雀以及天鹅、大雁之类的候鸟；海洋动物中的多种热带鱼，黄鱼、金枪鱼、梭鱼等；昆虫中的蜜蜂、蚂蚁、蝗虫等。不群居的有：老虎、豹子、熊、刺猬、鸭嘴兽、蜘蛛、蛇、蜥蜴、乌龟、海龟、水獭、海獭、章鱼、鲨鱼、斗鱼等。

群居动物群在组织结构、动物数量、生活习性等方面，有的相似，有的不同。如云南白马雪山生活着 8 个黑白仰鼻猴（又称滇金丝猴）种群，其中一个猴群有 300 多个成员、20 多个家庭，有一家庭有猴 13 只，以一只 12 岁的公猴为首领，下有 7 只母猴和 5 只小猴。在南非东部野生动物保护区有许多狮群，一般由一头或几头雄狮、几头有血缘关系的雌狮和它们的幼崽组成。雄狮与雌狮没有血缘关系。幼崽成年后，为避免近亲繁殖，与人类男留女嫁不同的是，雌狮留下，雄狮被赶出狮群，成为流浪雄狮，伺机进入其他狮群，繁殖后代。肯尼亚国家公园生活着约 1 200 多头大象，分属 53 个象群，每个象群又含若干家族。一名女科学家曾长期跟踪研究其中的一个家族，这个家族有 26 个成员。象群由母象和小象组成，成年公象则独立生活。哺乳动物中最大的动物群是东非羚羊，通常一个羊群包含数万头羚羊。非洲野牛的牛群数量通常可达成百上千头。鸟类动物中最大的群体是火烈鸟，它们常有上百万只聚集在一起。喜欢群居的企鹅，一群有几百只、几千只甚至上万只，最多的达 10 万～ 20 万只。蜜蜂群体中一般包括一只雌蜂（蜂王）、500 只～ 1 500 只雄蜂，1 万～ 15 万只工蜂（不育雌蜂）。

人们常说，群居是一些动物的“习性”或“喜好”，殊不知，一个物种普遍存在的“习性”或“喜好”是其生理（包括心理）机制存在的表现。“喜好”群居， 本质上就是这个物种的机体存在着喜欢群居的机制。不要小看这种“习性”或“喜好”，人类争强好胜不也是一种“喜好”吗？可在根本上它乃是一种生存能力，一种强有力的好胜机制（好胜心）。可见，群居是一些动物物种为生存而迫不得已的选择，或者说，一些物种不选择群居就无法生存下去。我们知道，在激烈的生存斗争中，物种生存是极其艰难的。一个动物物种是群居还是独来独往，取决于该物种的生存能力与所处环境的适应性。其关键在于，这个物种在此环境下凭自己的能力怎样才能获得足够的食物，怎样才能保证其成员免遭猎杀者的猎杀，以及怎样才能保证繁殖的安全和幼崽的抚养。

难道，一些动物物种不群居果真就不能生存吗？【011】让我们从大量的《动物世界》（纪录片）中看看事实吧。

1. 群居能够最大限度地获得食物

为了生存，个体需要足够的食物，可这对有些物种来说，只有群居才能做到。群居可以集中力量，共同出击，分工合作。对于大型食肉动物来说，要吃饱必须捕食中型或大型动物，而这只能依靠集体的力量。在非洲草原，一头落单的水牛在水边奔跑，突然遭到早就埋伏在草丛中的七头狮子的伏击。先是两头扑了上去，其中一头直接跳到了水牛的背上；随后其余狮子一拥而上，有的咬尾，有的咬腿，有的咬背。水牛不停地打转，想甩掉侵犯者，可一只掉了下来，另一只又扑了上去。更多的狮子扑到了牛背上。不一会水牛的后半身被压倒，不停地发出痛苦的嚎叫。随之有头狮子上前咬住了水牛的脖子，终于水牛完全倒下，成了狮群的美食。

在佛罗里达州海岸，一群（七八头）宽吻海豚正在合作捕猎。先是领头的海豚在鱼群周围绕圈游动，尾部不停地拍动水底搅起泥沙（使水浑浊），并不断收紧包围圈，如同渔网困住鱼群。随后，其他海豚一起冲入圈内，猛然搅动，惊慌的鱼儿纷纷跃起。一时间，浪花四溅，鱼儿飞跃。海豚们一个个张开嘴巴，迎接一条条鱼儿的到来。显然，集体所捕的数量必数倍于个体所捕的数量之和。

在东非平原，经常发生鬣狗群与狮群抢夺猎物的斗争。一天下午，四只狮子正享受着自己捕获的猎物。一只鬣狗在饥饿感的驱使下，竟大胆地上前抢夺，遭到了狮群的不断攻击，皮开肉绽，侥幸逃生。照理，小小的鬣狗怎么也不是高大威猛的狮子的对手，可是鬣狗并没有放弃。傍晚，鬣狗家族响起了集结号，它们的嚎叫声响彻四方。很快，几十只鬣狗迅速赶来，将狮群团团包围，并不断地从各个方面钻入，不屈不挠地抢夺猎物。由于鬣狗数量多，狮子对付了这些，对付不了那些；加之鬣狗灵活狡猾，叫声不断，狮子被弄得心烦意乱，不得不都逃上了树，鬣狗群获得了丰盛的晚餐。

在一片原始的丛林里，进行着一场黑猩猩围捕疣猴的战斗。一群疣猴聚结在大树上。此景正好被一群到处寻找猎物的黑猩猩发现，随即它们团队策划了一场围捕疣猴的战斗。疣猴在丛林里上蹿下跳很难捕捉。黑猩猩根据每个成员的能力分配特定的角色，分工合作。

首先，一只负责驱赶的黑猩猩悄悄地爬到了疣猴所在的树上，同时其他成员集中精力作好攻击的准备。一会，疣猴纷纷逃散。黑猩猩立即挡住了它们的去路。负责堵截的黑猩猩根据疣猴的逃跑路线，进行树上地下双路包抄，将疣猴团团围住。此后，一部分黑猩猩设下陷阱，分头占领有利位置隐藏起来等待时机；另一部分黑猩猩继续驱赶，疣猴四处逃散。三只疣猴慌不择路，一只正巧落在黑猩猩的怀中。

央视纪录片《群体捕食》真实地纪录了一群非洲野犬猎杀大角斑羚的情形。非洲野犬体型较小，是狮子的四分之一，是大角斑羚的十分之一，可非洲野犬军团是非洲草原上作战效力最高的杀手团队，它们通常以数量取胜，一个群的数量一般在 50 ~ 100 只之间。一次，非洲野犬集体围捕一群大角斑羚。它们兵分两路，对大角斑羚进行侧面围堵和正面驱赶，以消耗大角斑羚的体力。在此过程中，边锋们切断大角斑羚两侧的逃生路线，中锋们进行追击。后来，边锋将逃跑的大角斑羚逼到灌木丛的一边，中锋继续追击。终于，大角斑羚跑不动了，一只大角斑羚被迫转身应敌，随即非洲野犬蜂拥而至。可怜这只大角斑羚瞬间被扑倒、吞食。

2．群居是个体免受伤害的保障

自然界充满风险，个体生命面临多方面的侵害，对一些动物来说，只有群居才能有效地保护个体。个体生存最大的风险来自捕食者，群居的作用是利用集体的力量、眼睛、耳朵共同防御，相互帮助，一起对敌。对于许多动物来说，成群结队就是一种保护。统计资料显示，拥有数百个体的庞大群体遭到猎杀的风险大大降低。在非洲草原，水牛这种食草动物为防止四处巡游的食肉动物的猎杀，总是成群生活，而这个群一般都由数百上千头组成。非洲水牛个体重达 800 公斤，数百上千头水牛聚在一起，组成一支超级兽群，肌肉和牛腿构成坚不可摧的堡垒。对此，再强大的捕食者也无法得逞。而在冰雪世界南极，面对零下40℃的严寒和强劲的极地风，成千上万只帝企鹅需要紧挨在一起，共同御寒，否则必死无疑。

在非洲一个国家公园里，一群水牛（大约有350头）正在吃草，突然四头年轻雄狮闯入了牛群，图谋不轨。水牛们凭借群体的力量无所畏惧，大批水牛立即进行驱赶。混乱中，水牛们集中追赶一头雄狮，这头雄狮慌忙之中爬上了一棵树，随之牛群将这棵树团团围住。狮子累了跳了下来，水牛们用角刺它、挑它，最终狮子倒在地上一动不动（装死），然后在又一次被水牛挑起时趁机溜走。这就是群体的力量。

群居动物即使一时落了单，也常会得到同伴的救助。在肯尼亚柳瓦草原，一头斑马因一条前腿受伤行走不便，掉了队。三只鬣狗看到了机会，围了上来吵吵嚷嚷，不断地向斑马发起进攻。斑马虽奋力反抗，不停地冲撞、踢打，可始终处于危险之中。很快，斑马群发现了情况，七八个同伴迅速赶来，保护着这头斑马脱离了险境。

在非洲草原上，经常上演狮子和野牛的生存大战。狮子为捕食野牛而战，野牛为保护生命而战。这种战斗都是在群体之间进行的，单个狮子不可能猎杀庞大的野牛，单个野牛更不是凶猛的狮子的对手。纪录片《狮子野牛决战记》显示，六只狮子准备向一个三四十头的野牛群发动进攻。它们紧紧地跟在牛群的后面，猛然间一起冲了上去，牛群大乱。混乱中，狮子们共同扑向一头野牛，有的跳到野牛的背上，有的死死地咬住野牛的脖子，有的咬腿，其余在侧面撕咬，不一会这头野牛被完全扑倒。可就在这关键的时刻，野牛们听到受害同伴发出的嗷嗷叫声，大批野牛立即返回营救，它们勇敢地向狮子发动攻击，或用角挑，或用头撞，终于救下了这头受害野牛。

在非洲奥卡万戈三角洲的草原上，生活着大批非洲水牛。一天，一群狮子盯上了一个水牛群。当牛群察觉到危险时，很快聚集在一起以进行集体防御，使得捕食者无从下手。然而，狮子利用茂密的灌木丛，悄悄地接近牛群，等待机会。终于有头水牛落了单。突然间，四头狮子迅速扑到了该牛的背上，有的咬腿，有的咬背，水牛瘫倒。受伤的水牛一面不断挣扎，一面发出痛苦的嚎叫以向同伴求救。后来这头水牛完全被掀翻在地（喉咙被咬），情况十分危急，可正当狮子胜利在望时，水牛的20多个援兵（离其不远处）赶到了，它们横冲直撞地驱赶狮子。隙间，它们纷纷上前为受伤水牛舔舐伤口，并准备带它离开，可它伤势严重，无法起身。同伴们不断给它鼓励，不一会受伤的水牛奇迹般地站了起来，跟随同伴成功逃离。

群居还可以利用数量优势分工合作。在捕食者虎视眈眈的环境里，到处都充满风险。我们看到，在动物集体喝水、觅食时，总有一些同伴站岗放哨，以防不测。在非洲南部，群居的狐獴在外觅食时，专门有成员在现场站岗放哨，以防敌人来袭；还有两名雌性成员留在家里照看幼崽。在加厘曼丹岛的密林中，一群长鼻猴正陆续渡过一条鳄鱼出没的河，它们三五成群地跳入河中，其间，一直有专门的成员在对岸高处（树上）用吼叫发出警报。

3．群居是繁殖和幼崽生命的保障

幼崽的生育、抚养、照顾、保护是维护物种生存的重要环节。分娩的母亲无法保护自己，幼崽十分脆弱无法独立生存。正因如此，动物分娩的时候经常面临危险，食肉动物在旁虎视眈眈，于是一些动物不得不利用集体的力量（群居）来保护生育、保护和照顾幼崽。

在蒙古国一个偏远地带生活着200万只黄羊，它们每年7月都要到大草原上聚集一次，几乎所有的母羊都会在10天内生下后代。在开阔地集体生产，有那么多眼睛在看守，因而是最为安全的。羊群的所有成员都会参与抚育幼崽。妈妈们相互照顾孩子。当部分妈妈外出捕猎时，留守的妈妈会给其他孩子哺乳。在非洲，有个狮群有6头母狮，其中3只已有幼仔。它们通过选择相近的生育时间组织一个托儿所，共同分担照顾孩子的工作。雌狮有多个求偶期，一年可以多次发情，即一年的任何时间都可以进行交配和生育幼崽。可它们通常会将生育周期保持一致，以便一起抚养和哺育幼崽。

当年达尔文“环球考察”时发现，在南美洲的大沙漠里，鸵鸟也是集体下蛋和孵化的。沙漠气温特别高，雌鸵鸟如果单独下完十多个蛋，自己再去孵化，最初下的蛋早就坏了。为了维护物种的生存，这里的鸵鸟进化出了一种奇怪的繁殖特性：繁殖季节雌鸵鸟总是把蛋集体下在同一个窝里，集齐 20 ~ 40 个蛋，就让雄鸵鸟去孵化。

2018 年 6 月 18 日，大连市老虎滩中心站企鹅繁育中心的监控揭示了一个不为人知的秘密：一对帝企鹅夫妇产下一枚企鹅蛋，由于缺乏经验，这对夫妇在孵化交接时不小心将蛋从孵化囊中滑落到寒冷的冰面上，它们尽了很大的努力也没有把蛋收入囊中。没等工作人员出手相救，这对夫妇的邻居们便纷纷上前抢着去孵化和保护蛋宝宝，结果被一只经验丰富的帝企鹅抢进自己的孵化囊中。帝企鹅蛋在寒冷的冰面上时间过长会被冻裂，而一只帝企鹅一年只能产一枚蛋。帝企鹅的蛋特别珍贵，它能否孵化成功直接影响到帝企鹅这一物种的生存。这样，在长期的进化过程中，帝企鹅的机体就进化出了一种保护、孵化同伴蛋的机制。

幼崽生存是物种生存的关键环节，对于一些物种来说，群居是保护幼崽的最有效的生活方式。非洲一个地区有几百只野狗，十个野狗群。在野狗群中，只有领头母狗才能生育，但整个群体都尽力抚育和照顾这些幼崽。它们外出捕猎时，会留下三二只成年野狗看护幼崽。捕到猎物后，迅速返回巢穴，将吃进去的食物回吐一部分给幼崽和看护者。为躲避狮子的袭击，野狗在幼崽长到 8 个月大时要搬一次家。虽然只是几公里的搬迁，也有险情存在。为此，搬家时，总是有一部分成年野狗在前面领头，另一部分在后面守护和督促年幼及任性的同伴前行。

群体是幼崽生存的保障。在非洲塞伦盖蒂大草原，一只猎豹看中斑马群中的一只小斑马，于是尾随斑马群并全力追逐。可小斑马身边一直有成年斑马守护，猎豹始终无法如愿。一天，南非国家公园的向导和几位荷兰游客看到，一群狮子在休息，幼狮在玩耍。突然有流浪雄狮靠近，母狮立即进入防卫状态，随之四五头母狮对这头雄狮进行了猛烈的攻击。这位向导说，流浪雄狮对幼狮是一大威胁，被雄狮攻击是幼狮死亡的主要原因。“狮子结群的一个目的就是为了保护幼狮。”

在象群的争斗中，小象常常是被攻击的目标，而群居则能使小象得到保护。一次，一头大象及其幼崽被另一个规模更大、势力更强的象群包围，母象被赶走，刚出生10天的小象被劫持。随即，这头母象用吼声召集族群成员，组织了一支营救突击队，把小象救了出来。象群中，大家都很关心小象。一头母象生了小象，许多母象会围过来，就像人类的亲朋到产房探视刚刚出生的婴儿。一天，三四头母象正在帮一头刚出生不久的小象练习行走。突然一头独自生活的公象来到这里，企图与一头处于发情期的母象交配，母象不予理睬。公象发泄不满踢打小象，几头母象立即上前保护。小象的哭声惊动了更多的亲戚，它们马上赶了过来，驱赶公象。公象越发恼怒，继续侵犯母象，踢打小象。随即，十多个亲戚把小象围在中间，成排的象腿构成了一堵保护墙。公象无法，只得怏怏离开。

4．群居可以凝聚出强大的力量

群居动物大多有组织，有规矩，头领有分工。在中国太行山南麓的乌龙山生活着4000多只猕猴，大约16个猴群。其中一个群有猴200多只，三个首领各司其职。大首领总管，二首领协助大首领抵御外族侵扰，三首领掌管猴群迁移路线，以及寻找夜宿地。在一些群体中，除了有组织领导的力量，还有重要的情感力量。群居动物成员不仅血脉相连，而且还会通过相互梳毛、玩耍、亲热等活动，加强情感的联系。我们看到，许多群居动物之间，经常会花些时间相互梳毛和进行交际活动。有了这种关系，外出狩猎时，它们更容易相互依赖，相互帮助。几只黑猩猩在砸坚果，一只没有“锤子”（石块），就伸手向同伴借，同伴随手就送给了它。

集体的力量是巨大的。十几头狼能够猎杀一头重300多公斤的雄性马鹿；五六头狮子能猎杀一头庞大的野牛，甚至能猎杀一头体型比自己大10倍的长颈鹿。十多头狮子共同出击，能猎杀一头大象。非洲猎狗靠群体的力量可以放倒比自己重10倍的猎物。10多只团结一致的蚂蚁能够搬走超过它们自身体重5000倍的食物。有一次，几十头野牛集体攻击一群狮子，狮子四散而逃，野牛缩小包围圈，狮子无路可逃只好都逃到了树上。其间，一些野牛依仗群体的威风，敢于单兵出击，连连对狮子进行攻击。

5. 群居动物脱离群体无法生存

在非洲塞伦盖蒂大草原，一只羚羊离开了羊群，成了狮子的美食；一头牛羚脱离了群体，被猎豹三兄弟尾随了半个多小时，结果惨遭杀害。在百万角马迁徙过程中，许多食肉动物在旁虎视眈眈，一旦有个体掉队，必死于狮子、猎豹、鳄鱼之口。

非洲平原上有条大河，南北两岸各聚集着一个狮群。北岸狮群多次向南岸狮群发动攻击，企图扩展领地，夺取南岸狮群的统治权。在两群恶斗的过程中，北岸狮群打败了南岸狮群。南岸狮群的首领逃走，母狮被俘，幼狮被赶跑，年轻公狮被追捕。有一头母狮受伤而亡，它唯一的女儿也就独自逃离了。这位落单的“女儿”深感离开大家庭独自生活的不易。虽然此时它已经成年，可由于没有狮群协作狩猎，加之在兽群迁走后食物缺乏，它时常忍饥挨饿。一次，它发现一头体型不大的疣猪，猛追了一阵，没能如愿。还有一次，它去追杀水牛，结果被水牛围攻，可怜兮兮地逃上了树。它非常孤独，后来终于加入了它姨母所在的狮群。

在非洲，一位研究者花费三年多的时间跟踪拍摄一个野狗群。最后一年，这个野狗群遭遇了传染病，结果只有一只被他称为“纽基”的野狗活了下来。无奈，纽基开始了孤身一人的生活。其间，它结识了一只来自隔离带另一边的母狗。不久，母狗生下四只小狗。一天，母狗外出捕猎，纽基在家守护。不料，母狗死于途中。几个小时后，那些幼崽因既没有母乳喂养，又没有同伴帮助，一个个离开了这个世界。纽基又孤身一人了。纽基每日战战兢兢地活着，它迫切希望投入一个结构稳定、势力强大的群体。它到处寻找，终于发现了一个野狗群。它悄悄地跟踪其中一只母狗，主动接近她，偷偷地交配。几个星期后它们生下了几只幼崽。头领无法容忍，多次试图把纽基从洞穴旁边赶走，可每一次，纽基都伏下身子表现得非常顺从。渐渐地头领不再赶它。后来，纽基在它们群体遭到狮群的猎杀时，冲锋在前，勇敢拼杀，为保护群体立下了汗马功劳。它的行为赢得了大家的信赖，许多同伴给它舔伤、抚慰。终于，纽基被这个群体接纳了。

赞比亚纪录片《柳瓦草原上的最后一头狮子》记录了一头失群狮子的遭遇。2000 年年初的一天，赞比亚柳瓦狮群被人类一次性枪杀殆尽，只有一头雌狮因外出狩猎幸免于难。失去了群体的它举步维艰，大型动物捕不了，小型动物吃不饱，所以常常挨饿。为了生存，这个昔日草原上的王者，很少吃腐肉的王者，不得不“常常吃草原上的尸体”，不得不与秃鹰争抢腐食。没有了狮群作为后盾，这头狮子竟然不敢猎食牛羚幼崽，不敢与鬣狗争抢食物，这倒使得鬣狗群成了柳瓦草原上横行霸道的王者。鬣狗们不仅不把这单只狮子放在眼里，而且经常向它发出示威、挑战。柳瓦狮子面临灭绝。这时国家出面了。赞比亚野生动物管理局及巴罗策皇家研究所接管了柳瓦平原国家公园，决心通过引进雄狮重组狮群。

有人提出这样的问题，狮子和老虎都是“王者”，为什么一个群居一个独居？

前面说过，一个动物物种是否群居，取决于该物种所处环境和生存能力的适应性。这个适应性是多方面的，单从食物方面来说，食物决定生物进化的方向，决定动物的生活方式。在食肉动物所处的环境里，捕获什么，只能以怎样才能获得足够的食物为原则。狮子是草原动物，草原上小型动物少，而水牛、野牛、斑马、角马、大象、长颈鹿等大型动物多。狮子要维持生存，只能猎捕大型动物，而这是单只狮子无法做到的。所以狮子不得不群居，不得不利用集体的力量。而且草原一马平川，便于追逐、围堵等集体行动。与之不同的是，老虎是典型的山地森林动物，所食主要是野猪、马鹿、狍子、斑羚、梅花鹿、黑兔等中小型动物。在这里，凶猛的老虎独自捕猎就能够维持生存，集体行动发挥不了作用。可见，根本上，一种动物是群居还是独居乃是自然的选择，而不是后天的喜好。

显然，群居决定着群居动物物种的生死存亡。可以这样说，群居动物物种的生存不仅取决于个体生存和后代繁衍，而且取决于群居。尽管群居实际目的是个体生存和后代繁衍，但由于群居是动物界特有的生活方式，有其特殊性，加之这一特性对群居动物物种的生存作用又特别明显，所以可认定，群居是群居动物物种生存的又一个决定条件，一个相对独立的决定条件。应该看到，把握群居这个决定条件，对于我们理解人性及行为动因有着重大意义。

维护群居方面的性状

群居与维持群居不是一回事。个体生存是一个个体的事，繁殖是两个个体的事，群居则是一个家族甚至更大规模的很多个体的事。

而从动物的特性来看，即使在同一物种内部，相互欺负、你抢我夺、打打杀杀乃是普遍现象。所以，群居不是自然而然的，弄不好，要么矛盾重重、冲突不断，要么分崩离析。如果一直这样，这个群体（物种）必然既不能一起捕食，又不能共同御敌，更不能相互帮助，结果必然是被淘汰（死亡）。当然，也有物种能够维持群居而生存的，这就是前面所证明的，群居是群居动物物种生存的又一个决定因素，即你群居你生存，你不能群居你就不能生存。

结论是，一些能够群居的物种要生存下去，就必须维持群居。

这样，自然界选择就在群居动物的机体上设计出种种维护群居的机制。如达尔文所说："关于严格社会的动物，自然选择不时通过保存有利群体的变异而对个体发生作用。"[1] 那么，自然选择给群居动物设计了什么样的维护群体的机制呢？它不大可能是大型头角或犬齿之类有形的生理构造，而应是一些动物大脑之中的心理方面的机制。我个人的研究发现，随着神经系统的发展，特别是大脑的进化，作为生存能力的情感出现了——这是动物生存能力的革命性进化；神奇的是，在情感心理的基础上，随着群居动物物种生存的需要，又进化出了用于维护群居的情感。对于人类而言，人的自尊心、正义感、同情心和孤独感就是这样的为群居服务的情感。详见第 5 章。

无疑，这四种情感的根源和作用，是建立在"群居是群居动物物种生存的又一个决定因素"和"用于维护群体稳定"的基础之上的。我以为，长期以来，人们之所以没有弄清自尊心、正义感、同情心和孤独感的来源和作用，就是没有把握这个基础。

1　叶笃庄编《达尔文读本》，中央编译出版社，2007 年，274 页。

第 4 章

驱动行为的生理机制

研究人性及行为动因，第一需要认定人是动物，人体的一切都是自然选择的产物；第二需要认定动物要生存全靠行动，要行动就会有驱动行为的动力，这个动力必然天生地存在于人的机体。研究发现，人体存在着需要（即机体需要），人的快乐痛苦的感觉是机体需要的动力环节。动力是核心，我们必须牢牢抓住这个核心。

人是动物

研究人性及行为动因问题，一个基本的前提就是给人定位，即确定人类在自然界中的位置，确定人类是不是生物界中有血有肉的动物。

人类的起源，在科学不发达的古代一直是被神化的，即认为人类不是动物，人是神创造的，而且一旦被创造出来就永远不变。在中国，传说一个叫女娲的神，她看到大地上只有山川草木、鸟兽虫鱼，感到很孤寂，便仿照自己的样子，用黄土捏了一些人。从此，大地上就有了人类。欧洲影响最大的是神创论。据《圣经》说，上帝仿造自己的样子，用泥土造出了第一个男人，取名亚当。然后，从亚当身上抽出一根肋骨，造了第一个女人夏娃。亚当与夏娃结为夫妻，生育后代。在西方，神创论和物种不变的观点长期统治着人们的思想。《圣经》是神圣不可侵犯的，谁怀疑它、反对它，就会被视为"异端邪说"而受到惩罚，以至被判死刑。

自18世纪起西方科学技术迅速发展，到了19世纪三四十年代，自然科学中的胚胎学、细胞学、比较解剖学、地质学和古生物学都有了重大成就。正是在这个时候，达尔文创立和论证了生物进化论，科学地解决了人类起源问题，提出了人类是由古猿进化而来的著名论断，彻底否定了神创论和物种不变论。随着科学的日渐发达，人们已认识到，人和其他动植物一样，都是生物进化的产物，人是生物，是动物。"过去的十几年里""遗传的证据有力地表明我们并不是猴和猿的远亲，我们根本就是猿类家族中黑猩猩的兄弟姐妹"。[1]

然而，认识的转变是一个艰难的过程。目前，在世界范围内，对人是动物这个问题，有的人仍然彻底否定，有的人似信非信，更多人则认为人是特殊的不同于其他动物的动物。

在中国，长期以来人是被神化的。理论界强调人的社会性和能动性，而排斥、否定人的自然性。20世纪90年代，初中课本《动物学》中明确指出："人和动物有本质的区别，人已经超出了动物界，成为自然界的改造者。"同一时期，另有书云："人不是神、上帝，也不是植物和动物，人就是人。人源于自然又高于自然。人的本质，

1 [英] Robin Dunbar、Louise Barrett、John Lycett 著，万美婷译《进化心理学：从猿到人的心灵演化之路》，中国轻工业出版社，2011年，1页。

不是自然本质，而是社会本质。人不仅是自然界长期发展的产物，而且更是社会发展的产物。”“人是社会动物，而不是自然动物。”

科学证明，自然界存在着各种各样的物体，按其性质来说，可分为两大类：一类是生物，一类是非生物。生物是指有生命的物体，非生物是指无生命的物体；人是有生命的，显然人类属于生物。

生物分为三大类，即植物、动物和微生物，人属于动物。动物有原生、腔肠、环节、软体、节肢、脊索等动物门，人属于脊索动物。脊索动物有鱼、两栖、爬行、鸟、哺乳等纲，人属于哺乳动物。哺乳动物有食虫、翼手、灵长、啮齿、食肉、长鼻、偶蹄等目，人属于灵长目动物。灵长类动物有卷尾猴、猴、长臂猿、猩猩、人等科，人属于人科动物。

如果说人既不是植物，又不是动物，那么人或者是微生物，或者是非生物。看来，那些高傲的人们既不会承认人是形体微小、构造简单的微生物，也不会承认人是没有生命的非生物，这样，还有两种可能：其一，人不在自然界之中；其二，人是生物，但是不同于植物、动物、微生物的生物，“人就是人”。

然而，这两种观点都违背了唯物主义的基本原理，也置起码的常识于不顾。世界是物质的，世界统一于物质。自然界是包括地球在内的整个宇宙。宇宙间的万事万物都在自然之中，人不在自然界之中又在哪里呢？既然承认人是生物，就应尊重生物学的分类。动物是以有机物为食物，有神经、有感觉、能运动的生物。根据人的特点，全世界的生物学家都把人归类为动物。更为重要的是，自然科学还证明：人起源于动物，古猿是人类的祖先。

对于种种否定人类是动物的看法，持以下疑问：人不是动物吗？如果人是动物，是自然界的一部分，其自然属性是可以改变的吗？人是自然界的一部分，是不是应指人的全部，即包括人脑及人脑的机能？世界统一于物质，万物是否统一于自然？人的全身除了自然物，本质上还有其他东西吗？所有动物物种的内部联系都是自然界的联系形式，人与人的各种联系包括人的社会联系，本质上是否也同样是自然界的联系形式？劳动能力是否自然力？劳动能改变人的根本属性吗？

由此，得出以下看法。

第一，人是自然界的一部分，是指人的全部，包括人体的各个部分和各种功能，包括人脑及人脑的机能，包括人的情感、欲望、感觉、理智能力等，都是自然的。有人把观念视为人的一部分是错误的，因为观念不是天生的，而是思维的产物，是客观世界的反映。从根本上说，人除了自然物，一无所有。费尔巴哈说得好：人是自然的产物，是有血有肉的感性存在者，不仅人的肉体而且人的一切欲望和精神都来自自然界。“完全和动植物一样，人也是一个自然本质。”[2]“人不是导源于天，而是导源于地，不是导源于神，而是导源于自然界。”[3]

第二，“人是动物”是说人是完全的动物，而不是一半动物一半神，也不是一半自然动物一半社会动物或一半理性动物。人与其他动物相比，只是由于机体结构和性状上的差别而在能力上有理性、能劳动罢了。有人认为，人的有机体是自然的，而人的意识能力、理性能力、创造能力不是自然的。这种观点是错误的。有电视纪实展现：聪明的猴子为了吃到外壳坚硬的果实里的肉，一次次搬起石头砸坚果；为了吃到树洞里的蚂蚁，把嫩草塞进洞里，诱食蚂蚁。人有思维和智慧，高等动物也有，只是程度不同罢了。如果人因为比其他动物智慧高、能力强，就认为已经扬弃了自身的动物性，超

2 ［德］费尔巴哈著，苏震华、李金山译《费尔巴哈哲学著作选集》（上卷），商务印书馆，1984年，312页。

3 ［德］费尔巴哈著，苏震华、李金山译《费尔巴哈哲学著作选集》（下卷），商务印书馆，1984年，677页。

脱了动物界，那么是否可以认为，比很多其他动物聪明的猴子，其动物性大多也已被扬弃了，已经快从动物界超脱了呢？进化，会不会使人超出动物界呢？绝对不会。进化是生物界内部的事情。生物无论如何进化，其生物性不会变。

第三，人类与其他生物一样都是自然选择的产物。在生物发展的过程中，任何一个物种都是在已有物种的基础上进化而来的，绝不可能自大地上凭空产生。人类来源于非人类，“人类起源于古猿”，这是已被科学证明的确定无疑的事实。既然如此，人类就同一切生物一样必然经受自然的选择，遵循相同的规律，具有相同的生物本质。

第四，人的劳动能力也是一种自然力。劳动在人的进化过程中起了非常重要的作用。在传统的观点看来，人是劳动的产物，是自己的产物，是文化和历史的产物，由此，人脱却了自然的性质。这种观点是错误的。宇宙间万事万物的能力都是自然力，所以人的语言、思维、智力、意识、智慧、理性能力也必然是自然力。人的劳动能力是人体多种能力的综合，也是一种自然力。人之所以能劳动，是因为人类在体质形态上具备了制造工具、进行劳动的条件，如直立行走、手脚分工、大脑发达等。再说，人之所以要劳动，不是出于人的主观能动性，而是自身强烈的肉体欲望的驱使。

第五，群居动物的社会联系本质上是自然联系。社会，是对群居动物而言的，群居动物都有社会性。社会乃是利益相连的同一种动物的自然群体，如猴群、狮群、斑马群。一个群就是一个小型的社会。随着人与人之间的联系越来越紧密，人的社会性越来越强。但是，人的社会性不是独立于人的自然性的一种属性，而是隶属于人的自然性。人类之所以群居，不是由意识决定的，而是由机体喜欢群居和维护群居的机制决定的。比如后文即将论及的，人类的群居取决于孤独感、自尊心和正义感等情感。无疑，这些情感是自然的，天生的。而现实是，没有这些情感，动物就做不到群居。群居不了，

【012】人的社会性包含在人的自然性之中吗？

哪有社会性？可见，人类的社会性也是天生的，它包含在人的自然性之中【012】。谁都不会怀疑，蚁群的组织结构、狮群间的社会联系是自然的。同样，人与人之间的联系（不管这种联系有多复杂），本质上也是自然界的联系形式，是人类在自然界中的存在方式。

第六，不要过分迷信人类的强大。人们总以为，人类的本领是最大的，比其他动物强千百倍。或许正因这种认识，人们得出“人类的本性与其他动物的本性有本质区别”的结论。这里存在着严重的误区。判断一种动物生存能力的强弱，不是看其某一方面的能力，而应看其综合能力。它是生存优势（能力）和生存劣势（难度）的综合，表现出来的是对生存环境是否适应。但从表象上看恐龙是最强大的、蚂蚁是最弱小的，可“最强大”的恐龙早已灭绝，而“最弱小”的蚂蚁族群还是那样的兴盛。

达尔文说“适者生存”，适就是适应，能适应就是有能力。各种动物的适应程度是有差异的，濒临灭绝的动物适应程度最差，新生物种适应程度最好，最适者就是生存能力最强者。这个最强者可能是人类、大象、老虎，也可能是老鼠、章鱼、蚊虫。人类的生存能力在很多方面远不及其他动物，即有很多的“劣势”，比如：鸟会飞，人却不会；鱼能在水里生活，人却不行；许多动物奔跑速度惊人，人却不够快；海豚有三个胃，鲸鱼可以几个月进一次食，人却要一日三餐，需要大量的食物储备；人的皮肤没有毛发覆盖，加之个体并不凶猛，所以要穿衣、盖被、造房而避冻避险。再说繁衍，不说人类一般一胎只能生一个孩子，更“劣势”的是人类的孩子长到二十岁左右才能独立生存，这种“劣势”是其他很多动物所没有的。当然，人类具有其他任何动物都无法比拟的强有力的理性、思维能力以及能劳动的身体条件。问题在于，人类如无这些“优势”，就不可能生存下去。任何一种动物的生存能力都有强有弱。试想，如果人类无比强大，那为什么在人类的生存过程中，有200多万年的时间连生活都难以为继？为什么至今还有很大一部分人仍处于贫困之中，为什么在这期间许多动物物种的“日子”比人类好过？

有些人把“人的社会性”神化了，他们忽略了一个基本道理：对浩瀚的宇宙来说，其间存在的万事万物都是它的一分子。有人说，人类“勇敢地超越了自然”，如此说来，人已不在地球之上、宇宙之中了。

综上，在自然之中，果树是自然的，果实也是自然的；鸟是自然的，鸟巢也是自然的；猴是自然的，猴的智慧也是自然的；猿与猿之间的各种联系是自然的，人的聪明才智、人与人之间的各种联系本质上也是自然的；猴子砸坚果的能力是自然的，人制造工具的能力和劳动的能力也是自然的；尽管人类的一些能力远大于其他任何一种动物的能力，但还是自然的。应该相信，尽管人的理性、文明、道德有巨大的创造力，但人和其他动物在物质性、生物性、动物性上是完全相同的，这是人的本质属性。人类如同一棵树，自然是人类的根，其一切都是在自然之根上生长出来的。人和其他动物的主要区别在于，其他动物靠本能（兽性）谋生，人靠本能和理性谋生。人与其他动物不仅有区别，而且有更多的本质上的相同；理性与兽性只是谋生手段上的区别，而在谋求生存这个根本问题上它们是完全相同的。这里的根本问题是，人和其他动物一样，其机体都存在着维持自我生存和繁衍的机制。

在人的属性问题上，为什么有些人会陷入唯心主义？原因之一是他们羞于承认人是动物。在他们看来，人类如此尊贵、高尚、智慧，怎么会是动物呢？

这种情况历史上曾经发生过。达尔文进化论的出现和传播在世界上引起极大的震动，进步的科学家和开明人士给予热烈支持和拥护；但在虔诚的教徒和保守者看来，把人类看作自然选择的结果，简直是亵渎上帝，损害“人类尊严”。

1860年6月，英国科学促进协会在牛津大学召开为期三天的会议。会上，进化论的反对者向达尔文学说发难。6月30日会议最后一天，一场著名的惊心动魄的大辩论开始了，听众近千人。牛津大主教威尔伯福斯抢先发言，用宗教的神创论评说达尔文理论，最后，他向著名生物学家赫胥黎发出挑衅：“我想问一问坐在我对面的企图把我撕碎的赫胥黎先生，你相信猴子是人类的祖先，那么请问你，究竟是你的祖父还是你的祖母，同无尾猴发生了亲属关系？”[4]

赫胥黎首先用平静、坚定和通俗易懂的语言，概括阐述了达尔文进化论的科学基础和基本内容，最后回敬了大主教的挑衅：“关于人类起源于猴子的问题，当然不能像主教大人那样粗浅地理解，这只是说，人类是由类似猴子那样的动物进化而来的。但是，主教大人并不是用平静的研究科学的态度向我提出问题的；因此，我只能这样回答：在主教大人看来，无尾猴只不过是一种智力低下、呲牙咧嘴、吱吱叫的可怜动物。我过去说过，现在再说一次，一个人没有任何理由因为他的祖先是无尾猴而感到羞耻。”[5]这次论战以进化论的大获全胜而结束。这就是著名的“牛津论战”。

1925年，美国发生过一桩“猿猴诉讼”案。当时，美国田纳西州议会通过一条法律，禁止该州的公立学校讲授关于人是由低级生命进化而来的理论。可该州达顿小城一名年轻的中学教师告诉学生，人类和猩猩是亲戚，人类是古代的猿进化而来的。由此他被告到法院。开庭那天，有些绅士在袖子上缠着布条，上面写道：“我们不是猴子，也不能让人把我们变成猴子。” 审判时，法官不许被告请科学家出庭作证。结果，这位青年教师被判有罪，并罚款100美元。

4 张秉伦、郑土生著《达尔文》，中国青年出版社，1982年，221页。
5 同上，223页。

今天的中国，虽说声称人是猴子变的不会引起诉讼，但是竭力否定人的自然性质，本质上也是否定人的动物性。时至 21 世纪，我们还羞于从根本上承认人是动物，这实在是有点可悲。

最后，不妨引用一位动物学家和一位生物学科普作家的话作为结束。20 世纪 60 年代后期，英国著名动物学家苔丝蒙德 · 莫里斯，针对一些动物学家否定人的动物性的情况，出版了《裸猿》一书。他指出，地球上现存猴类和猿类共有 193 种，唯有人类是没有“遍体毛发覆盖”的猿类，即“裸猿”。他说，面对“后来发生的大规模的文化爆炸，今天的裸猿对此自豪不已——正是这个富于戏剧性的进步，使他在短短的 50 万年中，从只能点燃一堆篝火发展到能够建造宇宙飞船。这个故事确实激动人心，但如果裸猿一味地乐此不疲，忘记了在这表象之下他们仍是灵长目的一员的事实，那就危险了。”“我的理由是，人尽管学识广博，但仍旧保留了裸猿的本色。”[6]

21 世纪初，科普（生物学）作家王冬说：“这次，启蒙者是两个英国人：苔斯蒙德 · 莫里斯和理查 · 道金斯。前者告诉我：戴上动物行为学的眼镜去观察人类，你看到的只是些没有毛的猿猴；而后者则告诉我：把人类扔进几十亿年的进化史，我们不过是‘被进化’的基因载体。”“400 多年前，哥白尼、布鲁诺和伽利略将地球驱离了宇宙中心；150 年前，达尔文将人类驱离了那座假想的金字塔的顶峰；几十年前，爱德华 · 威尔逊和莫里斯、道金斯又在尝试将无上伟大的‘人性’赶回‘兽性’的行列。”[7] 无疑，人是生物，是动物，是群居动物。

既然如此，人类就和其他动物一样经受自然的选择，遵循自然选择的基本规律。结果就是，人种生存是人类发展进化的根本目标，个体生存、人种繁衍、群体稳定是人体的三个决定因素。我们应坚

---

6 [英]苔丝蒙德 · 莫里斯著、余宁等译《裸猿》，学林出版社，1988 年，8 页、前言。
7 见《人的自然和自然的人》一文，载《人与自然》2010 年第 1 期。

守这样的观点：人体的一切东西都是有用的，无用的东西是不存在的；人体的一切都是为人种生存所生所用的，不为人种生存而生的东西是不存在的。

生命的存续需要物质和繁衍

天文学和地球物理学的证据表明，地球是在大约 46 亿年前诞生的。原始地球是由岩石圈、水圈和大气圈构成的，因为太热，而且有太强的辐射，不适合生命生存。据天文学家估计，在大约 38 亿年前，地球上才由非生命物质逐步演化发展，产生了原始的有生命的物质，即生物。现如今，亿万生物已布满全球。那么，生物为什么能一直生存下去，且不断发展，经久不衰？这是因为自然选择在生物体上设计了两大功能，即自我维持生存的功能和繁殖的功能。

1．维持生存需要补充能量

科学证明，组成生物体的营养物质（即生命物质）包括蛋白质、脂肪、碳水化合物、矿物质、维生素和水六大类 40 余种，40 余种中包括 9 种氨基酸、2 种脂肪酸、7 种矿物质、8 种微量元素、14 种维生素。从根本上看，生物体是由特殊的物质——蛋白质组成的。这种物质是活的物质，是在不断地生长发育的物质。我们知道，头发、指甲、骨头时时刻刻都在生长；孩子们在长高，女孩乳房在增大。无疑，生长发育就会消耗能量，所以要让这种物质活着，就得不断地补充这种物质，这就是机体的需要。人体需要的营养物质有三大功能：作为人体的能量来源，供给人体所需的能量；作为建筑材料，构成或修补身体组织；作为调节物质，维持正常的生理和生化功能。

从生命的本质来看，生命是由细胞组成的，细胞是由蛋白质、核酸、脂质、糖类、维生素等生物大分子（由化学元素构成）组成的有序系统。每一细胞都要经历新生、生长、增殖、分化、成熟、衰老和死亡的过程。要维持细胞的生长（体积增大、重量增加）和增殖大量新细胞以代替死亡的细胞，就需要不断地补充物质和能量（从物质中分解出能量）。没有物质补充，细胞就无法进行正常的生命活动，就会死亡。可见，物质是生命存续的需要。

2．维持生存需要保护身体

人体是由物质组成的有序结构。生物体中组成生命的各种化学成分不是随机堆积在一起的，而是严整有序的。生物大分子不是生命，只有当它们组成一定的结构、形成有序的系统时，才出现生命。生物个体就是一个由细胞、组织、器官、系统组成的多层次的有序结构。所谓有序结构，是说体内的物质种类是一定的，各种物质的量及排列构成也是一定的。比如，一定的盐、一定的铁、一定的糖、一定的胆固醇；又如，人体的皮肤、肌肉、骨骼、经络、五官、内脏等的体积、位置、功能、所能承受的压力都是一定的。组成生命的一定物质、一定量和一定秩序，就是组成生命的规定，而规定就意味着需要的存在。

生物机体的构成是一定的，违反这个“一定”就会生病。比如，缺铁会引起贫血，缺钙会引起骨折、骨质疏松，缺碘会引起甲状腺肿大，新生儿缺碘还会导致克汀病。又如，脂肪摄入过多会导致肥胖，胆固醇摄入过多会导致心血管疾病。人体的每个细胞都含有胆固醇，因而它是人体不可缺少的一种营养物质；但它的量是一定的，正常值为：2.8 ~ 5.85mml/L，低于这个值会影响细胞的生长、分裂、更新，高于这个值就是人们常说的“高血脂”，此病容易导致冠心病，还可能导致脑溢血。机体对物质一定种类一定量的需要，就是机体的物质需要。

我们知道，在错综复杂的物质世界中，机体的秩序时常会遭到内外因素的侵害。所以，维护人体中那些自然给定的东西，维护体内平衡，就是维护人的生命。如果侵害不能避免，机体受到危害不能得到恢复和医治，机体各种性能的要求不能得到满足，那么必然导致两种结果：痛苦和死亡。比如，过分地压迫皮肤会疼痛，过分地旋转会晕眩，骨骼受到损害会脱臼或断裂，肌肉劳累会感到酸痛。正因如此，在日常生活中，人们总是力求避免被刺、被砸、被淹、中毒、中暑、生病、坠楼、被野兽以及自然灾害伤害等一切危险；总是愿骑车而不愿走路，愿坐着而不愿站着，愿坐沙发而不愿坐板凳，愿干轻活而不愿干重活，这就是机体对维护自身秩序的需要，即保护机体方面的需要。由上可知，机体存在着营养的需要和保护机体方面的需要。

3．维持生存需要繁衍后代

一个物种要长久地存在下去，自然设计的第一原则是要使所造个体能够维持自我生存。可生命是以个体形式存在的，个体的生命总是短暂的，植物一般为几个月到千年；动物一般为几个月到几十年，超过百年的极少，所以要使生命长久地存在必须繁殖。谁来繁殖？只能是个体。可见，自然界造物的第二个原则是要使个体具有繁殖后代、延续物种的功能。

一切生物个体的机体上都存在着繁殖的生理机制，即使最原始的单细胞生物也是如此。在生物体的构造上，一切生物个体都有生殖系统，都存在着用于生殖的组织、器官、系统。哺乳动物的生殖系统由生殖腺、输送管道、附属腺体和外生殖器四部分组成。从生物体更为基础的物质构成来看，每一个细胞中都有核糖核酸这种物质，核糖核酸就是人们常说的DNA，而DNA是遗传物质，它的唯一功能就是遗传。显然，一些营养物质有着维持个体生命的功能，另一些物质则有着繁殖的功能。或许38亿年前某种生命个体没有生殖能力，那么这种个体必然很快地被自然选择所淘汰。神奇的是，对许多动物物种来说，组成生殖系统的物质被激起时会产生性欲，而一切经外界刺激能产生欲望的生理机制就是需要。可见这里的需要就是对异性的需要。

总而言之，一切生物个体的机体都存在着吸收营养、保护机体和繁衍的生理机制，或者说都存在着营养需要、护体需要和繁衍需要三个方面的生理机制。从组成人体的组织、器官、系统来看，人体的有些器官和系统是专门为满足机体的物质需要而设计的，有些器官和系统是专门为繁殖设计的。如呼吸系统用于吸进氧气，呼出二氧化碳；消化系统，口腔用于咀嚼食物，食道用于运输食物，胃用于暂时储存和消化食物，小肠用于消化食物和吸收营养物质。可见，人体对物质的需要是与生俱来的，人体之所以设计口腔、食道、胃、小肠等器官，正是为了消化和吸收机体所需要的物质。

4. 快乐与疼痛感觉的存在

谁都知道，人体存在着快乐的感觉和疼痛的感觉。快感比如：吃甜味、香味、鲜味食物的快感，性交媾的快感。疼痛感遍布全身的每一个地方，具体可分为三类：一是内在需要没有满足或过分满足引起的疼痛感，如饥饿，口渴，睡眠不足浑身没劲、头脑昏沉，吃多了腹胀，尿急，便急等。二是受到外界的过分刺激或伤害引起的疼痛感，如热得难受，冷得难受，冻得难受，呛得难受，喘不过气来难受，烫痛，麻木痛，痒痛，压痛，晕眩痛，外伤（刀划、针刺、跌打损伤等）痛，路走多了腿脚痛，干活多了疲劳，眼睛里进了灰尘痛；吃了东西苦得难受、辣得难受、酸得难受；哪里受到伤害哪里痛。三是生病引起疼痛（病痛），如胃痛，头昏，头痛，牙痛，生疖痛，胆结石痛，癌病痛，哪里生病哪里痛。其实，是动物就有疼痛感。“一只年轻的母猩猩，当它认为也许要挨鞭子的时候，会拿起一条毯子或一把稻草之类来保护自己。”[8] 许多动物也怕热，也要乘凉。2016 年 7 月 25 日，安徽卫视《每日新闻报》报道，有位读者在台湾高雄车站外拍下了一张照片：艳阳高照（时值大暑），一根电线杆在地上投下了一条细细长长的阴影，令人惊奇的是竟有七八只鸽子一溜排的站在阴影里面乘凉。

人的需要归根到底是机体的需要

要把握人的行为，研究人的需要是至关重要的，因为人有需要才有行为。长期以来，许多思想家承认人有需要，也论及“人的需要”及其种类。可问题在于，这个需要是出于人的意识，还是出于人的机体？“人的需要”是一般性的需要，还是根本性的需要？

1. 马斯洛的需要观

第一个系统研究人的“基本需要”的人是美国心理学家马斯洛，他于 20 世纪五六十年代建立了人本主义“需要论”。首先，他强调“动机的研究在某种程度上必须是人类的终极目的、欲望或需要的研究”。[9] 也就是说，他所研究的需要是根本的、终极的需要，是人的“基本需要”。

其次，他所研究的需要是人人都有的需要。他说：“我称之为基本需要的东西，可能对于所有人都是共有的。”[10] 他认为，基本需要与表面的欲望或行为相比更加为人类所共有。“全人类的基本或最终欲望并不完全像他们有意识的日常欲望那样各不相同。”[11]

---

8 ［英］达尔文著，潘光旦、胡寿文译《人类的由来》，商务印书馆，2013 年，121 页。
9 ［美］马斯洛著、许金声等译《动机与人格》，华夏出版社，1987 年，26 页。
10 ［美］马斯洛等著、林方主编《人的潜能和价值》，华夏出版社，1987 年，72 页。
11 ［美］马斯洛著、许金声等译《动机与人格》，华夏出版社，1987 年，26 页。

第三，他认为人的基本需要是先天给定的、有遗传基础的。马斯洛说：“我们的主要假说是：人的欲望或基本需要至少在某种可以察觉的程度是先天给定了的。”[12]

第四，人不仅有基本的生理需要，而且有高级需要，即“心理需要”“情感需要”。他说：“现已充分证实，作为内在结构的要求，人不仅有生理需要，而且也确实具有心理需要……它们可称之为基本的需要，生物性的需要，可以把它们比做像对盐、钙、维生素D的需要一样的需要。”[13]马斯洛竭力反对把高级需要看成是“派生需要”，是生理需要的“副产品”。他说：“据笔者所知，没有一个实践曾成功地证明这种理论对于爱、安全、归属、尊重、理解等的需要的解释是事实。”[14]

第五，他把人类千差万别的需要归结为五种基本需要，即生理需要、安全需要、爱的需要、尊重的需要、自我实现的需要。在基本需要中，马斯洛还把安全需要、归属需要、爱的需要和自尊需要归纳为“基本的情感需要”。除此，马斯洛还提及人的认识的需要（好奇）和审美的需要。

马斯洛认为，需要是有层次的。“按优势或力量的强弱排成等级。”最基本的是生理需要，此后依次是安全需要、爱的需要、自尊的需要和自我实现的需要。这就是著名的马斯洛“需要层次论”。

马斯洛的需要论有创造性，为人的需要的研究奠定了基础。但是，应该看到，马斯洛所说的基本需要，尽管是“先天给定的”“有遗传基础的”“生物性的”，但仅是“类似本能的”需要。他以为是“终极的”了，也多次谈到“机体需要”，可这并不是真正最终的机体需要。真正终极的需要，应该是身体本身的需要。

---

12 ［美］马斯洛著、许金声等译《动机与人格》，华夏出版社，1987年，92页。
13 ［美］马斯洛等著、林方主编《人的潜能和价值》，华夏出版社，1987年，73页。
14 ［美］马斯洛著、许金声等译《动机与人格》，华夏出版社，1987年，102页。

2．人的需要应该是人的根本性的需要

分析任何事物都应该从根本上看问题，研究人的需要应该着眼于人的根本需要。1989 年版的《大学生心理学》，把当代大学生的基本需要归纳为以下 18 种：维持生存的需要、物质享受的需要、性的需要、秩序的需要、躲避伤害的需要、躲避耻辱的需要、友情的需要、求援的需要、成就的需要、归属的需要、自尊自立的需要、权力的需要、求知的需要、求美的需要、发展体力的需要、助人的需要、建树的需要和奉献的需要。

马斯洛说："动机的研究在某种程度上必须是人类的终极目的，欲望或需要的研究。"[15] 从广义上说，人的需要无尽无穷，多种多样。然而这些需要是彼此独立没有联系的吗？不是。它们之间都是有联系的。这些需要往往都从属于另一些比较基本的需要，而那些比较基本的需要又从属于几个更基本的需要。如大学生"求知的需要"，大学生为什么要求知？这从属于大学生对前途的追求。知识是手段，有知识才更有前途，而有前途本质上就是有钱有地位，有钱有地位就有幸福。再如"躲避伤害的需要"，很明显这是从属的需要。"躲避"本身就意味着背后存在需要，这个需要就是自我生存和健康的需要。

马斯洛说："如果我们仔细审察日常生活中的普通欲望，就会发现至少有一个重要的特点，即它们通常是达到目的的手段而非目的本身。我们需要钱，目的是买一辆汽车，接下去，因为邻居有汽车而我们又不愿意感到低人一等，所以我们也需要一辆，这样我们就可以维护自尊心并且得到别人的爱和尊重。当分析一个有意识的欲望时，我们往往发现可以究其根源，即追溯该人的其他更基本的目的。"[16] 他还说："我们要抓住原始、固有的、在一定程度上由

15 ［美］马斯洛著、许金声等译《动机与人格》，华夏出版社，1987 年，26 页。
16 ［美］同上，25 页。

【013】人体确实存在需要吗？

【014】快乐痛苦感觉的存在表明机体需要的存在吗？

遗传决定的需要、冲动、渴望的研究。”[17]

从另一个方面来说，吃、穿、住、娱乐、读书、结婚、买冰箱、买电脑等都是目的，但如果对它们都问一个“人为什么要（吃）”，我们就会发现它们又归属于另一个目的，又是达到这个目的的手段。如此这般，最终它们一定会归结于人的根本需要。

所以，从概念上讲，人的需要只能是人的根本需要，而不是派生的需要。对根本性的需要而言，它不属于另一个需要，对它无法再问为什么。

3. 人的根本需要就是人的机体需要

人的机体确实存在着需要吗？【013】是的。

所谓人的需要，从根本上看，是哪些地方的需要呢？只能有两处，一个在头脑的意识里，另一个是在机体上。那么，人的需要归根到底是人脑子里想的需要呢，还是人体的需要呢？在有些人看来，人的需要是客观存在的反映，人原本没有需要，只是在客观条件的反映下才产生了需要。我以为，人的需要绝不是人的主观需要，而是人与生俱来的机体存在的客观需要。机体需要才是人的根本需要。

对生物而言，任何一种生物的需要只能是这种生物机体本身的需要。比如，我们说树的需要，就是指树体本身对肥料、水分、空气、阳光等的需要；我们说牛的需要，就是指牛的机体对草料、水和氧气等的需要。同样，人是生物，人的需要也只能是机体本身的需要。快乐和疼痛感觉的存在表明机体需要的存在。【014】饿，是身体需要营养；渴，是身体需要水分；晕，是身体需要平衡；疲劳，表

17 ［美］马斯洛等著、林方主编《人的潜能和价值》，华夏出版社，1987 年，82 页。

明人的筋骨活动超过限度，需要休息；伤痛，表明身体需要维护正常的秩序。人冬天追寻太阳，夏天躲避太阳，因寒冷而哆嗦，因温暖而舒适，这表明身体需要一定的温度。又如，性快感，是身体有交媾的需要。可见，人的机体存在着需要，这个需要可称为机体需要。为了个体生存和后代繁衍，自然界在生物个体的机体上设计了一定的结构和性能，即物质的一定种类、量、结构、秩序和功能。所谓机体需要，就是机体本身存在的维持自身物质结构和性能的要求。

机体需要在机体上是以一定的生理机制存在的。为了维持生存和繁衍，人的机体有很多的生理机制，其中既有简单的又有复杂的，既有动力性的又有非动力性的。简单的生理机制，是由功能特殊的物质和神经系统组成的指向一定目的的生理结构，如视觉机制、听觉机制；又如，人劳动或走路多了，手脚上有时会长出“老茧”，这里就有生理机制。其原理是，皮肤在摩擦中变硬变厚，摩擦越多皮肤就会变得越硬越厚，这样皮肤就得到了保护。据报道，2011 年，日本发明了一种有“嗅觉”功能的机器人。人的嗅觉有生理机制，日本机器人的“嗅觉”也必然是由一系列相互联系的功能模块组成的机制。复杂的生理机制，是由一定肉体组织、神经系统、感觉系统和大脑组成的指向一定目的的生理结构。比如，营养需要的生理机制，当身体缺乏营养，肉体组织产生营养缺乏的信息，神经系统将此信息传入脑中，产生饥饿的感觉，大脑发出进食的指令。

前面说过，人体存在着快乐痛苦的感觉。应该看到，快乐痛苦的感觉乃是机体需要满足与否的生理反应。满足了就快乐，没有满足就痛苦。人的快乐痛苦的感觉是多种多样的，这正表明人体存在着多种多样的机体需要。比如，饥饿、口渴感觉的存在表明人有食物的需要，冷、热、烫感觉的存在表明人有温度的需要，性快感的存在表明人有性的需要，瞌睡感觉的存在表明人有睡眠的需要，手痛、脚痛、腰痛、头痛等部位痛及身体的痒、麻、晕、抽筋等感觉的存在表明人有健康的需要。可见，人的机体存在着食物、温度、睡眠、健康、性的需要。

我们还发现，人类和一些高等动物的脑内还有情感的生理机制，本质上它是情感需要。对此，将在下一章作详细论述。

机体需要具有以下特点。

第一，客观性。我们知道，机体的物质需要是客观存在的，它不仅反映为一定的物质种类的需要，而且反映为一定的物质的量的需要。当体内物质缺乏时，就会由感觉和行动表示出来。“实验表明，当老鼠感觉到体内盐分不足时，它们会马上表现出对盐的喜好。而且，当它们体内的能量和液体即将耗尽时，它们则会增加糖和水分的摄入量。这些进化形成的特殊机制，似乎是被设计来解决有关食物选择的适应性问题的，而且让老鼠的进食行为与其身体需要保持协调。”[18] 对人类来说，机体需要物质是客观的存在，不管你是否意识到，植物人没有吃饭的欲望，但家人知道，他的身体需要营养。

第二，个体性。整个人类不是连体儿，每个人的机体都是独立存在的。各人有各自的五脏六腑、各自的神经系统。因而人的需要只能是个体的需要，而不是阶级的需要、国家的需要、人民的需要。饿，是某个人饿，并不是所有的人同时都感到饿。在同一时间里，必然是有的人酒足饭饱，有的人饥肠辘辘。人有没有社会整体性的需要？有。如阶级需要、集体需要、国家需要，但这些需要都是建立在个体的机体需要之上的，是派生的需要。人体如果没有任何需要，就不可能有整体性的需要。

第三，不变性。人的机体需要决定于人类机体内物质的成分、结构、组织和性能。生物学证明，每一物种的机体结构和性能都有一定规定性。改变了这一规定性，要么死亡，要么变成了新的物种。

---

18 ［美］D · M · 巴斯著，熊哲宏、张勇、晏倩译《进化心理学：心理的新科学》，华东师范大学出版社，2007 年，86 页。

物种改变是千万年的事。再说，如果人这个物种变了，人也就不存在了。因此，只要人类这个物种存在，人类个体机体内物质的成分、结构、组织和性能就不会有什么根本的变化，因而人的机体需要的种类也就不会增多或减小。

第四，相同性。人虽有高矮胖瘦，有男女老少，有富有穷，有英雄有罪犯，有古今中外之人，但每个人的机体的物质成分、组织结构和机能本质上都是相同的，因而由它们决定的需要也必然是相同的。

4．人的机体需要的表现形式是多样的

有根必有叶，有叶必有根。人是有思维能力的。因而，机体的需要必然会派生出若干层次的需要。如果说机体需要是一级需要，那么就会有二级需要，有二级需要就会有三级需要，如此等等。树根会长出层层枝叶，基本需要会派生出种种需要，这是常理。

具体来说人的派生需要有两大类，一是手段性的需要，二是物质形式的需要。

满足机体需要是根本的目标，要实现这个目标就会有种种手段。在一定意义上，手段又是目的，是低一层次的目的。然而，有目的又会有手段，而目的就是需要，如此等等。对于不同层次上的目的或手段，在一定意义上，我们都可以称之为人的需要。比如，一个人为了满足食物的需要，追求物质利益（物质的需要）；为了获得物质利益，他分析自身的长处和社会形势，觉得当歌星能挣大钱，于是立志当一名歌星（当歌星的需要）；为实现这一理想，他决心考进音乐学院（进音乐殿堂的需要）；进了音乐学院，他一面勤学苦练，一面抓住一切机会出名（出名的需要），因为他懂得名气越大，挣钱越容易；某年某月，他所在的城市举行声乐比赛，那些日子他的目标就是在比赛中拿大奖（获奖的需要）。可见，这些需要对机体需要来说都是手段性的需要。

机体需要还会派生出多种多样物质形式的需要。能够满足机体需要的物质形式是多种多样的，在一定意义上，又可以把这众多的物质形式作为人的需要。比如，面包的需要、牛奶的需要、沙发的需要、助动车的需要、婚戒的需要、化妆品的需要，等等。对整个社会来说，人民群众所需要的物质形式确实是随着社会发展而发展的。不同时期，人们有着不同的需求。就嫁妆而言，20世纪50年代，需要的是棉被和新衣；60年代，需要的是手表、自行车；进入21世纪，需要的则是彩电、空调、手机、电脑、轿车、婚房。可见，这些需要都是机体所需要的物质的不同形式，而不是人的根本性的机体需要。

古代皇帝没有"坐飞机的需要"，而现代人有，似乎人的需要发生了变化。其实，这里变化的是满足需要的物质形式，而人的根本需要没有变。古代人坐马车的欲望和现代人坐飞机的欲望有着同样的原动力和根本目的。有人说，原始人只有"延续生命"的需要，而现代人追求"高度的精神文明和物质文明"。照此分析，小高条件好，既有物质享受的需要，又有精神享受的需要；小王家里穷，就只有吃饱肚子的需要；小田一无所有，就什么需要也没有。事实是，以前工人农民只有温饱的需要，那是因为当时没有满足机体需要的条件，如果条件好了，谁不想吃美味佳肴住高楼大厦呢？

应该区分两种需要：一种是机体本身的需要；另一种是机体需要在现实条件下所能实现的需要。机体需要决定于机体组织，只要机体存在它就不会变化；现实的需要决定于人们所处的社会物质条件，它的确是随客观条件变化而变化的。一个人任何时候都既有表现出来的现实的需要，又有隐藏在背后的机体需要。我们不能只看到人的现实的需要，而忘了人背后存在着的机体需要。

5．两种需要观的根本分歧

两种观点，针锋相对。我们不禁要问，分歧在哪里？

分歧在于，对需要的来源的不同看法。传统观念认为，人的需要来源于“客观实在”，是“客观实在”的主观反映。这样，一切需要都是原生的，都直接源于社会物质生活条件。本书认为，人的需要来源于人的机体，机体需要是人的根本需要，其他一切需要都是由机体需要派生的。

来源问题是研究人的需要所要解决的关键问题。传统观念何以作出这样的结论呢？原来，长期以来国内外心理学认定人的心理就是意识，而心理与意识是同义的。许多心理学书籍和辞典中也都说得很明白，“心理有时作为意识的同义词用”。中国的需要观把哲学引进心理学，认为人的需要属于心理，从而由“心理是客观现实的反映”，得出了“任何需要都是社会存在的反映”的结论。这样，在他们看来，需要属于心理，心理等于意识。这样，需要就名正言顺地成了“社会存在的反映”，成了意识。心理（意识）是主观的，因而需要也是主观的。可见，这正是传统观念在人的需要问题上错误认识的根源所在。

“心理等于意识”已被很多人否定。弗洛伊德认为，人的心理结构是由无意识和意识两个部分组成的；意识活动只是人的精神活动的一小部分，无意识活动是其主要部分；无意识处于心理活动的底层，包括本能、欲望、冲动等东西。其实，心理的底层还应有一个更为重要的东西——情感。

前面说过，人的机体需要是机体维持生存而客观存在的需要，是机体的一种生理机制，它表现为机体对维持机体中自然给定的物质的量、结构、秩序和性能的要求。动物机体需要什么不需要什么，是由其内在的生理因素决定的。原本熊猫属于食肉动物，后来由于最后一个冰期的到来，森林面积不断缩小，可供熊猫捕食的动物越来越少，熊猫不得不改以吃竹子为生。结果，经过长期的进化，熊猫变得不爱吃肉只爱吃竹子了。科学家在对熊猫的基因进行测序时发现，它的味觉基因在400万年前的一次突变中失去了活性，没有了食肉时的鲜味感。从此，大熊猫失去了对肉味的感知能力，没了吃肉的欲望，反而对吃竹子上了瘾。可见，大熊猫之所以不吃肉，是因为机体对动物肉所含的物质没有了需要。这充分说明，机体需要根源于人体中的生理因素，而绝不是“客观实在”所能反映的。按“反映”说，任何人对年轻貌美的女明星都会产生爱恋之情，不仅成年男性会如此，而且女性和小学生也会如此。而事实是绝不可能，因为他（她）们内在没有这方面的需要。就性需要来说，女性只会爱男性；对小学生来说，性发育还不成熟，还没有性欲。这提示我们，离开人体的需要，人不可能产生任何需要。

第 5 章

驱动行为的心理（情感）机制

进化本质上乃是生存能力的进化。当动物机体上出现了高级神经系统后，就进化出了情感。那些群属的有复杂头脑的动物有着丰富的情感世界。情感的出现表明，动物行为增添了心理方面的驱动力。人类有好奇心、恐惧感、母爱、自尊心等 13 种情感，这些情感都与快乐痛苦的感觉紧密相连。本质上，一种情感就是一种情感需要。

生物的生存能力总是在不断发展和提高的。进化无处不在，无所不能。当动物机体上出现了神经系统，出现了大脑，进化就必然会在其中设计出情感这种高级的生存能力。

原始情感的产生

1．一切生物都有生存能力【015】

生物要生存下去，必然要有生存能力。达尔文说“适者生存”，“适”即适应，指某种生物能够适应所处的环境。能适应就能生存，适应就是生存能力。同一环境下，适应程度的差异就是生存能力强弱的差异。达尔文还说“最强者生存，最弱者死亡”[1]，显然，这里的强弱就是指生存能力的强弱，它包括维护个体生存能力和繁衍能力。

自然界中的一切生物都有生存能力。生物机体上存在的一切组织、构造、器官、机制，都是生存能力的体现。如植物的光合作用、树的根深叶茂、植物的毒素、果子未成熟时的苦涩、长颈鹿的长颈、老虎的凶猛、骆驼的胃反刍、狗的嗅觉、候鸟的导航定向能力、蜘蛛的网、大象的鼻子、兔子奔跑的速度、猫的夜间视力、鸟的翅膀、蝙蝠的声纳系统、牛的角、黄鼠狼的臭屁、眼镜蛇的毒液、响尾蛇的响尾、乌贼鱼的“烟幕弹”、动物的伪装、斑马的斑纹、北极熊纯白的毛、萤火虫尾部的光亮、猪的多胞胎、蜗牛的雌雄同体、袋鼠的育儿袋、哺乳动物的乳腺等。

让我们尽情地领略一下各种动物神奇的生存能力吧。

地球上最大的动物鲸鱼，可以几个月进一次食；鸟类有很轻的骨架，以便于飞行；为了觅食或繁衍，有些动物会进行季节性的大迁徙；鱼类产卵以百万计；螳螂有镰刀状的前足；有一种蜘蛛有 3 排 8 只眼睛；蟾蜍一次能产 3 万只卵；一种叫雕鸮的鸟，头部可转

1 ［英］达尔文著、舒德干等译《物种起源》，北京大学出版社，2005 年，导读，11 页。

动180度以改变视角；一种老鼠遭遇特别危险时会立即倒地装死；一种蜥蜴遇到危险时能迅速改变颜色；一种叫电鳐的鱼能发出近200伏的电流；冬天松鼠黄褐色的毛会变成灰色；北美野兔出生第一天就会吃草；两栖动物的体温随环境的变化而变化；螃蟹一遇危险就以横行方式逃跑。许多动物有惊人的猎杀本领；许多动物有惊人的奔跑速度；许多爬行动物能吞食比自己体型大得多的猎物，如有种蟒蛇可以将整头鹿吞进腹中。鱼之所以适合在水中运动，是因为它的身体符合流体力学原理。海象咽喉下有个像汽球一样充满空气的囊，这使它有很大的浮力，可在海面上休息睡觉。蝙蝠飞行辨别方向不是靠眼睛，而是靠声波和回声的感知系统。雌熊全心全意地抚育幼崽，在长达两年的时间里几乎寸步不离。印度蟒产卵后会用身体将卵圈起来，不离不弃地守护着直到孵化为止。

由于自然界的造就，各种生物都有着特殊的本领。电视纪实节目《虫子的谋略》中，黄蜂用尾刺把卵注入蝴蝶幼虫体内，利用蝴蝶幼虫体内丰富的营养养活自己的后代。牛身上常爬有两种昆虫，一种体型较大，一种体型较小，体型较大的容易被牛驱赶，体型较小的则能附在牛身上，于是体型较大的昆虫狡猾地把卵产在体型较小的昆虫身上，让自己的卵融入牛的皮肤，利用牛皮肤里面的营养养育后代。

在生物界，一切生物都是以个体的形式存在的，所以维护物种生存的全部能力必然都体现在个体的身上。物种要生存，必须完成维护个体生存和后代繁衍两项任务，而这只能全部由个体来承担。个体生存取决于是否有足够的营养和机体是否得到保护；物种的生存原本与个体的生存无关，而为了物种的生存，神奇的自然界把生育能力植根在个体的机体之中，使物种的繁衍成为个体的需要。所以，觅食、护身、繁衍成为一切生物最基本的生存能力。一切物种所有的生存能力的发展进化都必然围绕着觅食、护身、繁衍而展开。繁衍包括择偶、交媾、生殖和幼子抚养。

当然，由于群居是群居动物物种生存的又一个决定条件，所以群居动物机体上还会生成另一种基本的生存能力，即维护群居的能力。这种能力就是我们接下来要研究的人的部分情感。

2．进化本质上是生存能力的进化【016】

生物是如何进化的？在生物界，生物普遍存在着变异。变异主要是指身体结构、生理机制和特征等方面的异变。变异就是产生新的性状。生物具有遗传性，生物的变异大多数可以遗传。

变异所产生新的性状有的利于生存，有的不利于生存。各种变异是保存还是淘汰，由自然作出选择。选择的根据是“适者生存”，即凡具有有利变异的个体或物种得以保存，凡具有不利变异的个体或物种被淘汰。达尔文说：“由于生存斗争的存在，不论多么微小的，或由什么原因引起的变异，只要对一个物种的个体有利，这一变异就能使这些个体在与其他生物斗争和与自然环境斗争的复杂关系中保存下去。”[2]

自然界是很神奇的。当自然环境发生了变化，生物在进化规律的作用下，常常会生成一些有利于生存的变异。一个地带变得十分寒冷，经过长期的进化，这里的兽类的毛皮就会增厚。若干万年前，狼所捕捉的是行动较慢的猎物，但当这些动物数量不断减少时，狼为了生存，不得不捕食行动较快动物。这样，经过若干万年的进化，行动敏捷善于奔跑的狼就出现了。蛾子一般是浅色的，它与树干上的颜色相似，不易被鸟啄食。达尔文曾发现，欧洲某些工业化地区，由于烟灰污染，树皮呈黑褐色，由于进化的作用，浅色的蛾子在这

2 ［英］达尔文著、舒德干等译《物种起源》，北京大学出版社，2005 年，45 页。

里也变成了黑色。又如，始祖马原来体高仅 30 多厘米，前肢有四趾，后来地球表面以辽阔草原取代了灌木丛林，便有了能在草原上奔跑的身高 1.5 米、单趾的现代马。

在整个生物界，生物正是这样经历不断的变异、遗传和选择而发展的。比如，长颈鹿，开始颈都不长，后来颈的长短有了差异，颈长的可以吃到高处的植物，这有利于生存，因而就得到了保存（生存下去）。这样，经过长期的选择和变异积累，终于有了长颈的鹿，而颈短的鹿就逐步被淘汰。长颈就是生存能力。

生物界存在着激烈的生存斗争，斗争中优胜劣汰。个体或物种的生存能力强就得以保存，弱就被淘汰。斗争中，死亡的来临通常是迅速的，而强壮、健康的生物不但能生存下去，而且能繁殖下去。一般来说，最强壮的雄性和最有魅力的雌性，是自然界中最适应的个体，它们留下的后代也最多。

进化是每时每刻都在进行的。这样，就不断会有：生存能力强的得以生存，生存能力弱的灭亡；再进化，再产生生存能力强的物种，一部分不适应已变化生存条件的物种或同一物种中没有有利变异的个体被淘汰；再进化，又出现生存能力强的物种，生存能力弱的物种又被淘汰。自然选择是筛子，生存能力弱的个体或物种不断被“筛掉”，生存能力强的个体或物种得以存在和发展。

由此，我们可以得出这样的结论：生物的一切发展进化本质上都是物种生存能力的发展进化；进化的结果，从总体来说，生物用于生存和繁衍的种种性状，总是从简单向精细、从低级向高级发展，并趋于完善。正如进化论的先驱拉马克所认为的，生物天生就有趋于完善的要求。达尔文说，生物有不断完善的趋势。比如，一些器官通过性选择“而完善起来”。

让我们再看一看自然选择的神奇吧。

昆虫的飞行能力比人类的飞机强得多。以苍蝇为例，一旦起飞，可在0.15秒内加速至每小时10公里。苍蝇飞行时的转向角速度可达每秒6个旋转，即2160度。苍蝇还能垂直上下飞行，甚至倒退飞行，即使因撞到障碍物而突然失速，也可以在几毫秒内恢复。还有，苍蝇不管在什么地方，都能轻巧地达成零速度着地。[3]

动物的脸（包括眼睛、耳朵、鼻子等）同样体现了进化需求。对猎食者与被猎食者来说，哪怕能缩短0.1秒的反应时间也是极其宝贵的。有了这0.1秒，猎食者可以抢先捕到猎物，而被猎食者则可以提前逃跑。身体前面有一张合适的脸有利于更快地接受信息。正因如此，在进化过程中，食肉动物为了确定猎物的距离，其眼睛需要并排长在脸的前方；食草动物的眼睛通常长在脸的两侧，以便于观察更广阔的区域，耳朵竖起而且大，并可转动，以便收集各方面传来的声音（主要是来自食肉动物的威胁）。[4]

欧洲宽耳蝠能够“变频”。飞蛾是蝙蝠的食物，蝙蝠使用超声波定位捕食飞蛾。英国布里斯托尔大学研究人员发现，在蝙蝠与飞蛾间的长期互动进化中，一些飞蛾能感知到蝙蝠发出的超声波，从而躲避蝙蝠的捕食。在这种情况下，欧洲出现一种宽耳蝠，它在捕食飞蛾时能大幅降低所发出的超声波振幅，与其他蝙蝠发出的超声波振幅相比，其“安静”程度可提高上百倍。研究人员在飞蛾耳中装入微小的探测器，结果证实，其他种类的蝙蝠离飞蛾约30米时就会被飞蛾发觉，而具有“隐形”本领的欧洲宽耳蝠逼近到3.5米时还没有被飞蛾察觉。

还有，自然界不仅给响尾蛇进化出了剧毒，而且给它进化出了一种神奇的猎食武器，即在它的颊窝上进化出大量的红外线感受单位，使它白天黑夜都可以精准地判定猎物的方位和距离，精准地捕猎。有一种鱼叫电鳐，它的头胸部的两侧各有一个由肌肉转变成的

3　参见2010年6月25日《新民晚报》。

4　参见2010年6月4日《新民晚报》。

发电器官，这些器官是由许多特殊的管柱状细胞构成的，排列成六角柱体，叫“电板柱”。电鳐身上有2000个“电板柱”。电鳐放电是为了捕食、御敌、寻偶及探测导航等。电鳐一旦发现猎物，就放电将其击毙或击昏。

艾伯丁裂谷是一个高海拔地区，没有四季，每一个白天都是夏天，每一个夜晚都是冬天。在这种环境下，红蔟花蜜鸟为了度过零摄氏度以下的严寒，进化出了一种特殊的本领。当夜晚来临时，它的新陈代谢率会降低70%，体温随之骤降15℃，进入一种暂时的休眠状态。当太阳升起后，红蔟花蜜鸟重新激活新陈代谢，体温又迅速回到正常值。在青藏高原生活的高鼻羚羊，有一种专门用于呼吸的奇异器官，即可充气的鼻子。在鼻子内部，骨骼、毛发和血管组成了一个复杂系统，冬季可将高鼻羚羊吸入的冰冷空气加热后再送往肺部，夏季则将热空气进行冷却。这就像一台装在高鼻羚羊鼻子里的空调。

达尔文在《物种起源》中，对动物眼睛的形成作了专门的分析，认为“极其复杂而完备的眼睛”也是通过自然选择而形成的。美国现代进化生物学家杰里·科因说：“自然界中至少有一件事情是确定无疑的：为了生存，每一种动植物似乎都经过了精致的，甚至近乎完美的设计。”[5]

这里，值得注意的是，所谓进化“趋于完善”和“近乎完美的设计”，都是从“适应”的角度上说的，适应的才是完美的。进化并不追求单纯的完美。在一定条件下，动物为了生存，常常会进化出一些“丑陋”的特征。如非洲沙漠地区有一种龟，为了便于隐藏，将自己进化成了壳甲凹凸不平、形似枯叶的“枯叶龟”；又如上文提到的，因地壳运动加里曼丹岛成为孤屿后，生活资料缺乏，原来

5 [美]杰里·科因著、叶盛译《为什么要相信达尔文》，科学出版社，2009年，1页。

高大威猛的大象，经数代进化，体型大幅缩小，变成了侏儒象。

至此，我们应坚信，一些高等动物所具有的情感是进化的产物，或者说神奇的自然选择一定能在一些高等动物的机体上进化出情感，而情感一定是有用的，是一种生存能力。

3．情感的产生

自38亿年前地球上出现生物以来，其种类及其生存能力是不断发展的。在动物界，起初仅有单细胞动物及低等无脊椎动物。5亿年前有了脊椎动物，2亿多年前有了哺乳类动物，4000万年前灵长类动物兴起，250万年前出现了人类。

从生物机体的结构和物质组成来说，若干亿年来，整个生物界由原核到真核、简单到复杂、低级向高级发展的过程，是机体的形态、结构和生理功能越来越复杂、越来越高级的过程。

在机体的功能上，起初，生物的生存能力的发展表现为局部的非动力性特征的发展，如树的根深叶茂、草种的落地生根、玫瑰的棘、长颈鹿的颈、牛的角、鸡的胃，又如动物的保护色和拟态等。后来，动物的生存能力向具有决定全局的以及有动力性的特征方面发展，表现为神经系统的发展。最初是简单的神经细胞，以后彼此联系起来，形成各种不同的神经系统。随着演化阶梯上升，神经系统逐步向前端集中，形成了头部；随着神经系统的进一步发展，形成了脑。脊椎动物从最初的两栖类一直发展到人，脑的相对大小增加了100倍。就人脑而言，脑容量也是不断增长的，开始增长比较缓慢，120万年前脑容量开始急速增长，50万～10万年前是人的脑容量增长最快的时期。

随着脑的进一步发展，脑中产生了情感的生理机制，即情感产生了。情感的出现表明，动物行为增添了心理方面的驱动力。无疑，这是动物界的一个革命性的进化，一个伟大的事件。

【017】动物也有情感吗？

对于这种情感，本书称之为“原始情感”而非“基本情感”，因为“基本情感”已被混入了诸如“同学情”“家乡情”“爱国情”等派生的情感。

越来越多的动物学家证实，人类之外的许多动物，尤其是那些有复杂头脑的群属动物，也都有着丰富的情感【017】。20 世纪 60 年代后期，在国外，越来越多的生物学家来到野外，对动物的行为进行长期的研究。他们之中有许多人后来抛弃了“情感为人类独有”的传统观点，坚定地认为动物有情感。

2008 年 10 月，中国的科学出版社出版了《动物的情感世界》一书，作者是美国动物学家马克 · 贝科夫。他的研究搭档、著名动物学家珍 · 古道尔（英国女勋爵）在该书序言中说：“动物，尤其是那些群属的、有复杂头脑的动物，有着丰富的情感世界。”作者在书中写道：“动物情感研究是一个生机勃勃而且飞速发展的领域。无论是科学家还是普通人都对它表现出浓厚的兴趣。2005 年 3 月，来自 50 个国家的 600 多人聚于伦敦，参加了由世界农场动物慈善联合协会发起的一个里程碑式的会议，旨在更多地了解动物的情感、动物的意识及动物的情感生活。”他还说，“我们认为动物有情感，而最终科学的发展也证明了这一点，正如我们所知所感的。”“情感是祖先赋予我们的礼物。动物和我们一样都有情感。我们决不能忘记这一点。”[6] 从脑的发达程度来讲，人类有情感，与人脑相近的许多动物也应该有情感，只是动物无法表白而被高傲的人类贬低、鄙视罢了。

国外一些动物学家在类人猿等一些高等动物中观察到了类似人

---

6 ［美］马克 · 贝科夫著，宋伟、郭燕、高勤译《动物的情感世界》，科学出版社，2008 年，5 页。

类的爱情、母爱、仇恨、同情、好胜等高级情感的存在。母爱是动物界的普遍现象。据英国《每日邮报》2010 年 3 月 10 日报道，在美国阿拉斯加州南部海岸地区，有只水獭妈妈要带水獭宝宝一起过河，可困倦的宝宝不愿意。于是，水獭妈妈就采用仰泳的姿势，把宝宝放在肚子上，将宝宝驮过了河。这一情景被摄影师史蒂文卡兹洛斯基拍下，并将照片传到网上。照片上，水獭宝宝身上的毛都没沾着水，眼睛紧闭，睡得正香；水獭妈妈仰泳，翘着头，身体周围水流的波纹清晰可见，实在感人。

《动物世界》有一期记录了一头棕熊母亲领着两幼崽在荒野觅食。母熊突然发现河中有猎物（两只驼鹿正在过河），立即追了过去。妈妈走了，两只刚学会游泳的小熊也急急忙忙下了河。在河对岸，母熊捕获了一只驼鹿，可它不放心自己的孩子，一边按着鹿（来不及杀死）一边朝河中张望。一时间它竟放下猎物去岸边探看在河中艰难前行的幼崽，瞬间又回来按住准备逃跑的鹿。后来，焦急不安的母熊又一次放下猎物，这次鹿真的逃走了，然而棕熊母子团聚了。

还有一期《野象恩仇》记录了这一一个真实的事件。2005 年 6 月 24 日，在云南省西双版纳保护区，管理局工作人员发现，野象谷一个象群中有头 3 岁左右的小象一条后腿被沉重的铁夹夹住，行动困难，如不尽快救治将危及生命。当天下午，保护区管理局、林业局和森林公安局三方联合开始紧急救治行动。首先，要将受伤的小象从象群中分离出来，这一步十分困难。这个象群由 20 多头大象组成，其中多数是成年母象，强烈的母爱、同情、仇恨等情感使它们决不容许人类将小象带走。救治人员一靠近象群，群象就发出巨大的嘶吼声。当小象被麻醉枪打中倒地后，象群将小象团团围住。救治人员一边不断地吆喝，一边不停地向空中打防暴枪，可在一片枪声中，象群仍然不顾一切死守小象。后来他们抱着试试看的心理连打了两发催泪弹，才驱开了象群。

随即，救护人员对小象那条已经腐烂、看到骨头、长满蛆虫的腿进行了紧急医治：去夹、清洗伤口、消毒。这个过程并不长，可是其间小象的母亲回来了，发狂的母象不顾这里有可怕的枪弹、人群阻拦，以及陌生而危险的气味，一直冲到距离救护专家几米的地方。象群中另外几头母象也掉头扑了回来。情况危急，专家们不得不放弃就地治疗的方案，把小象弄上担架抬离。公安干警且战且退，尽量引开已经气疯了的母象，终于来到距离原地约 600 米的相对安全的地方继续治疗。母象们疯狂地寻找，一直能够听到它们的嘶吼声。一个月后，象群竟然来到了新址附近，救护人员不得不立即将小象带离。小象的母亲带着象群发疯似地追赶小象所在的车辆，最后不得不伤心地看着自己的孩子渐渐远去。后来小象痊愈后被送回。

有些高等动物还有仇恨心，会记仇，会报复。大象、猴子报复人类的事例我们应该都曾听过。此外，狼也有仇恨心。2010 年 6 月初，吉林省榆树市双羊村一村民发现，同村张志立的爷爷的坟被一只母狼扒了一个大洞，里面有 11 只小狼崽。祖坟成了狼窝，张志立觉得很不吉利，让几个村民把小狼都抱走了。母狼伤心欲绝，四处寻找，大肆报复。在一个多月的时间里，母狼始终不离不弃地在附近几个村庄转悠，常在晚上发出嚎叫，并时常猎杀、叼走村民的家禽家畜。隔壁长寿村有一户姓毛的人家抱养了两只狼崽，母狼听到了它们的叫声，不顾毛家家有恶犬，总是在周围打转，而且陆续叼走他家的两窝鸡崽和几只大鸡。几个村庄为此人心惶惶，村民们不得不把小狼都送到了吉林省野生动物保护站。

动物有情感，人类更有情感。动物情感是自然选择的产物，人的情感是在动物情感的基础上发展起来的。对此，达尔文当年研究人的“心理能力”（包括情感）时就指出：“我们的这些高度的能力是逐步发展起来的。”“人和其他动物的心理，在性质上没有什么根本的差别，更不必说只是我们有心理能力，而其他动物完全没有了。”[7]

一个物种的机体上不会无缘无故地普遍产生某种新的性状。由此，我们应当坚信：人的机体上所产生的的情感一定是有用的。

各种情感的起源和作用

前面说过，在人和一些高等动物的高度发达的大脑中必然会产生情感，且情感必然是有用的，是生存能力。这就是说，人脑中不仅生出了知觉机制和思维机制，而且还生出了情感机制。

人脑中会生成哪些情感呢？由于人类情感是作为生存能力进化而来的，必然会有利于个体生存和物种繁衍。这其中，好奇心、恐惧感、仇恨心和寂寞感，是为了个体生存；情爱、性嫉妒和母爱，正是为了繁衍；好胜心和爱美之心，既是为了个体生存又是为了繁衍。

此外，人类是群居动物，为了维护群体的稳定，必然会产生种种有利于群居的情感。比如，会产生“喜欢”群居的心理机制，孤独感。另外，群体的内部矛盾和冲突等必然会影响其稳定，自然选择会在高等群居动物的机体上设计一些维护群居的心理机制，自尊心、正义感、同情心和孤独感正是为了担当此任。应该看到，既然人种生存是人类的根本目标，个人生存、繁衍后代和群体稳定是人类的具体目标，那么人体上一切机制、特征的作用都应归于维护个人生存，繁衍后代，群体稳定，最终则归于维护人种生存。

在情感的种类上，群居动物与非群居动物必然有所不同。非群居动物只有用于个体生存和后代繁衍的情感，群居动物则既有用于个体生存和后代繁衍的情感，又有用于维护群体稳定的情感。显然，

---

7 ［英］达尔文著，潘光旦、胡寿文译《人类的由来》，商务印书馆，2013年，98页。

非群居动物没有孤独感、自尊心、正义感和同情心。

常有人问我，你是研究什么的？为了一句话说明白，我常常这样回答：我是研究母爱、好奇心和恐惧感等情感的根源及作用的。人及许多动物为什么会爱自己的孩子，是因为包括人在内的许多物种的后代出生之初无法维持自己的生存，必须依靠父母的精心抚养。没有后代物种就不能存续，因此父母才那样强烈地爱自己的孩子。这样一说，他们就明白了。事实上，把握人的情感以及欲望，就把握了人性及行为动因之根本。

下面，让我们探讨一下情感的种类、起源、作用和特征。

一般所知，人有好奇心、好胜心、恐惧感、仇恨心、寂寞感、爱美之心、性嫉妒、情爱、母爱、自尊心、正义感、同情心、孤独感等 13 种情感。

就情感的起源和作用，应着眼于人类生存这个总目标，及维护个体生存、后代繁衍和群体稳定三个分目标。所有情感都是为这些目标服务的，有的用于个体生存，有的用于物种繁衍，有的用于维护群居，总体上它们都有用于人种生存。

就情感的作用而言，还应把握两点。其一，不仅要看是否有利于个人生存，而且要看是否有利于后代繁衍和群体稳定。其次，应从情感被激起时的心理反应（快乐痛苦的感觉）入手，从自然界的意图入手，而不能离开心理反应去凭空想象。比如，恐惧感被激起，心里害怕（痛苦），随之逃跑，避免了伤害，这种恐惧感根源于个体生存，作用就是保护自己的生命。

1. 好奇心【018】

食物是生存的第一需要，一切动物都为觅食忙碌，而要获得足够的食物，就要不断扩展和增强获取食物的本领。于是，自然选择就给高等动物造就了好奇的生理机制。这种机制有很强的驱动性，使其对一切未知的东西发生兴趣，以扩大觅食范围。假如动物不好奇，固守着原有的食物，见到能够作为食物的新东西或到了可能有新食物的地方无动于衷，没有任何兴趣，那它就可能会因食物缺乏而饿死。《裸猿》的作者莫里斯说："它们从来不能肯定，下一顿饭从哪里来。它们必须了解每一个角落，尝试每一种可能性，睁大眼睛去寻觅幸运的机会。它们必须探究，不停地探究。它们必须探查，不停地反复检验。它们必须要具有一种持续高度的好奇心。"[8]

另一方面，人类要生存和繁殖，就得认识事物，掌握与自然界作斗争的本领。好奇心让人对一切新奇的东西感兴趣，从而进行探索，提高认识，锻炼能力。显然这是自然选择造就好奇心的又一个原因。高等动物都有好奇心。类似人类的好奇心很容易在高等动物身上观察到。猴子的日常行为有相当一部分是由好奇心发动的。它们把东西撕碎、把指头捅进窟窿，在各种情境中进行探索，而在这些情境中不大可能有饥饿、害怕、性欲和安抚等情况存在。一次，达尔文为观察猴子的好奇心，把一条活蛇放进一只纸口袋，袋口封得松松的，然后将其放进了动物园中的猴屋里。"第一只猴子立即走了过来，轻轻地把口袋打开了一点，向里面张望了一下，立即一溜烟似的跑开了。再接着我亲眼看到了勃瑞姆所曾描绘的一切，一只一只的猴子，头抬得高高的，脸侧向了一边，都按捺不住地要向竖立在地上而张开了口的袋子窥探一下，看看袋底躺着不动的那件可怕的东西究竟是什么。"[9]

循着物种生存这一轴心，看来，好奇也是物种繁殖所需要的，

8 ［英］苔丝蒙德 · 莫里斯著、余宁等译《裸猿》，学林出版社，1988 年，82 页。
9 ［英］达尔文著，潘光旦、胡寿文译《人类的由来》，商务印书馆，2013 年，108 页。

【019】好胜心的起源和作用是什么？

【020】恐惧感的起源和作用是什么？

这主要是驱使动物选择新的不同一般的、更有生殖能力的异性。

2．好胜心【019】

人类在生存斗争中会遇到很多困难，如果遇到困难就退缩必无法生存。这样，自然界就在人脑中作了这样的设计：每当遇到困难就产生一种勇气、一种力量，去克服困难。在同一物种（尤在群居动物）内部遵循强则存、弱则亡，胜则存、败则亡，“软弱被人欺”的规律。我们看到，在激烈的生存斗争中，不争就会被饿死，不强就会被杀死。另一方面，动物常常为了争夺交配权而争斗，其结果必然是胜者如愿。不仅如此，弱者不能获取足够的生活资料就无法养活孩子，也常常得不到异性的青睐。由此，在长期进化过程中，自然界给具有高级神经系统的动物设计了一种好胜的心理机制，即争强好胜，不示弱、不服输的好胜心。这种情感被激起时，个体会顿生一股劲、一股力量，以增强行为的驱力。应看到，动物个体的自强自保对于自我生存和物种繁衍是十分重要的。

3．恐惧感【020】

在生存斗争中，动物随时会遇到伤及机体、危及生命的危险。这需要动物个体每当遇到危险时，立即引起高度警觉，迅速御敌或躲避。这样自然选择就在动物的机体上设计了一种安全防御的心理机制，即一遇危险，就立即产生一种恐惧感，从而迅速御敌或逃跑。这种恐惧感的产生是至关重要的。如遇危险不紧张、不恐惧，其结果必然是受到伤害和死亡。很多动物存在着恐惧心理。牛在感知自己将要被杀时，竟双目流泪。

恐惧感是一种安全防御能力，是动物保护机体能力的发展。肉体疼痛是生理性的保护，恐惧感是心理性的保护。D · M · 巴斯说：“害怕这种情绪对人类的适应性价值是显而易见的，它让我们及时处理所面临的危险，以便存活下来。这种观点已经得到广泛的认可，并反映在一本名为《害怕：保护我们免受伤害的生存信号》的书中。该书曾在《纽约时报》畅销书排行榜上雄踞数周之久，主要告诫大家应该聆听害怕的直觉特征，因为它是我们避开危险的最重要的向导。心理学家伊萨克 · 马克斯清楚地道出了害怕的进化功能：害怕是一种非常重要的进化遗产，它使有机体避开危险，具有明显的生存价值。害怕是察觉到现有的或即将发生的危险时所产生的一种情绪体验，一般属于正常的反应。如果一个人感觉不到任何危险，那他不可能在自然条件下存活较长的时间。”[10]

4．仇恨心【021】

在动物界，为避免遭受其他个体或动物的欺负、侵害，需要动物个体立即进行反击，以惩戒仇敌使其不敢再犯，或直接消灭仇敌以保护自己。这样，就在一些动物（人、狼、大象和猴子等）的机体上进化出了一种对外来欺负、侵害进行反击的机制，即一遇欺负、侵害，就立即产生一种仇恨心。在仇恨心的驱使下，或当即进行报复，或记下仇恨伺机报复。

人的复仇心理十分强烈，复仇者常常不顾一切地追逐、厮打，即使受伤、流血也不停息。应该肯定，这种反击、复仇的劲头一定为某种动力所驱使。是安全的需要吗？不是，安全需要只会驱其躲避，而不是驱其不顾一切地去反击。我以为，这个动力就是仇恨感。

---

10 ［美］D · M · 巴斯著，熊哲宏、张勇、晏倩译《进化心理学：心理的新科学》，华东师范大学出版社，2007 年，106–107 页。

【022】寂寞感的起源和作用是什么？

【023】爱美心的起源和作用是什么？

5．寂寞感【022】

在恶劣的生存环境里，要维持生存，需要每一个体不停地觅食、繁衍、竞争，闲下来不奋斗就会饥饿、绝后、死亡。这样，自然界就在人类的机体上进化出了闲下来就感到寂寞、空虚、无聊、烦闷的心理机制，即寂寞感，要避免这种痛苦的寂寞感就必须不停地做事，不停地觅食或繁衍。可以想象，对野生动物来说，生存环境十分恶劣，懒惰就意味着死亡，或饿死，或被猎杀。

6．美感【023】

动物要生存，必须有足够的食物。生物众多，然而何种能够食用并非显而易见，需要动物有高超的选择食物的本领。这样，在漫长的生物进化过程中，自然选择就给高等动物造就了爱美的生理机制。它们一见到色彩鲜艳的果实就兴奋，从而积极地探寻，以扩大觅食范围，获得更多的食物。营养丰富的果子是成熟的果子，而成熟的果实是美丽的，如苹果是红色的，橘子是橙色的，梨是黄色的，桃是粉红色的，葡萄是紫色的，而它们的形状都是饱满、对称的。人类喜欢大草原和森林，因为那里是人类祖先长年生活的地方，广阔的大草原和茂密的森林意味着丰富的食物。草原上色彩鲜艳，花儿意味着草地和果实，草地是绿的，果实是红的黄的紫的；森林里鸟兽成群，悦耳的叫声意味着山珍野味。

从繁衍方面来说，美就是异性美。“美的标准并不是任意的，而是反映生育能力与繁殖价值的可信线索。”[11]“大量证据证明，

11 ［美］D · M · 巴斯著，熊哲宏、张勇、晏倩译《进化心理学：心理的新科学》，华东师范大学出版社，2007 年，180 页。

男性评判女性吸引力的标准是依据那些能体现女性生殖能力的线索，这是进化而来的。”[12]这就是说，动物不仅觅食需要爱美能力，而且繁殖也需要这种能力。谁的生育能力最强、生出的孩子最健康呢？是美的异性。正因如此，自然界给许多动物进化出了喜欢与美的异性交配的机制。比如，在人类社会，男人要交配，不是有女人就行，而总是选择那些美丽的女性。美的特征第一是年轻，第二是健康。年轻，生殖能力最强。健康，这样的女性身体丰满，面部皮肤细嫩、色泽鲜亮，充满活力；这样的男性除身体丰满外，还表现得强壮、威猛，精力充沛。由此，在长期的生物进化中，人脑中就形成了见到美丽或俊猛的异性就兴奋（性兴奋）的机制，容易产生更强的性快感。这就是人们特别喜欢美女或猛男的根本原因。可见，爱美能力也是一种用于物种繁殖的能力。

还有，动物展示羽毛或叫声往往用于求爱，于是这样的羽毛或叫声就是美。达尔文看到，动物爱美常常是因为性，“毫无疑问，在数千代的相传中，雌鸟一定会根据它们的审美标准，选择声调最动听、羽毛最美丽的雄鸟，并产生了显著的性选择效果。”[13]动物学研究证实，有些动物求偶期间会发出种种悦耳的叫声，这是动物求偶的语言和自我展示。雌鸟总是选择声调最动听、羽毛最美丽的雄鸟；许多鸟类的雄性间最激烈的斗争，是用歌唱去吸引雌鸟。

无疑，从根本上看，颜色根源于生物的个体生存和繁殖。科学研究发现，一些植物的繁殖与果实的颜色有关。比如，一部分植物的繁殖是通过动物吃果实排粪便（含种子）来实现的。野地里植物的果实很多，而只有成熟果实的种子才能繁殖，未成熟的果实被吃则危害繁殖。怎样区分果实成熟与否？自然选择的奥秘在于用颜色

---

12 ［美］D · M · 巴斯著，熊哲宏、张勇、晏倩译《进化心理学：心理的新科学》，华东师范大学出版社，2007 年，184 页。

13 ［英］达尔文著、舒德干等译《物种起源》，北京大学出版社，2005 年，59 页。

【024】情爱的作用是什么？

【025】性嫉妒的起源和作用是什么？

来区分，用鲜艳的颜色作诱饵。美国物理学家海伦·切尔基博士长期研究自然界中的颜色，她说："在野生的环境里，率先找到食物能带来巨大的优势，甚至影响到生与死。有趣的是，不仅是能辨认出红色的动物获益，而且能用红色来表示果实成熟的植物，也可以吸引动物为其散播种子。动物吃掉充满种子的果实，然后通过粪便将种子排到其他地方。""唯一的条件就是果实不被过早吃掉。当果实在成长的时候，果实和种子呈现出与周围环境相同的颜色。然后果实的颜色发生巨大的变化，这就是果实成熟的信号。这是颜色与生命之间微妙关系的一个绝佳例子。"[14]

7. 情爱【024】

动物的繁衍取决于两性交配的频率，而这又取决于两性间的吸引力。肉体的快感就是一种吸引力，但仅有生理方面的吸引力是不够的，还需要情感方面的吸引力。这样，神奇的自然界就给高等动物造就了相互依恋、不愿分离的情感（爱情）。这种情感使两性强烈地企求永远在一起，难舍难分，而结果是经常的交配、物种的繁茂。假如相爱的两性之间没有这种如痴如狂的爱，就可能很少在一起、很少交配，这个物种的存在就成了问题。

8. 性嫉妒【025】

性嫉妒的作用是防止婚外情，以确保后代的抚养。对人类来说，后代的抚养是物种繁衍的重要环节。人类为保证孩子的抚养（生存），情侣（恋爱双方和夫妻）关系的纯洁性就成为关键，乱交势必影响

14 上海卫视外语频道《环球新纪录 2278》。

所生孩子的抚养，影响孩子的生存。人们总希望情侣对自己“坚贞不移”。对男子来说，一旦知道某个孩子是妻子与他人所生，是不会愿意抚养的；对女子来说，一旦丈夫与他人生了孩子，丈夫必然会偷偷抚养这个孩子，那么丈夫对她和他俩所生的孩子的投资就会大大减少。这两个结果都使后代的抚养成了问题。孩子抚养直接影响物种的生存，所以自然选择就在人体上设计了阻止情侣花心的机制——“性嫉妒”。在这种情感的驱使下，人们一旦发现自己所爱的人与他人相好，就会痛苦、愤怒，要坚决阻止，以维持正常的情侣关系，确保孩子的充分抚养。

D·M·巴斯说得好：“这种择偶偏好不能归因于西方文化、资本主义或英国撒克逊白种人的顽固，也不能归因于媒体传播或者广告人不停地洗脑——这种偏好是普遍存在的。目前尚未发现有一种文化中不存在这种偏好。这种偏好是根深蒂固的，是一种进化而来的心理机制。”[15] 大量的自然事实证明，情侣间的“坚贞不移”有利于子女的抚养，这与人类的一夫一妻制对于子女抚养的作用是一样的。

9．母爱【026】

动物个体的生存首先在于幼仔的生存。而许多动物物种的幼仔在出生之初的一段时间是无法独立生存的，人类更是如此（人类的母爱包括父爱）。人类婴儿在出生时完全无法自立，与其他动物相比，人类的婴儿过早地来到世上：“他们的大脑和身体都尚未发育完全。对于大多数灵长类来说，出生标志着一个重要事件，那就是大脑已

---

15 ［美］D·M·巴斯著，熊哲宏、张勇、晏倩译《进化心理学：心理的新科学》，华东师范大学出版社，2007 年，185 页。

经达到了发展成熟的水平，灵长类婴儿一出生甚至能够自己走动。然而，人类却是一个反例，因为人类婴儿只用了 9 个月就出生于世，他们的大脑还未发育到我们所期望的水平：人类和其他灵长类（或者大多数的哺乳动物）不同，人类大脑最明显的发育过程是在出生之后的。”[16] 所以，人类婴儿出生后的很长一段时间里必须依赖父母的抚养。此外，母爱还有一个重要的作用，那就是由父母向幼儿传授生存技能。在猩猩家族，小猩猩一般会和母亲一起生活 7—9 年。其间，母猩猩会向小猩猩传授许多生存技能，比如如何寻找食物、区分果实和叶子的种类，分辨出哪些可以食用、哪些不能食用等。

正因如此，自然界就在一些高等动物父母的机体上设计了爱护自己子女的情感机制，即母爱。这就是说，自然界造就了母爱。幼小的生物个体只有得到父母的关爱，才能生存，进而物种才能繁衍。在动物界，母爱或称“母性行为”“护幼反应”，是普遍存在的。母鼠会越过障碍忍受痛苦靠近幼鼠；燕子会把自己捉到的虫喂进嗷嗷待哺的幼鸟口中；出生不久的小狗被抱走，母狗会发狂似地穷追不舍。母爱的情感产生于母亲怀孕期间。女性都有母爱的生理机制，怀孕时此机制被激起形成心理层面的情感。没有怀孕生子的人，是没有心理层面的母爱的。

一切物种要生存都要繁殖，可繁殖的方式是多种多样的，而这取决于生物面临的实际情况。这就是说，究竟是一夫一妻，还是一夫多妻、一妻多夫；子女是由父母共同抚养，还是由母亲或父亲单独抚养？这绝不是个体的自由选择，而是自然界根据物种生存和实际情况进行选择的结果。比如，军舰鸟的实际情况是，卵的孵化期有 50 天，如果由雌鸟单独孵卵，那雌鸟就会饿死累死，所以只能由父母共同（轮流）孵卵。有些鸟通常每两年交配一次，每次只产

16 ［英］Robin Dunbar、Louise Barrett、John Lycett 著，万美婷译《进化心理学：从猿到人的心灵演化之路》，中国轻工业出版社，2011 年，51–52 页。

一枚卵，即两年只产一枚卵；且哺育幼鸟要花大量的时间，所以这枚卵和这只幼鸟就显得特别珍贵，不得不由父母共同孵卵和抚养。又如，花豹的实际情况是，独居、每年只能交配一次。为保证物种繁衍，花豹进化出了雌性不浪费它们的卵、一周内频繁与多个雄性交配的特征。对人类而言，子女18岁才能自立，所以不得不由父母共同抚养，即人类既有母爱，又有父爱。另外，要抚养多个这样的子女，任务十分艰巨，需要父母的全心全意和有足够的生活资料，所以除了母爱父爱机制，还产生了阻止偷情的"性嫉妒"机制。看来，那些一夫多妻、一妻多夫的物种应该是不会有"性嫉妒"的。

母爱是物种生存之必然。当然，也有一些物种因为没有抚养能力而不抚养后代，可它们进化出了另外的繁殖方式，如鱼，产下大量的卵，以确保其中有少量能够发育成小鱼，这种繁殖方式浪费严重且成活率极低。相信，那些有抚养后代能力的物种所具有的母爱必然是自然的选择，而这种由父母抚养的繁殖方式大大地提高了后代的成活率。

10．自尊心【027】

人是群居动物，而群居给个体和群体的生存都带来了许多新的问题。我们看到，群体中存在着大量的矛盾和斗争，存在着欺负、欺骗、偷窃、抢夺、损人利己等方面的行为，这直接影响群体的秩序和群体的生存。为了维护群体的和谐稳定，首先需要每一个人都能约束自己的行为，管好自己，不做伤害他人和群体的事，多做利于他人和群体的事。于是，自然选择就在群居动物的机体上进化出了一种用于维护群居的情感——自尊心。

自尊心被激发后的心理反应：一是做了有损群体的事自己感到

羞耻，自己受不了；二是做了有损群体的事受到他人的批评，感到羞耻；三是做了有利于群体的事受到他人的赞扬，感到荣耀。他人的批评和表扬就是社会评价，快乐痛苦驱使个人特别重视这个评价，从而导致其自觉地控制自己的一言一行，多做有利于群体的事，不做有害于群体的事。我们看到，自尊心被激起后还有这样一些心理反应：在众人面前露丑（工资低、房子小、能力差等），感到羞愧；被他人瞧不起，感到惭愧；自己获得成功（升官、发财、子女出息），感到荣耀。这里自尊心的作用是驱使个体强大，从而使群体强盛。总之，在群体中，人人都会顾及自己在同类心目中的位置，力求受到尊重、信任、赞扬，而力戒被人看不起。显然，自然界给人自尊心的目的，既是用于维护群体稳定，又是用于保证个体强大继而群体强盛，而维护群体稳定是主要的。

对于自尊心，《进化心理学：心理的新科学》一书有许多论述。"自尊是一种追踪地位的机制。"[17]"人类是以群体的形式进化而来的，为了生存和繁衍，我们必须依赖他人的帮助。所以，自然选择肯定已经在人类身上塑造了相应的机制，激发我们去寻找同伴，形成社会同盟，或者讨好群众中其他成员。如果一个人不能被他人（至少几个）所接纳，那么他就得不到群体的保护。这样，他就处于一种被孤立的局面，也很容易在成年之前就死去。既然社会接纳程度对于我们祖先的生存和繁衍如此重要，那么自然选择肯定已经在人类身上塑造了相应的机制，让我们可以评估自己已被他人的接纳程度。社会计量理论认为，这种机制就是自尊。"[18]对于确定情感的根源和作用，我以为，应把握三个原则：一是要从利于个体生存、后代繁衍和群居三个具体方面，最终利于物种生存这个总目标去寻找，

---

17 [美]D·M·巴斯著，熊哲宏、张勇、晏倩译《进化心理学：心理的新科学》，华东师范大学出版社，2007年，410页。

18 同上，411页。

而不能仅着眼于个人生存；二是要把握自然界给人某个情感的目的；三是必须从情感被激起时的心理反应入手，去寻找某情感所要达到的目标，而不能离开心理反应去寻找。

从该书“自尊追踪地位”、追求“被他人的接纳”“得到群体的保护”和“别人的帮助”的观点来看，可能只说了自尊心对“个体强大继而群体强盛”这一方面的作用，而对自尊心维护群体稳定这一主要作用只字未提。为什么会有这样的缺漏？我以为，一是因为它把个体生存而非物种生存作为生物发展进化的根本目标；二是因为它不了解群居是人种生存的又一个决定因素，自尊心正是出于这个因素；三是就“社会接纳”来说，不是通过个人不择手段地争夺地位，而是通过维护群体利益赢得信任被接纳。前者行为的目标和驱动力是个人利益；后者的行为目标是维护群体，驱动力是羞耻感和荣誉感。行为人维护群体得到的是信任。信任会让人获得一定的利益，可这并不是自然界的直接目的。

11．正义感【028】

在群居动物中有两种相当普遍的现象影响着群体的稳定和发展：一是相互欺负，二是有害群体利益的言论和行为。如果任其发展，必然会导致同类的自相残杀，造成群体秩序和共同利益的损失，从而危害群体的生存。于是，自然选择就在一些大脑高度发达的动物机体上设计了一种维护正义、打击不平的正义感，即一旦遇到同类被欺负，或发现有害群体的行为或言论，就会产生一种打抱不平的情感冲动，以维护群体的利益。自然界给人设计好胜心是让个体自强，设计仇恨心是让个体反抗，而设计正义感是让个体打击邪恶、主持正义、坚持真理，以维护群体的生存秩序。

【029】同情心的起源和作用是什么？

【030】孤独感的起源和作用是什么？

12．同情心【029】

在群居动物中，个体遭受天灾人祸，一时陷入困境、受苦受难的情况是经常发生的，此时如果得不到救助就可能导致死亡，势必拖累群体，影响物种整体的生存。这样，自然选择就在群居动物的机体上设计了一种帮助陷入困境的同类的心理机制，即一旦遇到这样的个体就产生怜悯之情，在这种情感的驱使下帮助其渡过难关，从而维护群体的生存。在社会上，同情心也可使人约束自己的行为，不去欺负、伤害他人，不忍看到同类的惨状。可见，同情心有利于维护群体的稳定。这与同一物种（或群体）内部的斗争和互助并不矛盾，都有利于物种的生存。斗争选择强者，从而提高物种的生存能力；互助有利于维护群体的整体能力。

13．孤独感【030】

为了生存，一些动物物种不得不群居，以抵御其他动物的侵害。在自然界中，我们常常看到，群居动物一旦落了单，就往往被其他动物吃掉。据考察者报道，鹿、羊、狒狒、野牛，甚至大象等动物落了单，都会成为虎、豹、狼、狮子的美食。因此，在长期的进化过程中，自然选择就在一些群居动物的机体上生成了归群的心理机制，即一旦落了单就会产生痛苦的孤独感，从而驱使个体尽快归入群体，以避免受到伤害。对人类来说，孤独感一般产生于个人远离人群长时间独处之时，比如，置身陌生的环境（如异国他乡）或在荒无人烟的地方生活工作（如边防哨所）的时候。当然，在夜深人静时，一个人独守空房也会感到孤独。

对于情感，150年前，达尔文就把它作为“心理能力”中“更高的心理能力”作了大量的研究。他不仅“逐一说出”它们的种类，而且力求弄清它们的“由来”。尽管150年前，他还不可能说得那么准确，但令人惊奇的是，他的很多观点是那样的深刻和精彩。在达尔文看来，人有“好奇”“恐惧”“仇恨”“母爱”“争胜”“羞耻”“道德感或良心”“乐群之感”等心理能力。他说，“低等动物，与我们相同，也受同样的一些情绪所激动，这是早经确立而尽人皆知的一个事实”“恐怖在它们身上也像在我们身上一样起着同样的作用，足以使肌肉颤动、心跳加快、括约肌松弛，而毛发纷纷直竖。”[19]“一切动物都会感觉惊奇而表示出来，而许多种动物也表现着对事物的好奇的心情。”[20]“动物也显然懂得争胜而不甘落后。它们也喜欢上级的称赞。”[21]“谁都知道母爱的力量是极强的，甚至平时性情畏怯的母鸡，尽管起初有些犹豫，也尽管和自我保全的本能两相抵触，却终于会因此而临难不苟，为下一代而牺牲自己。”[22]“不少在文明中生活的人，甚至儿童，生平虽没有为别人的生命而冒过牺牲自己的危险，却充满着勇气和同情心，全不理会自我保全的本能的呼声，而突然跳进一股急流，来搭救一个素昧平生而行将没顶的人。”[23]“一些社会性的本能会使一只动物在它同类的群体或社会中感觉到舒服，即所谓乐群之感。”[24]“我认为还有一点也是无可怀疑的，那就是，狗也懂得羞耻，而这一情绪表示显然和畏惧是两回事，而在索取食物过于频繁的时候，也似乎表现得很像有些羞涩不前，有些难为情。”[25]

至此，我发现这样一个规律，即人在一定的情境下如果动了情

19 [英]达尔文著，潘光旦、胡寿文译《人类的由来》，商务印书馆，2013年，103页。
20 同上，107页。
21 同上，106页。
22 同上，163页。
23 同上，166页。
24 同上，149页。
25 同上，106页。

或产生了某种可感觉到的心理反应（如快乐痛苦的感觉、冲动、欲望、情绪等），就必然有某种情感的存在。比如，遇到危险感到害怕，是因恐惧感的存在；被人批评感到羞愧，是因自尊心的存在。照此观点，除了以上所说的情感，人的大脑里或许还有其他情感。比如，人应该有“感恩心”，就是人们常说的“感激之情”。从实际情况来看，一个人受到他人的帮助，便会产生感激之情，在这种感情的驱使下就会产生报恩的欲望和行为；所受帮助越大，感激之情就越强烈。人类社会中报恩现象是普遍存在的，其中子女的父母的感激之情最为强烈。“感恩心”有利于鼓励人与人之间的互帮互助，有利于黏合和增加人际间的情感，从而提升了物种的整体力量。

综上所述，这些情感确实属于生存能力，它们有的用于觅食，有的用于求偶，有的用于护身，有的用于哺育幼子，有的用于维护物种整体的利益。

情感本质上是情感需要

在生物界，生存斗争十分激烈，动物生存十分艰难。动物的生存全靠行动，行动全靠动力的驱使。所以，动物要生存，关键在于行为动力方面的进化。我们知道，早期动物行为的驱动力是生理方面的机制、是肉体方面的驱动，如饥饿的痛苦、劳累的痛苦、伤病的痛苦、冷热的痛苦、性满足的快乐等。动物界是不断发展的，新物种不断涌现，而它们要生存，就得应付各种各样的情况，包括各种各样的危险，或者说要在极其艰险的环境下生存，这就需要有更广泛的、更敏感的、更神奇的驱动行为的动力，而仅靠以往生理、肉体方面的驱动力是远远不够的。

经过若干亿年的进化，特别是神经系统的进化，终于在动物的大脑中产生了情感。从此，动物的行为，就不仅有生理方面的驱动力，而且有了心理方面的驱动力；情感就不仅是作为生存能力进化来的，而且是作为驱动行为的动力进化来的。无疑，这是动物界的一个巨大的、革命性的进化，是一个伟大的事件。情感是动力吗?是的。从上文对人的13种情感的分析来看，情感确确实实是人类驱动行为的动力。

发现新奇的东西使人感到兴奋，于是就积极地去探寻(好奇心)。在激烈的篮球比赛中，队员们浑身是劲，不甘落后，勇敢拼搏（好胜心）。遭遇危险感到毛骨悚然，于是就拼命地逃跑（恐惧感）。在风景如画的公园里，你喜上心头，流连忘返（爱美之心）。遇见年轻貌美的女子，你心花怒放，顿生爱慕之情（爱美之心）。遭遇他人的欺负，你痛苦万分，怒火满腔，立志复仇（仇恨心）。恋爱季节，你感到从未有过的快乐、甜蜜、幸福，随之坠入爱河；而一旦失恋，你的心会陷入痛苦的深渊（情爱）。你发现一男子蓄意接近你的女朋友，醋意大发，心痛不已，与那男子大吵一架（性嫉妒）。孩子是母亲的暖宝宝，哪怕只是一个身影一个微笑你都陶醉于心，于是时刻关心自己的孩子，心甘情愿地为孩子操劳（母爱）。受到表扬你心花怒放，受到批评你感到羞愧，于是你严格要求自己积极上进（自尊心）。面对有人欺负他人，你义愤填膺，挺身而出，打抱不平（正义感）。他人受苦受难，你伤心落泪，于是慷慨解囊（同情心）。一个摄影师长时间独处荒野，心中常常涌起巨大的痛苦，从而盼望早日回家（孤独感）。

这些情感在受到激发后都反映为或快乐或痛苦的感觉，继而反映为欲望。那么，所谓机体需要，对于人类而言，不是人主观所“想”的认识的需要，而是人可以感受到的一种实际的生理或心理的追求。它明显的特征是，与人的快乐痛苦的感觉紧密相连。当需要满足了，在感觉上反映为快乐或痛苦的解除；没有得到满足则全是痛苦。快乐痛苦感觉的存在表明欲望的存在，欲望的存在表明机体需要的存在。哪里有快乐痛苦和欲望，哪里就有机体需要。显然，情感本质上是机体需要。【031】见到新奇的东西感到兴奋，一定有好奇的需要；受到批评感到羞愧，一定有尊重的需要；儿行千里母担忧，一定有母爱的需要。从另一方面来说，见到美的事物就感到兴奋，这表明人们喜欢（需要）美的事物；遭遇危险就感到害怕（一种痛苦），这表明人们喜欢危险的反面——安全，而喜欢安全就是需要安全。细想，得到什么就快乐，遇到什么就痛苦，这里就必有需要。

我们再一次地感受到自然界的神奇。原本，快乐感和疼痛感是人的一些生理机制受到刺激而产生的感觉，奇怪的是，人的情感受到刺激也会产生快乐痛苦的感觉，所不同的是，前者是肉体的感觉，后者是心理的感觉。比如，见了新奇的东西感到兴奋；被人揭短感到羞愧；遭遇危险心惊胆战；比赛获胜满怀喜悦；受人欺负满腔愤怒；恋爱时感到甜蜜，失恋时感到痛苦；儿行千里母亲感到担忧，等等。显然，自然界不仅将快乐痛苦的感觉设计进了生理需要的机制，而且设计进了情感机制，使情感与快乐痛苦的感觉紧密联系在一起，使情感成为机体的另一类需要，即情感需要。

一种情感就是一种需要。人因为有好奇心、好胜心、恐惧感、仇恨心、寂寞感、爱美之心、情爱、性嫉妒、母爱、自尊心、正义感、同情心、孤独感等情感，人也就有了以下情感需要：好奇的需要（好奇心）、好胜的需要（好胜心）、安全的需要（恐惧感）、复仇的需要（仇恨心）、劳动的需要（寂寞感）、爱美的需要（爱美之心）、情爱的需要（情爱）、情侣独占的需要（性嫉妒）、爱子的需要（母爱）、尊重的需要（自尊心）、维护正义的需要（正义感）、帮助同类的需要（同情心）、归群的需要（孤独感）。

可见,人的机体不仅存在着生理需要,而且存在情感需要。【032】

第一个提出人有“情感需要”的是美国心理学家马斯洛。他认为,人有安全需要、爱的需要、尊重的需要、自我实现等情感需要。马斯洛说,婴儿一出生也许就以一种初期方式显示有安全需要;几个月后,婴儿便表现出有与人亲近的迹象以及有选择的喜爱感;再晚些,婴儿还表现出对独立、自主、成就、尊重以及表扬的要求。马斯洛把安全需要、归属需要、爱的需要、尊重和自尊需要称为“基本的情感需要”。可惜马斯洛远离进化论,对情感的起源和本质缺乏根本的认识。

情感需要的发现有着极为重要的意义。人们通常以为人只有生理方面的需要,而不知道人体本身存在着情感,更不知道情感也是人机体上的需要。情感需要的发现,揭示了人内在驱动行为的全部能量(动力),即人不仅有生理方面的动力,而且有情感方面的动力。这为全面地把握人性、洞察人的心理、科学地对待人的工作和人的生活提供了坚实的依据。

情感的生理根源

情感既然是自然界植根于人的机体的,那么一定可以在人的机体上找到情感需要的生理根源。科学证明,人的情感被激起时,体内物质会发生种种变化。美国有位科学家揭示:人的害怕会刺激肾上腺素的产生,肾上腺素“作用于肝脏,使之释放出葡萄糖,为肌肉提供必要的能量以便于有机体发动攻击或逃走。”[26]“最新研究

26 [美]D·M·巴斯著,熊哲宏、张勇、晏倩译《进化心理学:心理的新科学》,华东师范大学出版社,2007年,107页。

表明，一个人感到寂寞或孤独时所激活的大脑部位，和感受身体痛苦时所激活的部位相同。即孤立感或孤独感会给身体带来与疼痛一样的效果。”[27]对于母爱的根源，美国心理学家做过这样的试验：将刚分娩的母鼠的血浆注射进一只没有配偶的雌鼠体内，雌鼠将在一天之内就开始母性行为。美国心理学家认为，这种“母性行为的模式看来是先天安排在老鼠的脑子里的”。[28]

1994 年 4 月 4 日《新民晚报》有文说，英国科学家格里菲思博士的最新研究揭示了赌瘾之谜：赌博时赌徒体内某种特定的化学物质变化起了关键作用，这种化学物质叫内啡肽。它可以使人获得一种超乎寻常的快感，正是这种快感驱使赌徒一次又一次地拿起赌具。他的试验还显示，赌博时人的心跳明显加快，而心跳加快时内啡肽产量骤升，快感也达到高潮。这可解释为赌博时人的好胜心、自尊心和好奇心被激起，从而刺激下丘脑的“快乐中枢”，使体内内啡肽物质增加，产生快感，以致成瘾。这些都充分证明人的情感与机体有着直接的联系。

对于情感与脑的关系，150 多年前，达尔文就已看到了动物美感是神经系统构造方面的原因。他在研究一些动物能从美（某种色彩、声音或形状）中得到特殊的快感时承认，对于美感“最初怎样在人类及低等动物的心理发展”，是一个很难解答的问题，但他坚信“在每个物种的神经系统的构造方面，必定还有某种基本的原因”。[29]弗洛伊德的老师、著名生理学家布吕克也曾认为：人所具有的心理能力是一种物质能力，它产生于神经细胞。20 世纪中叶科学证明，情感是脑的机能，“边缘脑是情感发生的主要区域”。

---

27 ［韩］朴珍英著、千太阳译《敏感动物：我们为什么在意别人的脸色？》，古吴轩出版社，2015 年，10 页。

28 ［美］希尔加德等著、周先庚等译《心理学导论》（上册），北京大学出版社，1987 年，499 页。

29 ［英］达尔文著、舒德干等译《物种起源》，北京大学出版社，2005 年，113 页。

边缘脑就是脑的“边缘系统”“这一系统在1952年曾被保罗·麦克莱恩称为情感脑”。[30]

在我看来，由情感造成的精神疾病本质上也是生理疾病。英国精神病学家H·毛德斯莱认为，“各种精神疾病都有生物学的病因”，他“还把这些精神疾病与各种躯体疾病，如中毒、感染等联系起来。德国精神病学家甚至认为，各种精神症状都可以定位于大脑的某一特定部位。”[31]这里，“精神疾病”主要是指情感方面的疾病。

科学证明，“精神因素”（实际上是情感因素）也会导致身体方面的疾病。大量研究成果表明，情感需要受挫，不仅可能产生种种精神疾病，而且还可能导致高血压、心脏病、消化性溃疡、糖尿病等生理疾病。我国古代中医就有“忧伤肺”“怒伤肝”“恐伤肾”“气伤心”之说。生活中人们常说：心痛得都碎了【033】。据2016年11月中旬媒体的一则报道，真的有人心碎了。江苏淮安一名30岁的仲姓女子，因失恋过度悲伤，一天突然感到胸口不适，难受异常，医生诊断患上了“应急性心肌病”，俗称“心碎综合征”（这一病名最早出现于美国《新英格兰医学杂志》）。医生说，当人在遇到重大情感打击时，交感神经会分泌大量的心肌肾上腺素和多巴胺，引起心脏心房收缩无力，出现心尖球形改变，这时心脏的跳动能力会突然减弱，造成剧烈胸痛或呼吸困难等类似心脏病发作的症状。

一百多年前，弗洛伊德和布罗伊尔医生研究过一个病例。刚就诊时，此人头痛剧烈，咳嗽不止，有幻觉，有严重的视感和听觉障碍，颈部肌肉和右肩麻痹，精神恍惚，并出现语言障碍。他们相信，此人身体器官方面没有问题，病因在精神方面。在治疗中发现，此人

30 [美]马克·贝科夫著，宋伟、郭燕、高勤译《动物的情感世界》，科学出版社，2008年，8页。
31 傅安球主编《心理咨询师培训教程》，华东师范大学出版社，2006年，2页。

【034】美国有位女子为什么“超级胆大”？

发病的主要原因是彻夜守在病危的父亲身旁，精神和身体承受了巨大的压力，恐惧感受到了强烈的刺激。后来，病人在讲述（病人自称“谈疗”）自己照顾父亲期间心情的过程中，病症就消失了。这里有两个极有意义的问题：一是谈话为什么能治愈这种精神疾病？二是情感受挫为什么会出现身体方面的疾病？

前文说过，机体需要是以生理机制的形式存在的。相信每一个情感需要在大脑中都存在一个对应的生理机制（情感需要的生理机制可称心理机制）。2010年12月18日，广西卫视“新闻夜总会”栏目报道：英国媒体说，美国有名女子超级胆大【034】，蜘蛛、蛇、鬼、巫婆和恐怖片，对她来说毫无意义，即使命在旦夕也不会感到恐惧。医学专家在对她进行体检后发现，她不知畏惧的胆量，竟然是大脑发育残缺造成的。她胆大，不是她勇敢，而是她先天产生不了怕的感觉。或者说，她之所以不怕，是因为大脑残缺造成了恐惧机制缺失或失灵。

机体需要的生理机制，是由一定肉体组织、神经系统、感觉系统和大脑组成的指向一定目的的相互联系的生理结构。生理机制的运行有一定程序。这如同电脑中的“软件程序”一样，点击鼠标就会启动（受到刺激就被激发），启动后必然按一定程序运行，最后必然出现人所要的目的。对人的情感机制而言，受到刺激就被激发，激发了就会运行，运行了就必然要出现一定的结果。比如恐惧感，一旦危险情境刺激了这种机制，就必然产生恐惧感，有了恐惧感就必然会逃跑（以躲避危险），逃到了安全的地方恐惧感就会消除。危险情境就是“鼠标”，躲避危险获得安全就是机制的目的。

一个人十分恐惧时无法躲避危险将会怎样？从程序上说，那是机制被激起的目的没有达到，即程序没有走完；从实际来说，无法躲避危险，恐惧感就不会消除，人就长时间地处于恐惧之中。这必然导致负面情绪积压，从而给人的心理造成伤害，严重时会使人产生心理问题或精神疾病。负面情绪积压既可能是因为一次重大的打击，也可能是因为多次打击的积累。负面情绪包括恐惧、忧愁、焦虑、愤怒、悲伤等，这些情绪过分强烈或经常积累都可能导致心理疾病的产生。

可见，生理机制的程序没有走完，就会导致负面情绪积压，从而导致机制受损。这应该是产生精神疾病的根本原因。“谈疗”之所以能治愈精神疾病，是因为“谈疗”可以通过“说出来”“哭出来”等途径让人发泄、释放积压的负面情绪，让“程序”走完。【035】

心理问题或精神疾病之所以会导致身体方面的疾病，在弗洛伊德看来，精神生活那里“才是人精巧复杂的肌体集中工作的地方”，此处一旦出了问题，势必导致身体的相关方面出现问题。病态的灵魂对于身体的疾病有重大的影响，这正是弗洛伊德的发现。“在弗洛伊德之前没有任何人想到引起情感障碍的可能不是生理的，而是心理的，也没有人想到要去寻找病的根源，以便治疗。”[32]

至此，我们对情感的本质和特点有这样的认识：所谓情感，乃是受到外界刺激反映为快乐或痛苦的心理机制；作为生理机制的情感是无欲的，被激起时体内会发生种种生理变化，继而产生心理的快乐或痛苦的感觉（喜悦、兴奋、甜蜜、忧愁、愤怒、伤心、羞愧），产生心理层面的情感。心理层面的情感是人能够感觉到的。

可见，情感有两个层次【036】，一是以一定生理机制存在于

32 ［奥］格奥尔格·马库斯著、顾牧译《弗洛伊德传》，人民文学出版社，2011年，87页。

机体的生理上的情感；二是生理机制的情感被激发后产生的可感觉到（反应为情绪）的情感。生理上的情感是始终存在的，心理上的情感则时有时无。如果情感在机体上没有生理的机制，外界的刺激又如何使人产生心理的情感呢？情感是客观的东西，生理上它客观存在于人的机体，心理上它是可以感觉到的心理活动。

在很多人看来，情感"是由一定的客观事物引起的""是人对客观事物的一种态度""是人们对客观现实的一种特殊的反映形式"，也就是说，情感是意识，是主观的。2010年中国出版的《普遍心理学》说："情绪和情感是人对客观事物的态度的体验，是人对客观事物与人的需要的关系的反映。""情绪和情感是人反映客观世界的一种形式。"[33] 现在看来，传统的理论对情感的认识太肤浅了。事实证明，情感是天生的，有着作为生存能力的坚实的生理机制。

情感被误解

人们习惯上把情感连同心灵、灵魂、思想、道德等一起归为精神。精神是什么？《现代汉语词典》中说："指人的意识、思维活动和一般心理状态。"而"心理现象是指认识、情感、意志等心理过程和能力、性格等心理特征"。我们知道，"精神"所含的内容比较复杂，其中有知觉、认识、思想等由客观实际所反映的东西，有感觉、注意、记忆、想象、思维、意志、个性、情感等心理活动。前者是观念的东西，后者是客观存在的生理能力。更为重要的是，"心理活动"中的"情感"并非一般的生理能力。情感与人快乐痛苦的感觉有着紧密的联系，本质上是情感需要，是一种心理能力，它们具有强大的动力性。一切欲望的根源是机体的生理需要和情感需要，情感需要是驱动行为

---

33 叶奕乾等主编《普遍心理学》，华东师范大学出版社，2010年，205–206页。

的两大动力之一。而纯观念的“精神”对行为只有指导作用，没有动力作用。那些感觉、记忆、想象、意志、个性等心理能力尽管是客观存在的东西，也没有动力性。由此应该坚信，情感有着极其重要的地位，不能将情感的作用与其他心理能力的作用混为一谈。在人类生活中，起决定作用的是欲望和情感，而不是精神。

但几千年来，这种“混淆”是普遍存在的。在西方，“情感”总是和“精神”联系在一起。比如，把“同情心”“羞耻心”等情感归入“心灵”“灵魂”“精神”“思想”“道德”之中，把“情感需要”说成是“精神需要”，把“情感生活”说成是“精神生活”。古希腊时期，认为灵魂或心灵包括理性部分和恐惧、自豪、义愤、嫉妒、仇恨等非理性部分；“精神快乐”就是“不为任何恐惧、迷信或其他情感所困扰”。文艺复兴时期及后来的思想家认为，爱情是精神上的爱，与其他情感一样都在心灵之中。笛卡儿在《心灵的感情》一书中把惊恐、爱恨、欲望、快乐、痛苦作为心灵中的基本情感；黑格尔认为，爱情是婚姻中的精神纽带，婚姻关系是性爱和精神因素的统一。

在中国，孟子把“我固有”的恻隐之心、羞恶之心、辞让之心、是非之心作为人的道德心。到了现代，将精神和情感混在一起的现象更是常见。人的生活总是由物质生活和精神生活相对应。一个人因失恋或当得知亲人得了癌症伤心至极时，总是说我的“思想崩溃了”或“精神崩溃了”。“精神快乐”和“精神痛苦”是人们常说的，可人们不知道，精神是绝无快乐痛苦之感的，快乐痛苦乃是人生理或心理的实际感受，所谓“精神快乐”和“精神痛苦”实际上乃是人的情感快乐和情感痛苦。情感是什么？情感有两个层次，一是情感的生理机制，二是外界情境刺激人脑中的情感机制产生的与快乐痛苦的感觉紧密相连的心理反应。比如，看到新奇的事物感到好奇和兴奋；自己做错了事被批评感到羞愧；被人欺负感到愤怒；看到他人受难而同情落泪。情感是客观的东西，是与人的喜怒哀乐联系在一起的。

人们常把唱歌、跳舞、看书、看电视、旅游、交友、写作、上网、绘画、打球等活动，把思想追求、理想追求、道德追求、文化追求、艺术追求、真理追求、娱乐追求等，统统列为“精神需要”，视为“精神生活”。其实这些活动之中所满足的是情感需要，那些表面上起作用的“精神”之属，本质上还是情感在起作用。比如，唱歌、跳舞，是在满足人的好奇和爱美的需要；人对理想、艺术、真理等的追求，实际上都融入了情感。人们追求理想，有的是出于好奇好胜等情感，如科学家；有的出于正义感、同情心、好胜心、复仇心等情感，如革命家。人们追求真，源于人的正义感；人们追求善，源于人的同情心和爱；人们追求美，源于人的爱美之心。纯粹精神的事物仅仅是情感需要的载体。需要强调的是，在根本上，人只有“情感需要”而没有笼统的“精神需要”，只有“情感生活”而没有笼统的“精神生活”。当然，在表述上有时也可以把一些情感追求称为“精神追求”，比如，当人对情感的追求已经上升为信念、理想时，这个追求就可以说是精神追求了；这个时候的生活就可以说是精神生活了。不过，千万记住，这个精神追求实际上已经是与快乐痛苦感觉紧密相连的强烈的激情了，本质上乃是情感，而不是无欲的精神。

几千年来，情感的被误解造成了思想上的严重混乱。比如，造成了人们在“人的本性是自私的还是利他的”“灵魂是不是人的主宰”等问题上的无数争论。看重理性和情感利他的人，认为人的本性是利他的，理性是人的主宰；看重人的肉体和物质力量的人，则认为人的本性是自私的，非理性的本能是人的主宰。在这个意义上，将情感混同于纯理性的精神，也正是历史上感性主义人性论与理性主义人性论、人性一元论与二元论长期争论的原因之一。

第 6 章

人类行为驱动机制（机体需要）的种类

机体需要与人性及行为有着决定性的联系。人体有 18 种机体需要。把握机体需要的种类及其来源、作用和特点，是分析研究人性和行为动因的基础。

了解了人的生理需要和情感需要的起源，接下来有必要研究机体需要的具体种类，以及每一需要的根源、内容、作用和特点。因为只有这样，才能真正地把握人性，具体地解释人的一切行为。

机体需要种类的确定原则

一切生物要生存都必须有营养物质的供给，所以生物机体的第一需要是营养的需要。其次取决于机体的保护，在恶劣的生存环境中，生物体时常会受到侵害以致危及生命，所以必须保护好自己的机体。繁衍原本与个体的生存无关，但为了物种的生存，自然界把繁衍能力植根于个体的机体，使繁衍成为个体的需要。

营养、护身、繁衍三种需要是一切生物最原始、最基本的需要。对群居动物而言，还应加上一种，那就是维护群居的需要，因为群居是群居动物物种生存的又一个决定条件。所以，群居动物的一部分需要必然是为维护群体稳定而生，为维护群居而用。

怎样确定人的机体需要的种类，这是一个十分重要的问题。

奥地利心理学家弗洛伊德提出，人有八对对立统一的原始本能，后来又归纳为爱恋本能和破坏本能，也称之为性本能和死本能。美国心理学家赫尔（1884—1952 年）说，人有食物的需要、水的需要、空气的需要、避免组织损害的需要、维持适当温度的需要、排粪的需要、排尿的需要、休息的需要、睡眠的需要、活动的需要。美国心理学家马斯洛指出，人有生理需要、安全需要、归属和爱的需要、自尊的需要和自我实现的需要。

国内有学者提出，人有 18 种需要，即维持生存的需要、物质享受的需要、性的需要、秩序的需要、躲避伤害的需要、躲避耻辱的需要、友情的需要、求援的需要、成就的需要、归属的需要、自尊自立的需要、权力的需要、求知的需要、求美的需要、发展体力的需要、助人的需要、建树的需要、奉献的需要。也有人认为，人有生存的需要、享乐的需要、运动的需要、发展的需要、自由的需要、安全的需要、好奇的需要、性的需要、同情的需要、劳动的需要、交往的需要、好斗的需要、娱乐的需要、死的需要、爱的需要、美的需要等。但这种根据一般分析和想象确定基本需要种类的做法，不可避免地会产生混乱、繁杂和错误。比如，有的太抽象，有的太具体，有的相互包含，有的则违反人的本性，更多的是派生的需要而不是根本的需要。

【037】确定机体需要的种类应该把握哪些原则？

确定人的基本需要的种类，应该有统一的原则或标准，而这个原则或标准应着眼于“物种生存”这一根本。个人担负着维护个体生存、后代繁衍和群居的任务，要完成这些任务全靠行动，而要行动，机体上就要有驱动行为的动力。这个动力只能是机体本身的追求，即机体本身的需要，是机体本身反映出来的喜欢或不喜欢。实际上它是一种欲望，欲望满足就快乐，得不到满足就痛苦。由此，确定机体需要的种类应把握以下四点。【037】

第一，把眼光放到几百万年前甚至更远，并着眼于每一个机体需要的起源。人的机体需要绝大部分是从人类祖先那里遗传过来的，其余可能是在人类形成之中产生的。人种形成之后，机体不会产生新的需要，否则就是新的物种而不是人类了。

第二，物种生存是一切需要的根基，个体生存、物种繁衍和群体稳定是维护物种生存的三个决定因素。任何需要都不能脱离这一根基，即任何需要都或用于个体生存、或用于物种繁衍、或用于群体稳定，或对它们都有作用，或者说，机体需要是为个体生存、后代繁衍和维护群居服务的。

第三，任何需要都应有对应的生理反应或心理反应。如，营养需要的生理反应是饥饿的感觉；睡眠需要的生理反应是瞌睡的感觉；安全需要的心理反应是恐惧感；尊重需要的心理反应是羞耻感和荣誉感。

第四，基本需要应是相对独立的有具体对象的需要。如，营养需要的对象是营养物质，母爱需要的对象是自己的子女，同情需要的对象是遭遇困苦的人。

根据这些原则，一些需要并不是人的机体需要或不宜列为机体需要的具体种类。例如，生存的需要：生存是个体追求的总目标，不应作为机体的需要；享乐的需要：享乐是获得快乐、避免痛苦的一种感觉，是机体需要满足后的生理心理反应，谈不上对谁有用；生理需要：是相对心理需要或情感需要而言的，是需要性质的分类而非种类分类，再说，人的情感需要本质上也是生理需要；爱的需要或奉献的需要：动物界不存在广泛的爱，真情实感的爱只有情爱、母爱和祖父母对孙子女的爱，广泛的爱不利于个体和物种的生存，且无具体对象；好斗的需要：在动物界，打斗是派生的行为，是为食物、性、护身、地位、交配权而斗争的行为，而心理上的好斗是好胜的一个方面，应归为好胜的需要；水的需要和空气的需要：水和空气是生存所需的营养物质中的两个具体种类，应归入营养需要。

此外，运动的需要、发展的需要、自由的需要、交往的需要、娱乐的需要、友情的需要、求援的需要、成就的需要、权力的需要、求知的需要、发展体力的需要、助人的需要、建树的需要等，都服从于某个目的，因而都不是根本的需要，而是派生的需要。比如自由的需要，所谓自由就是行为（包括言论）自由，不受任何束缚。追求自由是人趋乐避苦之必然，而这种趋乐避苦的欲望是哪里来的呢？欲望源于机体需要，所以，人对自由的追求根源于对机体需要满足的追求，是一种派生的需要。

总体上看，确定人的机体需要，还应考虑其是否能够解释人的全部行为。由此，得出人体的 18 种机体需要【038】。其中生理需要包括：食物的需要、健康的需要、温度的需要、睡眠的需要和性的需要。情感需要包括：新奇（好奇心）的需要、强胜（好胜心）的需要、安全的需要（恐惧感）、复仇的需要（仇恨感）、劳动的需要（寂寞感）、爱美的需要、情爱的需要、情侣独占的需要（性嫉妒）、爱子的需要（母爱）、尊重的需要（自尊心）、维护正义的需要（正义感）、帮助同类的需要（同情心）和归属的需要（孤独感）。

食物的需要

营养物质是生存的基本保障。人体所需的营养物质绝大多数是从人吃进去的食物中吸收的，所以这一需要也可称之为食物的需要。动物机体对营养的需求主要表现在两个方面：一是特定的物质元素种类；二是每种物质元素一定的量。科学研究证明：人体需要的营养物质包括蛋白质、脂肪、碳水化合物、矿物质、维生素和水六大类；人体必需的营养物质有 40 余种，其中包括 9 种氨基酸、2 种脂肪酸、7 种矿物质、8 种微量元素和 14 种维生素。

可见，动物要生存，不仅要吃饱，而且要吃进多种物质。所以许多动物是杂食动物，既吃植物又吃动物。动物身体所需的物质种类有规定性，怎样才能达到规定？生物界有些动植物有营养能吃，有些动植物有毒不能吃，怎样才能避免中毒？这就要作食物选择。动物体需要的六大类物质种类很多，其区别是不同的味道。于是一些动物在自然选择中便产生了味觉和嗅觉。

生理学把味觉分为五种基本味，即甜味、鲜味、咸味、酸味、苦味。嗅觉分为三种基本味：香味、酸味、臭味。本质上，味觉基本味的意义在于【039】：“甜味，糖的信号；鲜味，蛋白质的信号；咸味，矿物质的信号；酸味，物质腐烂的信号；苦味，物质有毒的信号。”[1]“熟透的水果往往最受欢迎，它们富含两种物质：糖和乙醇。

1 ［日］栗原坚三著、叶荣鼎译《趣谈味觉与嗅觉的奥秘》，上海科学普及出版社，2004 年，2 页。

而且水果散发出来的‘乙醇的香味’是果实成熟的极佳线索。”[2] 糖、蛋白质和一些矿物质是动物机体所需要的最重要的营养物质。腐烂的、有毒的物质是机体所不需要的，是有害的。嗅觉基本味的意义在于：香味是物质完好健康的信号，且据研究证实有杀菌和抗酸化作用；不同程度的酸味和臭味是物质变质、腐烂的信号。

神奇的是，经过进化，绝大多数的动物接触到甜味、鲜味、淡咸味和香味物质会产生快乐的感觉；相反，接触到苦味、酸味、臭味物质会产生痛苦的感觉。而本质上，人所喜欢的味正是人体所需物质所反映的味，而人所厌恶的味正是人体不需要的物质所反映的味。比如，“甜的食物能够提供丰富的卡路里，而苦的食物则通常含有某些毒素”。[3] 正因如此，动物有了种种的味觉，在觅食时就会喜欢甜的、鲜的、淡咸的、香的食物，而回避酸的、苦的、臭的食物。老鼠喜欢香、甜的食物，所以人捕鼠常以此作为诱饵。还有，给刚出生的婴儿舔食各种味的液体，他的脸上会出现各种表情，舔食甜味、鲜味和适度咸味的液体时会开心，可舔食酸味、苦味液体时会皱起眉头露出拒绝的神情。总之，“味觉有两大功能，一是让营养物质易于被动物食用；二是让动物远离有害物质而保存自己”。[4] “嗅觉，是野生动物寻找食物、防范敌人和确保自己安全的探测器。”[5]

人与其他动物一样，喜欢甜的、鲜的、淡咸的、香的食物。但出于身体的需要和对食物的认知，人们也常常食用一些酸的、苦的东西，甚至敢于去寻求刺激，丰富自己口味，比如，有些地方的人喜欢吃辣的食物，而辣有杀菌作用。又由于地域经济环境、民族习惯等因素，个体的口味是有区别的，有的喜欢咸，有的喜欢淡，有

---

2 ［美］D · M · 巴斯著，熊哲宏、张勇、晏倩译《进化心理学：心理的新科学》，华东师范大学出版社，2007 年，90 页。

3 ［美］同上，85 页。

4 ［日］栗原坚三著、叶荣鼎译《趣谈味觉与嗅觉的奥秘》，上海科学普及出版社，2004 年，4 页。

5 同上，37 页。

的喜欢酸，有的喜欢辣。比如，山西人喜欢吃醋，四川人喜欢吃辣，山里人喜欢吃茶，海边人喜欢吃海鲜，北方人喜欢喝白酒，南方人喜欢喝黄酒。人的生活习惯是有其生理原因的，那就是机体对一些物质形成了偏好（适应）或者说形成了瘾。

人类的饮食是丰富多彩的。动物的食物源于自然界，人的食物则很多是经过加工制成的。人会根据食物营养和自身味觉、嗅觉的需要，发挥聪明才智，制作成百上千种美味可口的食品。

民以食为天。吃饭在人的生活中是第一重要的。人每日都要吃饭，而且要一日三餐，需要大量的物质。饥饿感，是食物需要得不到满足时的生理反应，这是一种痛苦的感觉。人们常说，一顿不吃心发慌，一日不吃饿断肠。

然而，要获得足够的食物是极其艰难的。所有的动物都在用大量的时间为觅食而忙碌，许多动物为了食物不得不历经千辛万苦长途迁徙，许多动物因为食物缺乏在死亡线上挣扎，甚至最后死亡、灭种。人的一生也不得不为吃饱吃好而奋斗。正因为吃饭对人如此重要，人际交往间第一重要的就是宴请，朋友聚会要吃饭，谈生意也要吃饭；吃饭更是家有喜事的首选庆祝方式。

性的需要

所谓性的需要，是个体成年后具有的与异性交配生子的需要，包括择偶、交媾、怀孕和生育。

性需要不是人一生下来就有的。人类女性从 13 岁、男性从 15 岁开始就有了性需要，此后则终身与之相伴。当然，强度（取决于体内荷尔蒙的多寡）是不同的。从进化的观点来看，这个强度是自然界根据处于不同年龄阶段的人对物种繁衍的作用而设定的。显然，年轻人自然性欲最强，生殖的后代最健康、最多。性欲得到满足会产生强烈的肉体快感。然而给人快感不是自然界最终的目的，它的本意是通过快感使人喜欢性满足，从而保证物种的繁衍。

对人的生理研究证明，随着机体的生长发育，体内会产生一种激素（即荷尔蒙），男性生成雄性激素，女性生成雌性激素，正是这两种激素使不同性别的人各自产生了性冲动，而这种冲动的满足只能以异性为对象。有趣的是，性需要还反映为对异性形象和气味的需要。赴南极考察的澳大利亚科研人员，曾生了一种怪病，人人都感到失眠头昏、情绪低落，服用了各种药物都无济于事。有关部门派出科学家前去调查研究，结果发现，是性别比例严重失调、异性气味匮乏所致。美国著名医学博士哈里勒姆发现，在宇宙飞行中有60.6%的宇航员患上了“航天综合征”，表现为头痛、眩晕、烦躁、恶心、失眠。于是他向宇航局建议，以后每次飞行任务都选一名健康、貌美的女性参加，这使“航天综合征”不治而愈。

性需要的满足是人生活的主要内容之一。德国思想家奥古斯特·倍倍尔说：“在人的所有自然需要中，继饮食的需要之后，最强烈的就是性的需要了。”[6] 人自性发育成熟后，生活中从此便有了性的内容。首先，是对异性发生兴趣，有了好感，喜欢与异性接触、交往、交谈、玩耍，这个阶段一般是三到五年；后来是觅偶和恋爱阶段，这一阶段人的性欲增强，目的更加明确，由之前男女之间的一般交往变为对具体对象的爱恋、追逐，一旦追逐成功便陷入爱河。

人人都要结婚，而结婚的目的是交媾和生子。一般情况下，人每周都会有性生活。夫妻分离，几个月不能满足性的需要，性情会急躁、导致梦遗，有的还用自慰来满足。夫妻长期分离常常会导致偷情或离婚。有些人（包括老人）离异或丧偶后想再婚，主要是为

6 ［保］瓦西列夫著，赵永穆、范国恩、陈行慧译《情爱论》，文化生活译丛，1984年，18页。

【040】老人有儿女关心就没有再婚的必要了吗？

【041】美女“坐怀不乱”这可能吗？

了满足性的需要。有的子女竭力反对父母再婚，认为父母有钱和有子女关心，再婚没有必要【040】，他们不懂得性的需要是金钱和亲情所不能代替的。当然，再婚也是为了逃避寂寞和孤独。

人的性欲是十分强烈的，除了性交媾，性冲动也会时常显现。平日里眼球会随着靓女或猛男而转动，通过条件反射，获得性快感。正因如此，人们对选美、模特比赛、芭蕾舞表演等带有性感色彩的活动有着浓厚的兴趣，甚至对异性靓女或猛男产生一种爱：热情、关心、爱护，“英雄救美”正是出于这种爱。

性的需要是人平日最强烈的欲望之一。美女坐怀是乱还是不乱？【041】应该说，一个性成熟的男子怀里坐着一个美女，在生理上乱(性欲骚动)是必然的，但人的行为还会受到其他需要的影响，比如自尊心，做不道德的事会被人笑话，被人笑话就可能影响自己的利益和择偶，因此，绝大多数人会控制自己的行为，使其不乱。

另外，必须要提的是，自从人类能够避孕以来，原本自然的怀孕和生子，就成了可以由人类主观选择的事。生子失去了必然性，也失去了自然的保障。照此下去，人类的繁衍或许会在某个时候会出现危机。

健康的需要

所谓健康就是人体生理组织、结构和机能正常，没有缺陷和疾病；所谓健康需要，就是维护人体组织、结构和机能的正常秩序的需要。人的生命存在于物质组成、结构以及各种器官机能的一定秩序之中。既然是秩序，就是不能破坏的，破坏了就会危及健康和生命，维护这个秩序就是维护生命。

然而，人在自然界中生活，复杂多变的生存环境必然时常会破坏机体的秩序，其中包括无孔不入的寄生虫、细菌、病毒以及对人体有害的物质，致使人受伤和生病。比如，被动物咬伤、被植物划伤、被外物砸伤、因细菌侵入而生病、煤气中毒、食物中毒、磕磕碰碰受伤，蹲久了麻木、活做多了劳累、旋转多了头晕、路走多了腿脚酸、楼梯爬多了气喘吁吁腰酸腿痛。人体生病是多种多样的，也是经常的，全身任何一个地方都有可能生病。人的生命是很脆弱的，一次不慎摔倒、一次被车碰着、一次生病、一次被狗咬，都可能导致死亡。一个人昨天还是好好的，今天就可能永远地离开了人世。因此，人不得不时时处处保护自己的机体，维护自己的健康。

健康需要的生理反应是，受了损伤有疼痛感，这种感觉是十分敏感和强烈的，而且遍布全身。此外，还有一种生理反应，那就是吃到或看到不干净的东西会有恶心感。维护健康是人生活的重要内容，具体表现为防损伤、讲卫生、锻炼身体、防病治病等。疼痛感是健康的保障，由此人要力求避免疼痛，寻求舒适。比如，坐卧要软硬适度，路远出行要乘坐交通工具，工作、家务都不可过劳。个人保健，一方面要经常洗衣服、洗澡、打扫居室卫生，不吃不干净的东西；另一方面要重视日常锻炼，生病及时就医。

健康事关人的生活质量和寿命。许多人往往要到退休才开始重视饮食、保健、锻炼，其实各个年龄层的人都需要重视自己的健康，不要因为年纪轻、身体好就麻痹大意，不要因为工作忙就把健康放在一边，直到经受了病痛的折磨才开始正视它。

温度的需要

生物在进化过程中对所处环境都有一种适应，其中包括对温度的适应。生理研究证明，人的皮肤表面正常温度一般为 32℃。外界温度高于皮肤温度 0.4℃时，即产生温觉；低于皮肤温度 0.15℃时，即产生冷觉。

在自然界中，人所处环境的温度变化是很大的。一年有春夏秋冬四季，一般情况下低温可到零下 30℃，高温可到 40℃，可见外界环境温度与人皮肤表面正常温度差距之大。温觉和冷觉都是一种让人不舒服的感觉，强烈的温觉和冷觉会带来痛苦，因为冷热伤及机体的秩序。人在炎热时，身体会出汗，心跳会加快，呼吸会感到困难，严重的会生痱子，会中暑，甚至死亡。人在寒冷时，会浑身发抖，严重的会生冻疮，得关节炎，甚至被冻僵、冻死。除了天气，水火的过高温度也会伤及人的生命，如烫伤、烧伤等。

因此，人们不得不防热、御寒、防烫、防烧，力求冬天冷不着，夏天热不着。比如，在穿盖上，冬天要有棉衣、棉帽、皮袄、手套、保暖鞋、棉被、羽绒服、羽绒被；夏天要有短衣、短裤、丝绸、凉鞋、草帽。在室内，要有空调或暖气设备。在室外，夏天要躲烈日，冬天要躲大风，外出要乘车，最好有空调。在用水用火上，洗澡、洗漱、洗手、洗碗要有热水器；水火无情，要特别注意安全。

睡眠的需要

所有的生物体在其总体活动中都显示出节律性变化，觉醒和睡眠的交替就是这种节律性变化的典型特征之一。就动物而言，睡眠是机体各种器官保持正常运转的需要。在睡眠的状态下，人的许多生理功能减弱，体内物质得以"休息"，肌肉完全松弛，从而体内机能得以恢复。这既有利于机体的健康，又有利于机体保持旺盛的精力，总体而言，利于生存。睡眠是一种生存能力，有的动物靠睡眠"养精蓄锐"，有的动物靠冬眠以避免冬天因食物缺乏和寒冷而死亡。

人每天必须在一定时间内睡觉，而且最好能够睡七个小时左右。

这种生理规律是强大而不以人的意志为转移的。到了时间不睡就会瞌睡，此时机体不听理智的使唤，不知不觉睡着了，有时还打呼噜，即使洗洗脸，拍拍头，强打精神，也坚持不了多久。如果熬夜通宵，第二天一定昏昏沉沉，此时第一需要就是睡觉。睡眠长期得不到满足会有损健康。2001年，世界卫生组织把每年的3月21日规定为“世界睡眠日”。医学专家告诫，失眠有害健康，但过多的睡眠也不利于健康，每天七小时最好（不包括婴幼儿）。

睡眠所需要的是一定的时间、一间房和一张床。满足睡眠需要与满足其他需要相比要容易些。一般来说，时间是每个人都有的，是由自己支配的。但满足睡眠的需要常常会受到其他需要的影响。如，为挣钱养家而起三更睡半夜；为迎接高考而熬夜；沉迷于游戏和网络熬夜不睡，白天上班没精神。长期睡眠不好会伤害身体，产生许多疾病。因此，人一定要保证正常的睡眠。

新奇的需要（好奇心）

好奇心是由广泛觅食、了解世界和学习生存能力的需要而生。人的好奇心表现为遇到新奇的事物会产生一种兴奋感，驱使他们去寻觅新食物和认识新事物。好奇心使人着迷于神秘的、新鲜未知的或没有答案的事物。马路上哪里出事哪里人多；消息越是小道越爱听；事物越神秘、越朦胧越有吸引力。

儿童的好奇心最强，对什么都感到新鲜。在好奇心的驱使下，孩子们总是劲头十足，或捉迷藏，或在路边玩耍，踢石子，在小水坑里蹦来蹦去，弄得水花四溅，他们不停地大喊、欢笑，如此这般常常一玩几个小时，尽管弄得浑身脏兮兮、湿漉漉，可他们感到十分开心。儿童对一切未知事物都想探究。他们把一只钟拆得支离破碎，在他们心目中并不是要搞破坏，而只是觉得嘀嗒嘀嗒的声音和

【042】“顽皮的孩子聪明”这话对吗？

指针的移动很奇怪，想要弄个究竟。孩子的顽皮和淘气，常常令家长头疼，令外人说“不学好”。其实，“顽皮的孩子聪明”【042】，顽皮的过程乃是动脑筋、锻炼身体的过程，乃是学习的过程，所以玩得越多学到的东西就越多，身体越好。本质上，儿童那强烈的好奇心是自然选择的设计，是自然界赋予儿童了解世界认识事物的本领。他们将来都是要独立生存的，从孩童时代开始就需要尽快尽多地掌握生存技能。

新奇的东西才能刺激好奇心，所以人们总是追求新的东西，而对旧的东西失去兴趣。一个人第一次出乎意料地做鬼脸、穿怪服、高声怪叫会引起他人的兴趣，但第二次效果就不那么明显了。熟悉的地方没有风景，有一对夫妻长期住在郊野公园里，别人羡慕不已，但他们对这儿太熟悉了，花草树木，清风明月，在漫长的日子里已不再有风景的含义，他们更向往城市生活，认为那里“丰富有趣”。

生活中，满足好奇的需要表现为：穿时髦的服装，理新潮的发型，用新式的家具；喜欢武侠小说、惊险影片、神话故事、魔术表演、家长里短；朋友相聚，打打闹闹，说俏皮话；外出旅游，在崇山峻岭、奇花异草、异国风情中享受乐趣。

科学探索的追求和革命激情的产生，都离不开好奇心的推动。许多心理学家把好奇心看作人的本质，认为好奇心是人类行为最强烈的动机之一。实验证明，在一定程度上，没有得到满足的好奇心可能比肚皮空空的饥饿更让人感到痛苦。在马斯洛那里，好奇的需要被称为“认识性的需要”，他认为，在科学的自然历史阶段，推动科学向前发展的最大动力是人的持久的好奇心。

好奇心使人“喜欢听负面的东西”，因为正面是普遍的、正常的，而负面多是特殊的、少见的。“禁果分外甜”，那是因为越是被禁止的东西越能激起人的好奇心和好胜心，越能吸引人。人为什么喜欢幽默？有人说，这是人类心理中“一个至今未解的最神秘的现象”，其实就是因为人的好奇心。幽默是语言文字、语气、声调奇怪的组合，这正是好奇心所需要的。人为何守不住秘密（他人的秘密）？因为秘密总是诱人的，它的新鲜、有趣、好笑必然刺激人的好奇心，受到刺激就想说出去，说出来感觉神秘、有趣、快乐；且他人秘密不涉及自己的名利。

强胜的需要（好胜心）

好胜心是为争取自己的生存和择偶优势而生。它有两种表现：一是争强好胜，不服输，不甘失败；二是羡慕、佩服、崇拜强于自己的人。

好胜就不甘失败。一次，我看见一对四岁多的表兄妹为一根红色的尼龙绳争得不可开交。当他们的母亲发现时，立刻找来好多根同样的绳子给自己的孩子，叫其松手，可他们谁也不肯松，结果只好将他们的手剥开。此时小表兄哭了，小表妹撅着嘴，母亲们用一把红绳子哄他们，也无济于事。母亲们不知道，孩子们一旦争起来就不是为了得到绳子而争，而是各自的好胜心不容他们在争夺中失败。

“激将法”之所以有效也是因为人的好胜心。你说他不行，就会刺激他的好胜心；你越是说他不行，他就越要逞强。一些人之所以沉迷于网络游戏，好胜心在其中起主要作用。游戏中的竞争、胜败、评分、升级等最能激起人的好胜心，使人较劲，让人入迷。另外，如果一个人的行为遭到别人反对，这时服从就等于承认自己的错误或失败，这是人的好胜心（可能还有自尊心）所不允许的。所以，别人越是反对，就越会激发他的好胜心，他就越是要这样做。正因如此，有些青年男女谈恋爱，父母越反对他们就越坚持，反对得越凶，他们就越坚决。

最能说明好胜心存在的就是人们在各种比赛活动中的表现。好

【043】人争强好胜是为了名利吗?

胜心被激起会产生一股劲头。2016年7月，美国和巴西进行世界女排大奖赛总决赛。两队水平相当，比分胶着。越是如此，越是激发着双方球员们的好胜心。每得一分，她们或欢呼跳跃，或紧紧地抱在一起，或紧攥拳头大喊一声，使一下劲。有一情景特别感人，巴西9号球员，猛然跃起扣球得分，随即她展示一个充满力量的动作：面朝天空张满嘴巴，挺胸，大吼，同时紧握拳头用力向后展开双臂，双脚踮起，全身使劲。由此，我突然想到，她的这一动作，既是高兴更是在加把劲（生出新的力量）；好胜心的作用乃是在必要时激发出新的力量，以便更有力地去战斗。

好胜心更多地表现在日常工作、生活之中。科学研究有所发现时会产生“一定要把它做出来”的欲望，工作、学习中遇到困难会激起“我不信斗不过你”的劲头，这些时候好胜心往往会发挥正面的作用，推动人向前。一个朋友在南京某“通信训练大队”学习时，好胜心特别强，每次考试他都暗暗下定决心：第一个交卷，得最高分。结果，他在4个月培训的每次考试中都是第一个交卷和考分最高的人。

正确（真理）就是胜，错误就是败，人的好胜心会使人努力追求真理、承认真理、坚持真理、维护真理。正因如此，说真话，不说假话，是人的天性。人一旦发现了真理，就有了主张真理的冲动。有人说，人求胜是为了名利【043】，这是错误的。很多时候，人们做事、奋斗、比赛并不是为了金钱和勋章，而纯粹就是为了胜利、成功。科学家从事科学研究，主要并不是为了追求荣誉、头衔和奖金，而是追求胜利，胜就是目的。一个人玩电子游戏，他没有竞争对手，身边没有旁观者，这里压根没有名和利，可他劲头十足，一次次想得高分，甚至像着了魔。这里的“胜利、成功”不是空洞无意义的，事实上他获得了实实在在的快感。

【044】人为什么会崇拜英雄名人？

好胜心必然导致人们羡慕成功者，敬佩英雄、伟人【044】。好胜心使每一个人都追求成功，所以，科学家、小说家、作家、画家、数学家、歌星、影星、名模、名医、思想家、革命家、卓越领导人等成功者就成了人们羡慕、敬佩的对象。人们在观看革命英雄主义的影片或伟人传记时常常会在内心激发起羡慕、崇敬之情。比如，我喜欢看上海纪实频道的《大师》栏目，一次，看到对世界著名实验物理学家、美籍华人吴健雄的介绍，她出生于太仓浏河，一生致力于 ß 衰变研究，1957 年 1 月以天才的设计，完成了划时代的“宇称不守恒实验”，否定了现代物理中的“宇称守恒定律”，当我听到节目中“她与居里夫人、迈特勒并列为 20 世纪最伟大的女性科学家”这句话时，心中立刻涌起一股强烈的敬佩之情。

羡慕、敬佩是人的真情实感，是人的内在追求的反应，也是人内在的一种情感驱力，目标是向强者学习。欣赏强者的勇敢、善良、创造力，学习他们爱科学、善交际、家庭幸福等一切比自己强的地方。从物种生存的角度来看，这种需要有利于个体生存、后代繁衍和群体稳定，有利于人类的强盛。

安全的需要（恐惧感）

恐惧感由维护生命和机体健康而生。它追求的是心理的安全。我们平时所说的安全是广义的，它包括人认识到的事关生命、健康、财产保护的需要，而不只是心理上的安全需要。

在你死我活的生存斗争中，生物个体时刻经受着来自自然界各方面的侵袭，机体随时会受到伤害，以致死亡。所以所有动物都有保护机体、避免伤害的本领，如牛的角、象的长鼻、兔子的奔跑、龟的壳、马蜂的毒刺等。可仅有这些生理机制的保护是远远不够的，还需要具有心理感觉上极其敏感的保护机制，这就是恐惧感。

高等动物都有恐惧感，即情感上的安全需要。在动物界，母亲是幼子安全的保障，幼崽依恋母亲是普遍现象。美国有位心理学家在实验室养了一群猴子，这些猴子出生后从未和其他猴子接触过。一天，他在实验室里放了两个用金属丝做的“妈妈”，其中一个在金属丝表面覆盖了一层厚厚的绒布。金属妈妈那里有食物，而绒布妈妈不提供食物。结果是，猴子在从金属妈妈那里获得食物后，其余时间则更愿意和绒布妈妈在一起；当它们受到惊吓时，不是奔向有食物的金属妈妈，而奔向绒布妈妈。猴子喜欢与绒布妈妈在一起和受到惊吓时奔向绒布母亲，正是在寻求保护，获取心理的安全。这充分说明，猴子不仅有食物的需要，而且有着天生的安全需要。

人类婴儿的安全需要表现得尤为明显和强烈。喧闹、尖叫、大声说话、雷电、物体碰撞等一切稍大的声响都可能使婴儿惊恐而啼哭，他们急切地投入母亲的怀抱。让一个儿童面对陌生的环境、人物、物体时，儿童会发疯似地向父母依附。可以说，婴儿最大的心理需求是安全感。正因如此，婴幼儿“认生”（见到不熟悉的人就害怕）。

为什么儿童独留家中常常会发生危险【045】？媒体上经常报道被单独留在家中的幼儿爬窗坠楼或死或伤的惨剧。2015 年 1 月 7 日上海电视台新闻综合频道《上海早晨》栏目报道，在甘肃酒泉瓜州县一个小区内，一位家住 4 楼的母亲外出，把 5 岁的睡梦中的女儿一个人反锁在家中。在大人看来，家里是很安全的，可小女孩醒来后面对黑暗心里恐惧之极，她先是想从大门出去，发现打不开门后四处寻找逃生的机会，结果发现了有光亮的阳台，于是她不顾一切地爬到阳台上又哭又喊。这极其危险的一幕被邻居们及时发现，急忙在楼下拉开棉被，万幸的是，棉被刚拉开，小女孩就从阳台上掉了下来，被接住而获救。应该看到，除了恐惧感，儿童没有其他自我保护的能力，所以自然界就将儿童的恐惧感设计得最为强烈。

人对自然灾害、对人世间的一切危险都会感到恐惧。这种情感常会使人提心吊胆，甚至惶惶不可终日。在正常情况下，人的安全需要不会显露出来，并不与其他需要争夺天下。然而当安全受到威胁时，整个机体就会被调动起来，人会惊恐万分，不顾一切地逃跑或与危险战斗。恐惧感一旦发作会十分强烈。比如，许多人怕“鬼”。白天听了鬼怪故事，夜间就不敢独自走路，不敢跨进黑暗的房间，屋内的一切声响和朦胧的影子，都可以吓得他们躲在被子里瑟瑟发抖。有一对小夫妻陪一个朋友在家看碟片，出于好奇看了有关“鬼”的故事，结果恐惧到夜里一人上厕所，二人作陪。人做梦时也会陷入恐惧之中，如梦见蛇，人们害怕极了，拼命地躲避、逃跑，甚至惊叫起来。有些人实际生活中并不怕蛇，但梦中却怕得要命，这些都是人的安全需要的真实表露。

人最大的恐惧是对死亡的恐惧，即怕死，这是动物求生之必然。人们见到尸体会害怕，甚至听到“尸体”“癌症”等词语也会害怕，是因为这些事物意味着死亡。有个年近 90 岁的老人，当得知自己得了癌症时，感到极端的绝望和恐惧。在近一个月的时间里，他一见到亲戚、邻居就边说边哭。他还常常独自哭泣，直至把眼泪哭干。许多人看到他那种极度痛苦、悲伤的样子，也心酸落泪。几年前，一名 50 多岁的老乡因在家乡被诊断为肺癌来上海看病，刚到上海时已被吓得脸发白、腿发软，上楼要两个人架着。后来被诊断不是肺癌而是肺炎后，他一下子来了精神，轻松自如地上了五楼。

人们对安全的需求日常表现为对和平、安定、祥和、秩序、稳定的自然环境和社会环境的需求，对自身机体健康的需求，以及对自然灾害、动乱、战争、暴力、流血、疾病、死亡的厌恶。

复仇的需要（仇恨心）

复仇的动力是仇恨心。仇恨心是由惩戒侵犯者使其不敢再犯以保护自己而生。比如，受到了无端的指责、辱骂、殴打，钱财被骗，被爱人抛弃，家人被欺负，孩子不听话，主张被反对等，一切损害到人的尊严、身体、利益的言行，都会刺激人的仇恨心。仇恨心被激起导致憎恨，强烈的憎恨会引发报复。

仇恨心被激起常常产生强烈的反应。有人会怒火中烧，咬牙切齿，浑身发抖，满脑子全是仇恨，甚至因此“巴不得他去死”；有人直截了当地用最恶毒的言语攻击、谩骂对方，正如俗话所说“骂人没好言，打人没好拳”。有时，仇恨在心不便发泄，会在心里恶狠狠诅咒对方。一旦心中所恨的人遭了难，不仅不会同情，反而幸灾乐祸，拍手称快。应该看到，平日人生气、愤怒的情绪很大一部分都来自人的仇恨心。仇恨的程度有轻有重。轻度的仇恨只是心中不快，并不一定导致报复行为；强烈的仇恨必然导致复仇。剧烈的仇恨常常导致杀人，在所有的凶杀案中，仇杀大概有一半之多。

嫉妒也会引起仇恨，嫉妒心是仇恨心的一部分。据 2015 年 5 月上海新闻综合频道报道：上海某公司有两个非常要好的女士，同在财务部门工作，其中一个好学上进，很受领导器重，被提升为财务主管。可在她升职后没几天，那个好朋友把她约到一个隐蔽的地方，用绳子勒住其脖子，意欲将她勒死。结果导致她因大脑过度缺氧而成了植物人。这是为什么？这是嫉妒作怪，根子乃是仇恨心。下毒手的人当时心理活动或许是这样的：我梦寐以求想得到的东西，竟然让你给得了，你挡了我的道，否则升职的就是我，我恨你。

有人说这一恶性事件根由是好胜心，其实不然。好胜心激起的是不服输、迎头赶上的志气；而人在嫉妒的时候，对嫉妒对象产生的是生气、不满甚至仇恨，事实证明仇恨不只源于他人有意的伤害。

【046】为什么仇恨心要比感恩心强百倍？

嫉妒是不讲道理的，同事、同学、同行之间，许多无意伤害但实际影响他人利益的情况，也都可能激起人的仇恨心。

仇恨心比感恩心强烈得多。即便是他的亲朋好友，甚至父母、妻子、儿女或对他恩重如山的恩人，一旦得罪了他，哪怕是出于好意，也会被记仇、怨恨、报复。虽然人的仇恨心和感恩心都是先天的情感，但我们常常可以看到，仇恨心比感恩心要强十倍或百倍【046】。在强烈的仇恨心面前，再多的恩惠也会变得荡然无存。

一名品学兼优的初三男生，长期在母亲的强压下学习，经常受到母亲的谩骂、羞辱。一次期中考试前，母亲要求他一定考到班级前十名，否则就写检查并贴到学校去。考试当天中午（下午考试），儿子回家吃饭，母亲重申考试要求，儿子表示有困难，母亲立即开始大骂，哭诉儿子没出息。儿子被骂得头昏脑胀，没吃饭就起身向外走，母亲骂得更凶：没出息的东西，滚出去！考不到前十名就别回来！儿子长期积压的怨恨一下子爆发了，他拎起家里的铁锤就朝母亲的头砸了下去，母亲头破血流。刹那间，儿子的第一心理反应是如他自己所说："我长出了一口气，感到一阵轻松。"母亲受了伤，儿子痛哭，给母亲下跪。显然，这是在他走完了程序实施报复满足了仇恨心之后。顺便指出，人们总是先满足自己最强烈的欲望，才会去考虑其他。母亲的羞辱激发了儿子的仇恨心，他当时最强烈的欲望就是复仇。砸破母亲的头他消了恨；母亲受伤这才刺激到他的同情心、羞耻心、感恩心，于是痛哭给母亲下跪。

历史上复仇、报仇之事屡见不鲜。关于复仇，民间有"血海深仇""君子报仇十年不晚""冤冤相报何时了"等说法。毋庸置疑，复仇利于个体生存，受到欺压就要反抗。但是，复仇有很强的破坏性，它是造成社会上矛盾、斗争、残杀的重要原因之一。人的仇恨心十分敏感和强烈，因此，做人应规束自己，尊重和理解他人，包括自己的家人，以减少争端；受到欺压或批评也尽量采取理智的方法处理，不要过度反击，造成不幸。

毋庸置疑，复仇利于个体生存。如果受了欺负，不反抗，任人宰割，那么这一个体就无法生存。但是，复仇有很大的破坏性，它是社会上矛盾、斗争、残杀的重要原因之一。对待仇恨要特别地当心。人的仇恨心十分敏感和强烈。因此，切记不能轻易批评人。一个人受了批评，常常不是虚心接受，而会产生一种敌意。这样，批评者就会“招致愤恨”。

劳动的需要（寂寞感）

寂寞感是由人为了生存和繁衍需要不停地做事（劳动）而生。寂寞感是一种痛苦的感觉，要消除这种痛苦，就得不停地做事。当你劳动的时候，就是充实的时候，就不受寂寞煎熬；如果你闲着没做事，心里会感到空虚、空落落的，这就是寂寞感在起作用。显然，这里的“劳动需要”与为获得物质资料出于理性的劳动不同，它是心理需要。当然，由于条件反射的作用，满足这种心理需要的刺激物被大大扩展，看书、做家务、带小孩、旅游、交际、参加社会活动等都是在“劳动”或“做事”，都可以使人充实，避免寂寞。

就人群而论，感到寂寞的主要是老年人。孩子玩耍，学生上学，年轻人和中年人忙于工作，一般都不会感到寂寞。而老年人则不同，他们退休后不再工作，也很少参加社会活动，子女长大成人也离家了，于是寂寞就成了老年人常有的心理感受。寂寞是痛苦的，长年的寂寞是难熬的。杭州市有对老夫妻，曾是一家设计院的高级工程师。退休后因独养女儿远嫁德国，无事可做，便跟到了德国帮助带两个外孙，一度生活很充实。可随着小外孙渐渐长大对他们的需求

【047】子女该不该反对退休父母“找事做”？

【048】哪些原因易导致“老年痴呆”？

减少，而且在孩子的教育问题上老两口与孩子的父母难以达成一致，他们黯然回国。一天，女儿忽然接到来自杭州的电话，她的父母因自杀未遂住进了医院。

为了避免寂寞的痛苦，也为了丰富自己的生活，老年人不应闲着，而应适当“找事做”。比如，退休后多做做家务、帮助子女，忙忙责任田；还可以找份自己感兴趣的、轻松的工作（如返聘），主要不是为了挣钱，而是为充实自己的生活。做事一方面能锻炼身体、强健体魄（勤劳者长寿），另一方面能激起人的好奇心、好胜心、正义感、爱美之心、荣誉感等情感，使人避免寂寞，享受多种精神乐趣。

实际生活中，许多父母退休后会自觉不自觉地找些事做，可常常遭到子女的“劝告”或“反对”【047】。对此，我不得不对这些子女说，你们错了，父母退休后闲着大有坏处，适当做些事对他们是有益的，甚至可能避免“老年痴呆”。2020年年初，有新闻说，目前上海有20万老年痴呆患者。如此说来，每25个左右的老年人中就有一人患病。为什么大城市里患老年痴呆的人会这么多，而农村很少听说？论其原因，【048】我以为，一是退休后是否有事做，二是人际交往方面的问题。在城里，老年人退休后没什么事做，经常宅在家里看电视打发时间，且很少与人交往，常常连隔壁邻居也互不相识。而在农村，各家各户都有小菜地责任田，老年人也总是忙这忙那，农村住平房，且村里人大多熟悉，跑东家走西家，思想和情感都活跃。

要避免痴呆，主要在于使自己的“身”和“心”（多种情感）动起来，体力劳动（包括做家务带孩子）及体育锻炼是动“身”；人际交往激发好奇心、好胜心、爱美心、孤独感等情感，是动“心”。

体力劳动还能满足人的寂寞感，脑力劳动则能满足人更多的情感。正因如此，从事脑力劳动的科学家、艺术家很少有人患“老年痴呆”。

寂寞不同于孤独。一个远离人群独处的人，如果整天有事可做，那么他若感到不快一定出于孤独感，而非寂寞感；相反，一个生活在大城市无事可做的老人，他如感到不快一定是出于寂寞感，而不是孤独感。当然，一个既丧偶独居又没有亲人往来的老人，那他或她即使生活在居民楼里，也会既感到寂寞，又会感到孤独。

美的需要（爱美之心）

人的美感是由觅食和择偶而生。正因如此，美有两方面的内容：一是自然物的美，二是异性美。人对美的自然物的需要，表现为对自然物的颜色、形状和声音的需要。颜色，自然界中有赤橙黄绿青蓝紫及黑白等颜色，对此，人并非表现出同样的兴趣，而是偏于喜欢色彩艳丽的景物；形状，自然景物千姿百态，人则偏爱于对称的、和谐的、错若有致的、细腻的、有规则的景物，而不喜欢杂乱无章的、粗糙的、残缺的景物；声音，声音的世界也是五彩缤纷、变化万千，而委婉、悠扬、嘹亮、明快、清脆、雄壮并富有节奏的声音是人所喜爱的。美的自然物意味着食物。为什么人有时会喜欢奇形怪状？那不是出于美的需要，而是出于好奇心。

爱美之心还源于择偶。对此，我们不妨认真地研究一下择偶与美的关系或美对于性的重要性。繁殖是物种生存的决定环节之一，所以动物机体上的很多性状都与性（生殖）有关，人们对美的喜爱正是如此。性感美的线索是繁殖【049】。即，性感美就是异性身上体现生殖能力的特征。“大量证据表明，男性评判女性吸引力的标准是依据那些能体现女性生殖能力的线索，这是进化而来的。”[7]对男性来说，女性美的内容是年轻和健康，而面容美、身材美、皮肤美是健康的标志。“标志年轻与健康的身体线索都体现了生育能力与繁殖价值，根据假设它们应该是男性判断女性美的一些关键因素。”[8]一个18岁的女孩比一个30岁的女子的繁殖价值要高。面容美，主要是平均或对称的脸，明亮动人的眼睛，丰满有型的嘴唇，亮泽的头发；身材美主要是丰满、苗条、匀称，有较低的腰臀比；皮肤美主要是光滑、清净、细腻，肤色美常常表现出性魅力。科学研究证实：“第一，在排卵期女性的皮肤会变得更有‘血色’，显得容光焕发。与此相伴的，女性有时会‘发热’，脸颊出现健康的红潮。第二，排卵期女性的皮肤比其他时期更亮泽，这也通常被认为是具有性魅力的线索。”[9]

2012年5月，上海电视台《媒体大搜索》栏目有这样一则报道：如今不少女孩子都追求下巴尖尖的锥子脸。殊不知，在英国，专家们根据脸部最佳黄金比例的要求，寻找拥有最美脸庞的美女【050】，结果找到了一个18岁的女孩子，她叫弗洛伦丝·科尔盖特。弗洛伦丝有大大的眼睛，饱满的嘴唇，高高的颧骨。经专家测定，她的左右脸孔几乎完全对称，并十分符合国际认可的人脸黄金比例——女性脸孔的完美比例是，瞳孔之间的距离为两耳之间的脸部宽度的46%，眼睛与嘴巴之间的距离为脸部整体长度的三分之一（约33.3%），而弗洛伦丝这两项比例分别是44%和32.8%。拥有这样黄金比例脸庞的弗洛伦丝在参加一档电视选秀节目时，轻松地

---

7 ［美］D·M·巴斯著，熊哲宏、张勇、晏倩译《进化心理学：心理的新科学》，华东师范大学出版社，2007年，184页。

8 同上，165页。

9 同上，172页。

从8000多名参赛者中脱颖而出，获得英国“最具有自然美脸庞”的称号。主持人说，审美虽然有一定主观性和时代特征，但仍有一个基本的标准。我认为，弗洛伦丝能从8000多名参赛者中脱颖而出，这充分证明，美女的根本标准绝对地存在于人脑之中，它根源于繁殖。

对女性来说，男性美的标准是，“男人身体结构的特质，例如身高、肩宽、上身肌肉，都对女人具有性吸引的作用，对其他男人有威慑作用”。[10] 美国一些科学家发现，所有女性，不论处于月经周期的什么阶段，都偏爱更有阳刚之气的男性，而阳刚之气是健康及生育能力强的信号。健康还可以给对方带来诸多收益，包括更长的寿命、更可靠的物质供给、更低的患病率以及更好的遗传基因。异性的健康不仅涉及后代的数量，而且涉及子女的健康问题。

至此，我们终于明白了一个人们普遍关心的问题：为什么男人总是喜欢美女，女人总是喜欢帅哥？这是因为人体存在着“喜欢”的心理机制（爱美及情爱机制），而这是自然界为维护人种生存设计的。美女、帅哥比其他人年轻健康，因而他们所生的后代就会既多又健康，而且他们本身有更强的抚育后代的能力。

人的爱美之心具有深厚的生理基础。人出生不久就表现出对美的需求。据观察，婴儿在看到艳丽的物品时马上专注于它，甚至会尖叫、大笑，挥动胳膊和腿，以致全身都动起来。现代心理学证实，当人的视线接触红色尤其是大红时，心理上就如一股暖流在涌动，红色能迅速通过眼睛刺激大脑和中枢神经系统，使人的肌肉瞬间产生一种奇妙的力量，产生愉快的感觉。达尔文断言，不仅人类，就连最简单的动物也具有美感。他用大量的事实证明，一般动物和人类一样具有美的感受和审美活动。马斯洛说：“最不为人所知是对于美、对称，也许还包括对于简洁、完满、秩序等的冲动，我们可

---

10 ［美］D·M·巴斯著，熊哲宏、张勇、晏倩译《进化心理学：心理的新科学》，华东师范大学出版社，2007年，140页。

以把它们称之为审美需要。”[11]

可见，在根本上，那些把爱美说成是人对客观事物的认识的观点是错误的。机体需要是存在于机体的客观实际，是一种机制，一种势能；认识是观念的东西，是对客观现实的反映。没有内在的对美的需要就没有认识上的美。“美的要素既不是任意的也不是受文化制约的。当心理学家 Michael Cunningham 要求不同种族的人评价亚洲、西班牙、黑人以及白人女性照片中的面孔吸引力时，他发现他们在评价一个人是否好看时存在着惊人的一致性。”[12]

正因为有共同的对美的需求，洞穴时代的人与现代人、中国人与外国人、大人与小孩在色形声方面的需要才会那样的一致；桂林山水、二泉映月、古代西施、法国芭蕾才会博得那么多人的喜欢；作曲家、歌唱家、舞蹈家、画家、雕塑家、美容师、服装师、建筑师才会有共同的标准创造出大众喜欢的艺术。可以想见，美的概念的最初含义，乃是人脑对自然物的美和异性美的需要。后来，美的内涵被扩大了，美被借用，一些人所喜欢的东西常被冠之以“美”，如美德、美事、美差。

满足美的需要是人的生活的重要内容。恋爱，追求年轻漂亮的异性，女性是男人最多的话题；美发、美容的动因之一是美，而这是为了增加性魅力以供择偶；许多人喜欢唱歌跳舞，因为其中存在着性的吸引。再说吃，除了要有香有味，还要有色，要色香味俱全；穿，既要有色彩又要有款式；住，既要讲究外观又要讲究屋内装潢，还要讲究环境的优美；用，美是选购或制作一切生活用品的重要标准之一；娱乐，唱歌、跳舞、绘画、书法、雕塑、摄影、艺术欣赏、养花种草、旅游等，是人们普遍的爱好。

---

11 ［美］马斯洛著、许金声等译《动机与人格》，华夏出版社，1987 年，2 页。

12 ［美］D · M · 巴斯著，熊哲宏、张勇、晏倩译《进化心理学：心理的新科学》，华东师范大学出版社，2007 年，166 页。

情爱的需要（爱情）

情爱，即男女之爱，是指一个人与异性之间产生的相互喜爱的情感。对许多动物来说，物种的繁殖很大程度上取决于两性交配的频率，而这个频率又取决于两性之间的引力。如果说肉体的快感是生理方面的引力，那么甜蜜的情爱则是建立在大脑之中的心理引力。对人来说，这种引力使两性相依相偎，频于做爱，后代繁茂。相反，如果男女之间只有性爱，没有恋恋不舍的情爱，不渴望相依相偎，一年半载才做爱一次，那么人类可能早就被自然选择淘汰了。

情爱追求的是终日相见，在斯守中获得快乐和幸福，结果是趋向性满足：做爱、同居或结婚，这是自然界的意图。人的情爱最强烈的年龄一般在16—22岁之间。这一阶段情爱如热火燃烧，不管什么条件，爱就是一切。知名学者李银河在大学读书时，爱上了一个“长得非常英俊，脸型有点像欧洲人的帅哥”，随之，她以极快的速度陷入了无可救药的狂热爱恋。可这只是单相思，对方毫无感觉，她备受打击。一天“她在教室里，想用刀子割自己的手臂，因为觉得只有用肉体的疼痛才能压住心中的疼痛”。可见，这个阶段，情爱十分强大，情爱决定一切。

过了这个阶段，会怎么样呢？事实是，恋爱的难度就大了，而年龄越大难度就越大。据我所知，不少年龄超过30岁的男孩或女孩仍然不想谈朋友，急坏了父母。其根本原因可能是过了情爱感最强烈的阶段，没有那种“热火燃烧”的劲头了。于是有的人一拖再拖；有的人则漫不经心地找人介绍，把房子、车子、彩礼、性格脾气作为重要条件，可是一样很难找到合适的对象。

所以，恋爱20岁左右最好。【051】从根本上说，这个阶段的人有最强的生命力，因而生出来的孩子也最强健，人种最需要他们这个年龄结婚生子。正因如此，自然界赋予他们热火燃烧的激情，给予他们最强的爱情动力。可实际上，他们的爱恋常常遭遇世俗的偏见和父母的阻扰。对此，年轻人要拿定主张，积极寻觅，勇敢向前。对父母而言，此时不要轻易反对子女恋爱，而应设法予以合理指导。

人的情爱感是十分强烈的。一方满腔热忱地关心着另一方，将其冷暖、疾苦、幸福时刻放在心上；他们心甘情愿地为彼此做事，不辞辛苦地为其操劳；在对方面前，他们温顺、慷慨、无私，在充满自私、尔虞我诈、欺骗、暴力的世界上，这里就是博大的爱的港湾；他们希望经常相见和永远在一起；他们如同一块磁铁的两极，互相吸引，又像一个人身体的两半，“每一半都急切扑向另一半”，他们“纠结在一起，拥抱在一起，强烈地希望融为一体”，有位女士这样描述她朋友的爱情，“她简直每天都要跟老公像连体人一样粘在一起”。

爱情令人颠倒沉迷，无法遏止，力量之大简直令人匪夷所思。热恋中的情人总是卿卿我我相依相偎，“喃喃低语些甜蜜而又不知所云的悄悄话”。是的，说些什么无关紧要，重要的是情感在交流，爱在享受。恋爱季节，是人一生情感最强烈、最复杂、最多愁善感的时期，也是人生最甜蜜最幸福的时期。一旦情侣分离，哪怕是短暂的，也会思念、难受、像“掉了魂似的”；此间，一方如果有什么不幸，另一方会陷入强烈的担心、着急、忧愁和思念之中。

著名诗人徐志摩与陆小曼在一次晚会上双双一见钟情，随即坠入爱河。为抒发满腔强烈的感情，他们长江大河般地写日记和书信。这些日记和书信真实地记录了他们如痴如醉的恋情。身处异地时，他们最大的希望就是不断获得恋人的消息。一日，徐志摩收到陆小曼来信，当即回信，信中说：“不得你信我急，看你信又不由我不心痛。可怜你心跳着，手抖着，眼泪咽着，还得给我写信；哪一个字里，哪一句里，我不看出你曼曼的影子。你的爱，隔着万里路的灵犀一点，简直是我的命水，全世界所有的宝贝买不到这一点不朽的精诚。——我今天要是死了，我是要把你爱我的爱带到坟里去，做鬼也已自傲了。”

被爱是快乐的，爱自己所爱的人也是快乐的。人在爱的时候，会产生一种快感、幸福感、甜蜜感，这是其他情感的满足所没有的。一位恋人说：“一切由我照料，使我得了一个为你服务的机会，我是何等快乐。”这是自然界的设计，因为正是这种快乐，才驱使人们与其所爱的人“纠结在一起”，从而好好地结婚生子。

爱情是人最强烈最重要的情感。正因如此，从古至今，才有许多像梁山伯与祝英台、罗密欧与朱丽叶一样的伟大爱情；也正是这个原因，人世间的男女之爱才成为诗歌、小说、电影、绘画等文艺作品以及人们茶余饭后闲谈的永恒主题。爱欲是十分强烈的，它像一道看不见的强劲的电弧牵动着恋人们的心，主宰着他们的思绪和欲望，压倒一切。当然，最强烈的爱一般会持续三到五年，多则十年，其他时间则表现为爱的浪花和涓涓细流。

历史上，关于爱情的本质有两种观点，一种认为在爱情中，男女在“纯粹”的精神享受中遨游，他们“像天使一样纯洁”，这是柏拉图式的爱情；另一种认为“爱情的动力和内在的本质是男子和女子的性欲，是延续种属的本能”。[13]从生物进化的观点来说，爱情与性欲都是因物种的繁衍而存在。性的生殖是生理的，情爱是心理的。性欲是爱情的基础，单纯的与性无关的爱情是不存在的；纯粹的爱情快乐不是自然的本意，自然界赋予人爱情的直接目的就是驱使人更多地繁衍后代。

---

13 ［保］瓦西列夫著，赵永穆、范国恩、陈行慧译《情爱论》，文化生活译丛，1984年，1页。

【052】性嫉妒为什么那么强烈？

情侣独占的需要（性嫉妒）

性嫉妒是为维护孩子的生存和健康而生。繁殖是物种生存的决定因素之一，而这最终取决于后代的抚养。后代抚养既需要有足够的食物，又需要有周到的照顾和培养。为了确保后代抚养，自然界在动物界设计了由父亲或母亲或父母共同抚养孩子等多种抚养机制。因为人类的孩子抚养起来特别艰难，自然界给人类不仅设计了母爱，而且设计了父爱，即父母共同抚养孩子的机制。可强烈性欲的存在，常会使丈夫或妻子偷情生子。事实是，非婚生子的抚养必然影响婚内子女的抚养，不仅如此，非婚生子还会受到种种虐待，这就严重影响了人种的繁衍。由此，自然界为人体设计出一种阻止配偶乱交的机制，这个机制就是性嫉妒。

性嫉妒就是人们常说的“吃醋”。这种情感十分强烈【052】，令人容不得自己所爱的人（恋爱对象或婚后的爱人）与他人相好，见其与他人亲近会生气、愤怒、打人骂人；得知其与他人发生了性关系，会“醋意大发”，暴跳如雷、痛不欲生、大吵大闹。我们看到，人世间由性嫉妒引发的矛盾、冲突、争吵比比皆是，甚至恶性刑事案件中由此引发的情杀也时有发生。“男性的性嫉妒是一种普遍现象，在许多文化中，它都是发生婚内凶杀的首要原因。”[14]

一般来说，孩子是谁的，母亲比父亲更清楚。男性为了确保他所抚养的孩子为自己亲生，自然有着强烈的性嫉妒。2017 年 2 月 20 日，上海卫视新闻频道《案件聚焦》栏目报道了一个名为《多疑的男友》的案件。在上海浦东地区，一男子因性嫉妒殴打同居女

14 ［美］D · M · 巴斯著，熊哲宏、张勇、晏倩译《进化心理学：心理的新科学》，华东师范大学出版社，2007 年，35 页。

友，造成女友两处骨折轻伤二级的严重后果。这名男子五年前在一次婚恋网站的市场活动中认识了现在的女友，经过一番追求后二人开始同居。因女友漂亮能干，男子整日担心她被他人抢走，不允许她对自己保留任何的隐私，稍有怀疑就追问、争吵甚至动手打人，有时出手很重，女友曾被打得多处受伤去医院缝针。尽管他经常无理取闹，女友依然顺从且对他不离不弃，但他逐渐失去了正常的理性，因为一条莫须有的短信，在疯狂的嫉妒中，不听女友的解释，上去一通暴打，造成了前面所说的严重后果。

性嫉妒，不仅男性有，女性也有。2014 年 12 月上海卫视新闻频道《案件聚焦》栏目报道：江浙小镇上的一对年轻夫妻，一起到上海青浦打工，一段时间后安定下来，开了一家小店为生。夫妻二人一度非常相爱，尤其妻子，深爱丈夫，所以特别在意丈夫与其他女人的交往，经常因为一些蛛丝马迹与丈夫争吵。结果丈夫真的出轨了，从此家里不得安宁，丈夫一次次保证悔改，却一次次再犯，还殴打妻子。终于，妻子再也无法忍受，在丈夫水杯里下了“迷魂药”（主要成分是安定），趁他迷糊时用胶带、电线勒他脖子，可都被挣脱，她一时心急，随手拿起旁边的修眉刀片，朝他的手掌划了一下，结果造成轻伤（伤口长 10 厘米）。妻子被刑拘。

有人说“爱情是自私的”。【053】应该看到，这里的问题不在于爱情是否自私，而是对自己的情侣是否独占的问题。真正的爱情，是男女之间真情实感的爱，这种爱是无私的；而一个人对情侣的占有欲是极端自私的。然而这种自私某种程度上讲是必要的，它如同一个人对食物的自私，是自然选择的结果。事实证明，婚外生子的存活率远远低于婚生子。

【054】为什么以色列农场集体抚养孩子的实验会破产？

爱子的需要（母爱）

幼仔的生存是物种繁衍的最终目的，而很多动物物种的幼仔出生后无法独立生存，所以自然选择在一些物种中造就了母爱，以驱使父母对其子女天生喜欢并能够尽心尽力地哺育、关心、爱护。对人类而言，父母都有爱子的生理机制，女性怀孕后其生理机制被激发，就产生了心理层面的情感。孩子出生后，母亲这一心理层面的情感将长期地存在下去。

母爱（人类包括父爱）是自然界赋予父母的抚养自己后代的专门机制。这就是说，任何孩子都只能由自己的父母来抚养，别人是无法替代的，只有父母最关心自己的孩子。以色列集体农场曾做过一次试验，将所有的孩子都交由集体共同抚养，两个欧美人类学家研究了生活在集体农场的三代人（共 34040 人），1975 年他们出版了《以色列集体农场的女人》一书。他们惊奇地发现，女性表现出这样一种强烈的偏好："她们要求孩子与自己同住，而不是归其他妇女集体抚养。"最终女性否决了男性的大同理想，共同抚养子女的乌托邦实验宣告破产【054】。[15]

人类的母爱对孩子成长是特别重要的，因为人类个体一般到 20 岁左右才能自立。母爱是动物界的普遍现象，人世间的母爱更为我们所熟知。父母的心会时刻牵挂着儿女的吃喝、冷暖、睡眠、健康和安危，这就是人们常说的"儿行千里母担忧"。特别是幼儿时期，见不着会想念，有个头疼脑热会着急，想念或着急过度会哭泣；与孩子在一起会开心，见到孩子健康、聪明、进步、获奖会感到无比

---

15 ［美］D · M · 巴斯著，熊哲宏、张勇、晏倩译《进化心理学：心理的新科学》，华东师范大学出版社，2007 年，213 页。

的幸福。

母爱是无私的。为了儿女，父母呕心沥血，再苦再累也在所不辞，必要时甚至不惜牺牲自己的生命。2002年2月发生过一个真实的故事：一对母女在阿尔卑斯山滑雪，不幸偏离了滑雪场的安全路线，遭遇了雪崩。由于她们穿的是银灰色的羽绒服，与雪地浑然一色，救援的飞机无法发现她们。几十个小时过去了，母亲为了救女儿，毅然割断左手动脉，并在血迹中爬行了十多米。结果，她用自己动脉里流淌的大量鲜红的血为女儿引来了救援的飞机，女儿得救了，而她付出了自己的生命。

幼仔的生存是动物物种繁衍的决定环节，以致人类和一些动物的择偶也因此经历了进化。比如，人类的婚姻模式随着自身的进化而进化，经历了群婚、对偶婚（互为主妻主夫的两人还有许多妻子或丈夫的婚姻）和一夫一妻制。人类的婴儿十分脆弱，需要父母双方合力抚养，而父亲抚养的前提是确认孩子为自己亲生。动物中也存在着一夫一妻。比如，超过90%的鸟类都遵循一夫一妻制，配偶终身不变。[16]正因为人类幼仔的生存艰难，很多国家的法律才在处理离婚案时，都把落实好“孩子抚养”作为重要原则。

动物的婚姻状况不仅影响幼仔的体质，还影响幼仔的智力和心理。对人类来说，幼儿的成长不仅取决于物质上的抚养，还取决于智力和情感上的培育。在稳定的家庭中，孩子的成长有物质和情感的保障。离异必然影响幼仔身心健康，在单亲家庭长大的孩子常常有心理问题，而心理问题中主要的乃是情感问题。许多临床工作者和心理学家认为儿童“缺乏爱就无法生活下去”。马斯洛说“谁能说缺乏爱不如缺乏维生素重要呢”。[17]可以想见，在一个没有爱、没有亲情的冰冷环境里，人会绝望，会发生心理变态，会走向死亡。

---

16 ［美］马克·贝科夫著，宋伟、郭燕、高勤译《动物的情感世界》，科学出版社，2008年，63页。

17 ［美］马斯洛等著、林方主编《人的潜能和价值》，华夏出版社，1987年，175页。

【055】父母离异为什么会使一些少年走上犯罪的道路？

社会现实告诉我们，父母离异或缺少父母的爱，是使一些少年走上犯罪道路的重要原因之一【055】。

2017年，一个名叫李守智的年轻人因犯故意杀人罪被判处死刑。在法庭最后陈述时，审判长问李守智是否有什么话要和他的母亲说，他摇了摇头。母亲不停地忏悔哭得泪如雨下，而他面无表情。母亲哭着对他说："守智，你就不能跟妈说句话吗？"此时他说了四个字："我恨你们。"原来，李守智三岁时父母离婚，母亲另嫁，他被父亲送交爷爷奶奶抚养。数年后李守智的爷爷奶奶和父亲相继生病去世，李守智只得轮流寄居亲戚家度日。17年来，他没有亲情，没有工作，经常与流浪猫为伴，只交了几个狐朋狗友，整天在街头游荡。

李守智的一个朋友追求一个女孩子，让他约这个女孩来吃饭，结果那个朋友把女孩带走强奸了。女孩报案，李守智恪守"不能供出朋友"的原则，不仅给那位朋友通风报信，而且一直躲着警察不去说明情况。正在此时，十余年没有见面的母亲找到了他，为他租了房。一天，李守智在出租屋里打电话问"警察是不是还在找我"，不巧此话被早就想把他赶走的房东老太听到了，老太太推门而入，大喊"原来你是犯了罪才躲在我家的，我现在就去举报你"，说完转身要走，情急之下，李守智捂嘴勒脖子，致老太太窒息而亡。母亲刚好前来探望，大惊之下丧失理智，帮儿子处理了尸体且迟迟没有报案，犯了包庇罪。

李守智之所以走上犯罪的道路，是因在他成长的17年里，一直没有得到正常的家庭生活，缺少父母的管教。他的头脑里基本没有是非界限和法律界限，天生的自尊心在很大程度上已失去了作用。他把对朋友忠诚作为原则，给强奸犯通风报信；他因房东老太要举报，竟然杀人。从另一个角度讲，人在年幼时恐惧感特别强烈，正常情况下在父母的保护和安慰下会逐步减弱。可李守智 3 岁以后就没有父母陪伴，他的恐惧感不仅没有减弱反而更为敏感和强烈。正因如此，他因担心朋友的事会连累自己而一直躲着警察；因对房东老太“要举报”特别恐惧而当即杀人灭口。

李守智还有一个与常人不同之处，就是他对猫的感情已大大地超过了对人的情感。这应该也是他没有正常的家庭生活、没有工作等特殊经历造成的。平日里，李守智的情感世界淡漠无奇，忧愁多于开心，恐惧多于安全，激情无处燃烧，好胜心无用武之地。任何人都离不开情感生活，为了避免寂寞和孤独，街头的流浪猫成了他的玩伴。活泼好动的流浪猫满足了他的好奇心，而流浪猫的无家可归又激起他的同情心，所以他经常在街头给猫喂食，自己也收养，爱猫成瘾。在出租屋，他开始时带了一只猫，后不顾房东反对竟偷偷地又收养了四五只，而这正是房东老太要趁机赶他走的直接原因。在他杀人后，母亲劝他去自首，他说“那我的猫怎么办”。在他被判死刑时，母亲泪如雨下，他面无表情；而当他说“我唯一放心不下的就是我收养的流浪猫”时，竟流下了眼泪。

为什么继父母不能如亲生父母那样关心子女？【056】人的机体只有爱自己子女的机制（这是在进化过程中形成的），而没有爱继子女的机制。对继子女的关心靠的是道德、同情或想要得到回报。这与天生的母爱相差很大。所以，他们对继子女的爱远不如对自己子女的爱。养育子女的过程充满艰难繁琐，影响到人其他需要的满足，因此继子女常常受到虐待。

人有没有爱父母的情感呢？有，但比较弱。从生物进化的观点来看，成年人生存能力比较强，其生存不决定于子女；另外成年人或老年人的生存对物种生存和繁衍的作用趋弱，所以自然界并没有造就子女爱父母的机制。但社会上人们普遍爱父母、关心父母，这又怎么解释？我以为，一是出于对父母辛苦抚养自己长大的报恩之心；二是出于对父母的依恋，这种依恋源于自身的安全和利益需要；三是源于自尊心，不孝敬父母要受到社会的轻视或谴责；四是出于同情心，父母体弱多病，生活质量较差，容易让人同情。

这几种原因中，第一种是天生的，其他是派生的。一切派生的事物都敌不过天生的，而天性也有强有弱。人的报恩心是较弱的，正因如此，人世间才有那么多不孝顺、不赡养父母的忤逆之子存在，道德和法律才有必要对孝敬父母、赡养老人作出规范。我们不能忘掉，在谚语“儿行千里母担忧”之后，还有一句“母行千里儿不愁”。2005 年 10 月 16 日《半岛都市报》报道，青岛大学“有的学生一周能写几封情书，但从不愿意给父母写信”，针对这种情况，青岛大学倡议开展大学生给父母至少每周打一个电话、每月写一封信的感恩教育活动。

人世间常有这样的事例：一个人出生后长期离开父母与别人生活在一起，他对父母就没有什么感情；相反，父母则始终想着他，爱着他。大量的事实说明，人因为没有与生俱来的爱母之情，如果再没有道德和法律的制约，孝敬父母的风尚就难以建立。1995 年，新加坡国会通过《赡养父母法令》，由此，新加坡成为世界上第一个为赡养父母立法的国家。新加坡政府规定，从 2008 年 4 月起，凡年满 35 岁的单身者购买政府住房，如与父母同住，可享受 2 万新元的公积金房屋津贴。

母爱是为了“养儿防老”吗？不是。母爱是一种不图回报的爱。如果谁有“养儿防老”的意图，那是母爱之外的基于物质需要的欲望。这并不奇怪，一个行为常常出于多种机体需要。父母爱孩子，首先出于天生的母爱，还有可能出于因贫穷而产生的“养儿防老”的欲望。

【057】爷爷奶奶爱孙辈也是天性吗？

为什么个别母亲会虐待甚至杀害自己的孩子？这也是因为人有多种需求，行为决定于多种需求中最强的力量，而人的种种需求的强弱取决于自己的生存状况和脾气性格。比如，人的自杀行为一定发生在特别痛苦的时候，此时最强的欲望是解除痛苦，而非对死亡的恐惧。

人世间，除了父母的爱，还存在着爷爷奶奶和外公外婆对孙辈天生的爱【057】，这种爱也是那样的普遍和无私。就说说我自己的感受吧。我和老伴有个孙女，几天不见就会想她，她有个小毛小病我们都会着急。为了能见到孙女，听她说话，看她玩耍，每周我们都把她和她父母请来聚餐，虽然忙碌但很开心。如遇一周不来，我们就会准备一些她喜欢的菜送过去。好多次，她奶奶骑着自行车冒雨而去，有两次竟冒着36℃的高温、来回骑40多分钟自行车、上下11层楼梯。有时我想劝她，可我知道劝不住。孙女的每一点进步，我们都能看到，且喜在心头。

2013年11月2日凌晨，广州市白云区一栋居民楼发生火灾，瞬间浓烟罩住了整栋楼。就在消防队员刚刚赶到准备救援的时候，突然一位老奶奶从四楼跳了下来，落地之后一个劲地央求消防员快去救她的孙子孙女。原来，在大火发生的时候，这位60岁的谢姓老奶奶和她的孙子孙女都被困在家里，见火势越来越大难以逃生，谢奶奶就做了一个大胆的决定，她先用湿毛巾将孙子孙女的口鼻包裹起来，把他们关进了卫生间，然后自己从四楼跳了下去求救。消防队员迅速冲上楼，两个孩子得救了，一点事都没有，但谢奶奶由于伤势过重，在送医途中不治身亡。[18]

为什么祖父母会爱他们的孙辈？这种爱应该也源于生物进化，

18　2013年11月4日安徽卫视《超级新闻场》栏目。

也是为了确保幼仔的成长。人类的孩子在成长中除了起主要作用的父母的爱之外，还需要爷爷奶奶的关心爱护作为辅助。

尊重的需要（自尊心）

自尊心是为维护群体稳定和群体强盛而生。它的心理反应是羞愧或荣耀。什么时候人会感到羞愧或荣耀呢？一是在对待他人和群体利益方面，伤害了感到羞耻，维护了感到荣耀；二是在个人生存能力和生存状况方面，弱者感到羞愧，强者感到荣耀。在自尊心的作用下，人们自觉控制自己的言行。

人有脸，树有皮，人人都需要尊重。在社会生活中我们看到，不仅大人需要尊重，小孩也需要尊重；不仅好人需要尊重，“坏人”也需要尊重。河北保定有个小学生，因嫌母亲丑，害自己在同学面前丢面子，逼她去整容。上海有一位母亲，偷看了14岁儿子涉及爱情的日记，儿子知道后自尊心受伤，指责母亲侵犯了他的隐私权。母亲大惑不解：“你是我生的，对我还有什么隐私？”她不知道，小孩子也有尊重的需要。人的尊重需要是天生的。

在社会生活中，他人利益和群体利益常常反映在社会道德风尚上，所以自尊心总是让人特别在意社会影响，让人自觉遵守道德，一旦违反了道德，就感到羞耻。

自尊心的表现之一，是人做了错事或违反了道德会感到羞愧，自己都难以接受。害羞的作用在限制人的行为。【058】朋友上门借钱，不借给他会很难受（觉得自己不够朋友）；送礼，礼太轻，心里会不安（觉得自己小气）。一次，我夫人炒了“焦面”（将面粉炒熟），将其分成两份，分别装在两个瓶子里，一份准备给一位朋友，一份自己留着；一份放在冰柜上，一份放在桌子上。我以为桌子上的是留给自家的，就吃了一些。第二天，夫人去送礼。她走后我发现，她带给朋友的那瓶竟是我吃过的，量比较少。我深感内疚，一时间急得像热锅上的蚂蚁。想要追过去，又怕追过去反而不好，左右为难，担心着当瓶盖打开的那一刻，发现东西很少，该多难为情，多尴尬。

人的害羞心理不仅会出现在做了错事之后，而且还会出现在准备做坏事之前或过程中，比如一个人在做违反道德或法律的事情的时候，会因感到羞耻而停止自己的行为。羞愧是“紧箍咒”，它有利于限制人的欲望和行为。没有这个“紧箍咒”，人会胡作非为。

人的害羞心理是自发的。我常看到，许多父母与儿女分家后，一般不到儿女家吃饭，吃饭时间路过儿女家，也过门而不入，即使儿女叫，也常拒绝。他们的心理原则是，人不能占他人便宜，占了就不好意思，就难为情。一天，我与几个亲友谈起此事。有人说，如果父母经常给儿女较多的钱，那么偶尔到儿女家吃吃饭，他们就不感到难为情了。这是为什么呢？我想，此时他们的心理是：我们吃的是自己的，没有占别人的便宜。

自尊心的表现之二，是怕批评爱表扬。【059】一个人受到批评、被人看不起（轻视）、受慢待、遭冷遇，就会感到羞愧、脸红；如做了违背道德和法律的事，受到他人的蔑视、嘲笑、批评，更会觉得无地自容。相反，当得到他人的表扬、称赞、掌声时就会很高兴。自己的一切长处、优点，比如自己的官职、家庭条件（汽车、洋房）、经济收入、学历、长相、才能、成就等都希望得到别人的肯定和赞扬，年轻的姑娘喜欢人们夸她漂亮，歌唱家喜欢掌声和鲜花。

自尊心的表现之三，是追求自己在他人心目中的地位，即威信、名声、名誉。人们常说名声、名誉就是社会对一个人肯定或否定的

【060】自尊心与好胜心有什么不同？

评价和看法，而社会的评价取决于他自身的条件。自身条件好，名声就好；条件差，名声就差。自身条件是指什么呢？是指品德、才能、职位、财产、相貌等。有一定地位，受到他人的尊重，会高兴、自信、荣耀。有不如人的地方，一般都会感到羞愧；过分低于他人则会感到自卑。在群体中，地位是十分重要的，既事关一个人心理的快乐痛苦，又事关一个人的利益和择偶。无疑，地位高获得就多，获得多就能更好地生存和择偶。正因如此，人们才“既争利又争名”。人总是喜欢好名声。而要获得好名声，就要努力奋斗，积极向上，自尊自律，自我完善。可见，人有“善”的一面。

尊重的需要，突出地表现为希望出名，许多名人、名医、名演员、名作家就因此而生。出名，是众人对自己的肯定，出了名就能获得更多的尊重，因此，谁都想出名。自尊心在人性中有着重要的地位，把握它就把握了人性的重要方面。人的自尊心、荣誉感不是虚荣心，虚荣心是为了不丢面子，以虚假的事实博取表面光彩的一种心理。

总之，自尊心的直接作用是约束个人的行为，不做伤害他人和群体的事，多做利于他人和群体的事；自觉维护自己在他人心目中的威信，克服自己的不足。最终的作用自然是维护群体的稳定和强盛。

自尊心与好胜心是不同的【060】。自尊心是自律性的，而好胜心是自强性的。自尊心受损产生羞耻感，好胜心受损会产生一股不服气、不示弱的劲头。自尊心追求的是社会的尊重，他人的好印象。好胜心是让人生出一股好胜的力量。好胜就是要胜，下棋要胜，打牌要胜，足球场上要胜，一件事不做完不罢休，不做好不甘心。自尊心的满足，来自他人的好评；好胜心的满足并不取决于他人，而是自我满足，自己要胜，不甘失败。在足球比赛中，胜利者的狂喜跳跃、进球队员的绕场狂奔脱衣挥舞，是在胜利之时而不是在观众鼓掌欢呼之后。好胜不图虚荣，即不要名义上的胜，而要体现自己价值的胜。强者并不愿意与弱者交手，强强竞争方显英雄本色。

自尊心和仇恨心是不同的。在心理反应上，同样是受批评，自尊心会使人感到羞愧，决心克服自己的不足；憎恨感会使人生气、决心报复。在目的上，尊重需要让人自我约束、自强自立，以获得他人的尊重；复仇需要让人惩戒对方，使其不敢再犯，或直接将仇人消灭，使其不能再犯。

人为什么在异性面前会感到特别害羞甚至手足无措？【061】这是自尊心在起作用，是自然界的设计，为了防止男女之间的滥交，不利于物种的繁衍。性需要人人都有且十分强烈，如果没有性的制约机制，必然泛滥成灾。害羞让人谨慎、自省，维护个人隐私；害羞会使人自觉遵守社会道德，不去欺负人、做坏事、偷懒、麻烦人；在打算做、准备做或正在做错事的时候，也会因害羞而停止。

尴尬是羞愧的一种心理表现。人在尴尬时，常常会回避与他人的眼神接触，将脸掩盖起来——要么用手挡住眼睛，要么把头转到一边，之所以如此，是怕丑。

一个人在被人当面夸奖时为什么常常会感到不好意思（羞愧），面对一个劲的夸奖甚至会坐立不安？这是因为在被人夸奖时表明这个人已经得到他人的承认，此时谦虚自尊，更能够得到他人的尊重；相反如果趾高气扬，则会刺激他人的好胜心、嫉妒心，引起反感。

人在受了委屈时为什么会心酸流泪？【062】所谓委屈，是自己的努力、成绩被人误解时所产生的情绪，源于自尊心。委屈是自己的作用（功劳）没有得到承认（尊重）反而被指责或贬低时所产生的心理反应。2011 年亚运会上，一名运动员看到礼仪小姐手托奖品盘很吃力，就帮她托了一下，没想到礼仪小姐当即流下了眼泪。为什么？在礼仪小姐心里，观众只看到她们出现在主席台上的潇洒，而看不到她们托着沉重的盘子有多辛苦，感到委屈。当有人理解她们、帮助她们时，这种委屈就得到了释放，从而流了下泪水。理解是什么？是承认，是尊重。

维护正义的需要（正义感）

正义感是为维护群体秩序而生，它是一种针对社会上不公平、不正确、不合理的现象，主张正义、坚持真理、打击不平，维护社会正气的心理机制。应该相信，人确实有正义感。人的任何心理躁动都必然有其原因，或者说，人的任何行为都必然有源自机体的原因。一个人看到他人受欺负，在这种行为并不损害他的机体、利益、情感时，这个人为什么会生气、愤怒、看不惯？为什么会产生打抱不平、维护正义的冲动呢？为什么会义愤填膺、挺身而出呢？这必有其原因。出于道德感吗？不是，道德是理性的、是非的规范，而不是动力。这个原因只能是人的正义感。

在聚会上，一人错引莎士比亚的话，另一人忍不住予以纠正。在公交车上，一人说错了话、做错了事，其他人会立刻产生予以纠正、主张正义的冲动。看足球，一球没踢好，大骂“臭球”；比赛失利，大喊教练“下课”。平日里，人们遇到不正确的言论、错事就会感到不平。人们看书看报看电视时，也常会对坏人或不公正的事，发出种种谴责或怒骂，时而还义愤填膺。所有这些心理都是正义感的作用。达尔文说过这样一个事实：“阿比西尼亚的狒狒，当它们结队抢劫一个园子的时候，是静悄悄地追随着它们的领队的，而如果一只年轻而不识相的狒狒漏出一点声音来，旁边的狒狒就会给它一巴掌，好让它遵守寂静和服从纪律。”[19] 我认为，狒狒这一行为也有出于正义感的因素。

正义感不是追求公平、正义、真理，而是对已经出现的不公平、非正义的情况“看不惯”。正义感与好胜心、自尊心、仇恨心是不同的。自己受欺辱，激起的是自尊心、仇恨心，而不是正义感；“不服气”出于好胜心，“看不惯”出于正义感；好胜心指向自强、目标是胜，正义感指向阻止不公、维护正义，目标是维护群体稳定和利益。

人的正义感被激起的频率是很高的。原本形成正义感的刺激物是“真正的不公”，可由于人类有语言、文字、书籍、报纸、电视，正义感的刺激物在条件反射的作用下就大大扩展了。于是，小说、电视中出现的不公正、错误也会激起人的正义感。一个人懂的东西越多，正义感就越强。

正义感增加了人性的“正直”，这既表现为打抱不平的一面，又表现为坚持真理的一面。一个人明知是白的不会说是黑的，或者说，一个人在把白的说成是黑的时一定会感到心理不安，这正是正义感（或许还有自尊心）的作用。

当然，任何情感或欲望都应有所控制，对待正义感也应如此。在人际交往中，要特别注意控制自己的正义感，打抱不平要视情况而定，不要轻易伤及他人的情感及需求。

帮助同类的需要（同情心）

同情心是为帮助他人脱离困境以维护群体强盛而生。人确有同情心，这是最早被人认识的情感。人的同情心表现为，看到他人受苦受难（家境贫寒、重病缠身、家破人亡）、婴儿被遗弃、老人无

19 ［英］达尔文著，潘光旦、胡寿文译《人类的由来》，商务印书馆，2013 年，157 页。

人抚养、儿童失学、大学生无钱入学、穷人乞讨、灾民流离失所等情形就会产生怜悯之情，就会不安、痛苦、心酸流泪，从而出手帮助，比如捐款、捐物、借钱、在公交车上让座、搀扶老人、收养孤儿、危急时刻救人等。人在悲伤时常常流泪，流泪直接表示着苦难，因而许多人见不得他人流泪，见人流泪他就心酸，见人哭泣他就哭泣。同情心还表现为，看到欠债人的艰难而主动推迟还债时间或减免债务；看到他人困难而照顾招工、租房；想到他人可怜而不做伤天害理的事；想到妻子的难处而不与妻子离婚；看到受害者惨状而停止犯罪。有位农村妇女，丈夫不幸去世后留下上百万的债务，她想到这是人家的血汗钱，想到人家身陷困境，毅然决然地踏上了五年的讨债（很多客户欠他家钱）还债的艰辛之路。可见，同情心与自尊心相比，是另一种做善事或不作恶。凡此种种，都是同情心的作用，确实有利于人类整体的和谐和强盛。

在日常生活中，人的同情心不仅会被同类的不幸遭遇激起，而且常常被书籍、电影、电视中人物的不幸遭遇激起，正因如此，许多人常常一边看电影，一边落泪。同情心是“良心”的一部分。

归群的需要（孤独感）

对于群居动物而言，落单就危险，只有归入群体之中才能避免受到侵害，它的心理反应是孤独感。孤独感是一种痛苦的感觉。为了解除这种痛苦，人们总是迫切想找到同伴，归入群体，来到人多的地方。一个人独处，特别是在人烟稀少的地方，会感到孤独难熬。据报道，有个在边远地区工作的人，平常很难见到人，为了排解孤独，他常常在路边守候大半天，只是为了和过路的司机打个招呼。达尔文说：“谁都会承认人是一个社会性生物。不说别的，单说他不喜欢过孤独的生活，而喜欢生活在比他自己家庭更大的群体之中，就使我们看到了这一点。独自一个的禁闭是可以施加于一个人的最为严厉的刑法的一种。”[20]

人群中最容易产生孤独感的是老年人。退休后他们接触社会的机会大大减少，离火热而丰富多彩的生活越来越远，精神生活日益枯燥。因此，他们最大的需求是亲友的看望和陪伴。日本有些老人会花大价钱请人到家里，陪他度过“家的温暖的一天”。重庆一个71岁的刘老太太，三个子女并没有少给她生活费，但很少前去看望，刘老太太将子女告上法庭：“我不要钱，只要他们每个月回家吃顿饭。”看望和陪伴，就是见见面，嘘寒问暖，听听唠叨，说说家长里短，陪着下下棋、打打牌之类。此间，老人既解除了孤独，又满足了母爱、爷孙爱、尊重、好奇、好胜、同情、正义等情感需要。由此，年老的父母总盼望儿女“常回家看看”。【063】

归群需要或许就是马斯洛所说的归属的需要。他说：“我们还低估了邻里、乡土、族系、同类、同阶层、同伙、熟人、同事等种种关系所具有的深刻意义。这里我很高兴地向大家推荐一本以极大的感染力和说服力来叙述这一切的书（《必须服从的土地》——著者注），它能帮助我们了解我们根深蒂固地要成群结队、要入伙，要有所归属的动物本能。”[21]韩国摄影师朴洙容，自2005年开始花了五年时间，孤身一人前往俄罗斯荒无人烟的冰封的森林中，追寻拍摄西伯利亚虎。这五年里，他经常独自一人待几个月，最长一次是七个月。他的韩国助手给他送补给（两三个月一次）时，两人都不敢直视对方，直视就会哭出来。他说：“我看着他离开，刹那间，我心中涌起了巨大的孤

---

20 ［英］达尔文著，潘光旦、胡寿文译《人类的由来》，商务印书馆，2013年，163页。
21 ［美］马斯洛著、许金声等译《动机与人格》，华夏出版社，1987年，50页。

【064】你能体会一个人投身荒野五年所承受的孤独感吗？

独感，深感人类不能独自生活，人类要生活在一起。”【064】

有学者说“人类是非常不适合独立生存的动物”“就算有人提议，‘如果能在与世隔绝的房间里生活一辈子，一个就会被奖赏百亿’，我们还是会想方设法与他人过群居生活。所以给人类附上隶属需求，才是让人选择群居生活的最佳手段”。[22]

22 ［韩］朴珍英著、千太阳译《敏感动物：我们为什么在意别人的脸色？》，古吴轩出版社，2015 年，5 页。

第 7 章

机体需要是一切行为的根本动力

人体有着驱动行为的动力，这个动力不可能是思想、美德等主观的东西，而必然是“不以人的意志为转移”的不容偷懒的强大的自然力量，这个力量就是与快乐痛苦感觉紧密相连的机体需要。

在生物界，植物植根于大地，靠自己的根、茎、叶直接从自然界中获得个体生存所需的物质（土壤、雨水、空气、阳光等），繁殖则靠种子和花粉等性状来实现。动物则不同，动物是活动的，它维持生存和繁衍全靠自己的行动。进化论告诉我们，自然界既然造就了某一动物，必然会给这一动物造就驱动行为的动力，而且这个动力必须十分强大，足以驱动其全部行为去完成维护个体生存、延续后代和维护群居（对群居动物而言）的使命。显然，动物的生死存亡取决于行为，行为取决于动力。归根到底是动力决定了动物的一切。

由此，研究人性及行为，除了要把握物种生存是进化的根本目标之外，关键在于弄清什么是人体驱动行为的动力，以及这些动力的根源、作用和特性。如同一部机器，关键在于把握这部机器的发动机。一个自行运动的物体内部必有动力，汽车有发动机，钟表有发条或电池。人的内在如果没有动力，“有机体就将不能执行任何种活动了，他们将静卧不动，活像一只除去了发条的钟表或熄了火的蒸汽机。”[1]

弗洛伊德把“本能”、道金斯把“基因”作为人内在的、决定性的东西是十分可贵的，但并不准确。本能并不是最根本的东西。弗洛伊德的“动物本能”接近“机体需要”，可他的本能让人难以捉摸，且很不具体。道金斯的“基因”对行为没有直接的决定作用，且没有具体的动力机制。本书的研究证明，人体驱动行为的非理性力量既不是“本能”也不是“基因”，而是人体与生俱来的需要即机体需要。人体如同一部机器，机体需要是发动机，是动力源。

快乐痛苦的感觉是驱动行为的直接动力

我们看到，动物（包括人类）有头角、利爪、翅膀、毒液、胎生、双手、直立行走、感觉、眼睛、思维等本领。可有了这些就能维持个体生存和物种繁衍吗？远远不能。这里没有驱动行为的动力，而没有动力就不会有任何觅食和择偶等方面的行动，没有行动就会死亡。

事实上，动物机体有两种能力，一是动力性的能力，另一个是非动力性的能力。头角、长颈、翅膀、思维之类是非动力性的生存能力。这类能力受动力性能力的支配。没有动力的驱使，武器或工

---

1 ［美］麦独孤著《心理学大纲》（英文版），伦敦梅休因出版社，1923 年，218 页。

具就不会有任何的动作。所以，动物行动关键是靠内在动力的驱使。对人类而言，无疑，这个动力不可能是思想、美德等主观的东西，而必然是“不以人的意志为转移”的不容偷懒的强大的自然力量。因为只有这样，才能迫使个体主动地自觉维持自我生存、物种繁衍和群体稳定（对群居动物而言）。这是自然界这个设计者造就物的原理，是生物进化的原理。

那么，什么才是驱使人不得不行动的直接动力呢？【065】这只能是那些具有肉体感受性的东西。我们看到，这些东西就是快乐的感觉和痛苦的感觉。人的快乐和疼痛的感觉是自然界作为动力植入人体的，是一种强大的力量。如弗洛伊德所说：“里比多（著者注：里比多，性力，泛指一切快感）和饥饿相同，是一种力量，本能——这里是性本能，饥饿时则为营养——即借这个力量以完成其目的。”[2]

相信，在动物界，快乐的感觉和疼痛的感觉并不是一开始就有的，起初动物保护自己的反应可能就是一般的神经反应。后来因为这种反应太简单，随着神经系统的进化，特别是大脑的出现，就有了作为动力的快乐感和疼痛感。

物种生存是生物发展进化的根本目标。在动物界，一切都靠个体的行动。千千万万的个体为何会朝物种生存这个目标而行动呢？或者说，自然界是怎么让千千万万的个体去为物种生存这一目标奋斗的呢？又或者说，维护物种生存这一目标是通过什么去实现的？一句话，是通过快乐痛苦感觉的驱使。快乐痛苦的感觉是动物个体维护自我生存、物种繁衍和群体稳定（对群居动物而言）的决定动力。

人最多最经常的体验是疼痛感，这种感觉十分强烈。人一日三

2 ［奥］弗洛伊德著、高觉敷译《精神分析引论》，商务印书馆，1986 年，247 页。

餐，一顿不吃心发慌，一日不吃饿断肠。人无法忍受饥饿的痛苦，在食物非常缺乏的情况下，这种痛苦会驱使你吃糠咽菜或不顾脸面地去乞讨。渴，看起来缺的仅仅是水，然而一旦渴起来，你会觉得心里火烧火燎，有时忍不住竟喝脏水，喝人尿。冷时，人会浑身打颤，甚至嘴唇发紫；热时，会心里发慌，气喘吁吁，大汗淋漓，严重的还会休克。劳累会使人腰酸腿痛浑身动弹不得。跌打损伤和疾病所产生的疼痛感更是异常强烈，让人难以忍受——有人大喊大叫，就地打滚，痛哭流涕；有人蜷缩一团，咬破嘴唇；有人因难忍剧烈的疼痛而自杀。人们形容有些疼痛如“撕心裂肺”，这是毫不夸张的。有个男士腰间盘突出做了手术，刀口近30厘米，缝了38针。麻药作用过后，疼痛像魔鬼一样整整折磨他一夜。第二天他深有感触地说：“这一夜简直不是人过的日子。”

在绝大多数情况下，肉体的疼痛是压倒一切的。人自杀时，一般会选择枪杀、上吊、投河、割腕、吃安眠药、煤气中毒等不是很痛苦或自己无法控制后果的结束生命的方式；决不可能直接忍受巨大痛苦用刀慢慢把自己杀死。疼痛是不可逾越的。据2017年12月20日安徽卫视《超级新闻场》栏目报道：南京一青年男子因家庭矛盾，一心自杀。一天，他开着自己的奥迪车带着煤气罐来到安徽滁州一处公共墓地。他拿出一瓶白酒，自己喝了一半，将另一半泼在车内，点着了火。瞬间车内大火弥漫，他的头部、脸部和手被灼伤。他实在忍受不了这种疼痛，不得不放弃与车同归于尽的念头，而从车内跑了出来。

有一位花季少女，小时候左手落下残疾，为了漂亮，她决心手术。可手术后，在连续几天几夜钻心疼痛的煎熬下，她一次次对妈妈说：“妈妈，早知这样疼痛，我决不来受这个罪。”与钻心的疼痛相比，漂亮又算什么呢？平日里手上扎根刺、眼里进一粒沙子，也会疼痛难忍。俗话说：“十指连心”“人皮掺不得假”，这是实际感受的总结。正因为疼痛如此强烈、如此难忍，手术时才要打麻醉药，癌症晚期病人才要打吗啡；才有人忍受不了病痛的折磨，要求“安乐死”，或直接选择自杀。同样，正因如此，人世间才有炮烙、鞭打、钉竹签、下油锅、老虎凳等酷刑，以摧残人的意志，使人屈服。

疼痛感的动力作用还在于它的广泛性和敏感性。疼痛感可以发生在身体的任何一个地方，从上到下，从里到外，而且特别敏感，稍有伤害就会疼痛。于是，人会经常感到不适或疼痛，不是这儿疼就是那儿痛。

肉体快感中的性快感是最为强烈的。植物的繁殖靠种子在极其广漠的土地和水域中孕育，而哺乳动物的精子只有极少的去处。这就需要动物个体主动择偶，积极交媾。于是，自然界就给予动物一种特殊的肉体感受性，即性快感。这种快感十分强烈，使两性彼此吸引，互相追求，经常交配，这样繁衍就有了保障。自然界为什么让男人喜欢女人，尤其喜欢女人的生殖器官？因为只有这里才能生孩子，而且离它越近的地方越能激起性快感。这势必导致经常交配，物种繁盛。这也就是自然选择的神奇之处。

人人都有这样的感受：快乐痛苦是行为的直接驱动力，或者说直接驱动行为的总是快乐痛苦的感觉。是饥饿的痛苦驱动人去吃饭——尽管有时不饿也会去吃，也是为了避免饥饿痛苦的来临。如果没有了饥饿感，即使几天不进食或因此身体受到伤害，也不一定会有行动。2000年的《新民晚报》曾报道，沈阳市有个14岁的女孩，天生没有痛感。一次，她的手碰到火炉，手上起了泡，可她没有当回事还在玩；又一次，水杯里滚烫的水滴在她手上，烫起了水泡，可她不疼不哭。一年四季，她的机体经常受到伤害。为此，家人伤透脑筋，求医无门，只得全力保护。这个女孩正因为没有痛觉，失去了保护机体的动力和自我保护的行动。

可见，快乐和痛苦感觉的动力作用是何等强大。英国思想家边沁说得好："自然把人类置于两个至上的主人——'苦'与'乐'——的统治之下。只有它们两个才能指出我们应该做些什么，以及决定我们将要怎样。""举凡我们之所为、所言和所思，都受它们的支配：凡我们所有的一切设法摆脱它们统治的努力，都足以证明和证实它们的权威之存在而已。一个人在口头上尽可以自命弃绝它们的统治，但事实上他却始终屈从于它。"[3]

快乐痛苦的感觉，不仅反映在肉体上，而且也反映在心理上。人人都有体验，情感需要被激起时，满足了就感到快乐，没满足就感到痛苦。比如，看神话故事感到开心；领略大自然的美景感到心旷神怡；见到漂亮的姑娘就喜欢；遭遇危险的时候感到恐惧；受到批评时感到羞愧；胜利时感到喜悦；恋爱时感到甜蜜；失恋时感到痛苦；儿行千里母亲感到担忧；受到他人伤害感到愤怒；看到有人欺人太甚感到义愤填膺；看到贫苦的孩子上不起学感到同情；远在他乡孤身一人感到心里空荡荡的，等等。可见，生理需要和情感需要的满足情况都反映为快乐痛苦的感觉，所不同的是，生理需要的满足情况产生生理（肉体）的感觉，情感需要的满足情况产生心理的感觉（本质上也是生理的）。

心理的快乐和痛苦有着实际的生理基础。科学研究证明，人的大脑里存在着心理的快乐与痛苦的机制。美国有位科学家做了个有趣的实验：在白鼠下丘脑的相应部位埋藏电极，白鼠会不断地压杆（接通电源）让电流进入，以获得愉快的刺激。为了得到这种刺激，白鼠不是趋向食物，而是以每小时 5000 次的速度连续 15—20 小时拼命压杆，直至体力衰竭。后来这个试验被应用于病人，病人也喜欢这种刺激。因此，下丘脑被称为"快乐中枢"。现在，这个试验

---

3 《从文艺复兴到 19 世纪资产阶级哲学家政治思想家有关人道主义人性论言论选辑》，商务印书馆，1971 年，582 页。

被载入许多书籍。几乎在同一时间，另一名科学家发现，在“快乐中枢”附近存在着“痛苦中枢”，电刺激这个部位，动物会发出嘶叫声，出现逃跑或攻击性行为，并很快学会按压停止刺激的杠杆。美国一位科学家说：我们“曾经提到，用适当的电流刺激下丘脑的一定区域能产生愉快的感觉，而刺激邻近部位则产生不愉快或厌恶的感觉。通过影响位于下丘脑下部的垂体，下丘脑能控制恐惧和紧张的反应”。[4] 平常情况下，这些“中枢”由谁来刺激呢？我以为，就是由情感因素来刺激，满足了，有关信息刺激快乐中枢产生愉快的感觉；没有满足，有关信息刺激痛苦中枢产生痛苦的感觉。

综上，快乐痛苦的感觉对于行为的支配作用，是从根本上说的。具体而言，人的行为并不都是由快乐痛苦的感觉直接支配的，即并不都是饿了吃、累了歇。人是有理智的，人的大量行为是预防行为或储备行为。比如，为了防止饥饿，而提前吃饭；为了避免冬天冷夏天热，而提前安装了空调；为了将来的快乐生活，而预先进行储备性的劳动，以获取长期生活的物质资料。不过应该看到，最终起决定作用的还是快乐痛苦的感觉。不提前吃饭到时就会有饥饿的痛苦；不提前安装空调到时就会大汗淋漓或瑟瑟发抖；不提前劳动储备就会因柴米油盐而痛苦不断疾病缠身，以致死亡。

机体需要是驱动行为的根本动力

这里的“机体需要”，不仅包括人的生理需要，而且包括人的情感需要；这里的“行为”，不是指走路、乘车、坐飞机、上网、参加会议、接电话、上课、考试等为最终目的服务的派生行为，也不是一个大行为中的过程行为，而是指直接满足机体需要和为满足

---

4 ［美］希尔加德等著、周先庚等译《心理学导论》（上册），北京大学出版社，1987 年，58 页。

机体需要作准备的大行为，如吃饭、睡觉、旅游、美容、玩电子游戏；又如做工、种地、经商、当官、上学、写作、科研、恋爱、结婚。这里的“一切行为”，是指人的任何一个行为不是源于这个（或几个）机体需要，就是源于那个（或几个）机体需要，不源于任何机体需要的行为是没有的，或者说，任何行为都离不开自身机体需要的驱使。

1. 机体需要与快乐痛苦

如上文所述，人在什么情况下会产生快乐痛苦的感觉呢？是在机体需要被激起而得到满足或没有得到满足的时候，满足了就快乐，不满足就痛苦。谁都有这样的体验：食物需要没有满足，会感到饥饿；睡眠需要没有满足，会感到瞌睡；生了病，健康需要没有得到满足，会感到疼痛；从冰天雪地里走进温暖的室内满足了温度需要，会感到温暖；性需要得到满足，会产生性快感。这也就是说，饥饿，是食物需要没有满足时的反应；瞌睡，是睡眠需要没有满足时的反应；病痛，是健康需要受到伤害时的反应；温暖，是温度需要得到满足时的反应；性快感，是性需要得到满足时的反应。可见，快乐痛苦的感觉是机体需要满足情况的反映；它的作用是驱动人的行为，去维护个体生存和后代繁衍。

我们看到，每一个机体需要的满足情况都有各自对应的快乐痛苦的感觉。食物需要的对应感是饥饿、口渴、酸甜苦辣等；健康需要的对应感是疼痛、恶心、头晕、麻木、腰酸背痛等。人的快乐痛苦的感觉是多种多样的，起码有上百种。如果将这上百种感觉作为驱动行为的动力，不仅没有抓到根本，而且显得很复杂。既然一切快乐痛苦的感觉都是机体需要满足情况的反应，在一切快乐痛苦背后起作用的都是机体需要，那么机体需要就必然是驱动行为的根本动力。客观上，每一个机体需要都有一整套生理机制，快乐痛苦的感觉是机体需要机制的一部分，是机体需要的决定环节【066】，机体需要正是通过快乐痛苦的感觉起着动力作用的。

【066】快乐痛苦是机体需要的决定环节吗？

自然界把每个人所有的快乐痛苦都与机体需要拴在一起，把人的一言一行也都与快乐痛苦拴在一起，使人的一言一行都不得不听从机体需要的指挥。机体需要自然地成了决定机体一切活动的指挥者，成了主人。

那么，机体需要是如何通过快乐痛苦驱动行为的呢？

2．欲望与行为

动物的行为可分两大类：第一类是本能行为（在生存活动中由进化形成的固定行为模式），第二类是由欲望驱动的行为。动物很大一部分行为都是本能行为，如鸟会筑巢，蜘蛛会织网，狗能找到家，小鸭子出生后会跟随它所见的第一个移动物体。人类也有本能行为，但较少，如一出生就会吃奶，一遇危险就会逃跑，一旦摔倒瞬间就会手撑地。

我们所要研究的行为乃是由欲望驱动的行为。欲望哪里来？欲望起于机体需要。其过程是：机体需要被激起产生快乐痛苦的感觉，在这种感觉的驱使下产生追求快乐、解除痛苦的欲望。快乐痛苦的感觉是机体需要的动力环节，有了某种感觉，就必然有追求快乐解除痛苦的具体欲望。

从总来说，欲望的产生有以下三种情况。

其一，个人生存方面的生理需要得不到满足时产生生理的欲望。一般情况下机体需要呈无欲状态，而当体内物质缺损、平衡遭到破坏时会产生痛苦的感觉，从而产生解除痛苦的欲望。对生理需要来说，人的食物、健康和温度需要，实质上是机体对各种物质的构成、位置、压力和运动等方面的一定要求，如，一定的水、一定的盐、一定的蛋白质、一定的脂肪、一定的钙、一定的温度、一定的结构等。当一定量的东西缺少或增多，或“一定”的要求遭到破坏时，人体内就发生一系列的化学或物理的变化。人有着遍布全身的神经系统、100多亿个神经细胞（神经元），体内一旦有变化，就会立即触及周围神经系统传入（刺激）脑，从而产生解除痛苦或不适的欲望。

其二，性欲的产生则不同。性需要产生的性欲并不都是由于机体缺乏什么而引起的。性需要的目标不是用于自己的生存，而是用于繁殖。繁殖，异性间发生性关系，排出体液，以孕育新的生命。还有，性需要被激起产生的欲望不是痛苦的感觉，而是快乐的感觉。一个发育正常的成年人性动机的产生，是外界异性的信息经人的感官的看、听、嗅、触，刺激人内在的性需要而发动的。性欲产生后，人追求的是快感的持续和更强烈的快乐。

其三，情感需要受到刺激产生心理的欲望。自然界造就情感的目的，是让人根据外界的情境去维护个体生存、物种繁衍和群体稳定。其运行原理是，外界情境刺激人的种种情感，产生快乐或痛苦的感觉，从而产生欲望。比如，外界情境刺激人的好奇心，产生愉快的感觉，继而产生探寻新食物的欲望；受了批评，刺激人的自尊心，产生羞愧的感觉，进而产生自我约束、赢得他人尊重的欲望；遭遇了危险，恐惧感受到刺激，产生恐惧的感觉，进而产生逃跑的欲望；受到他人的欺负，仇恨心被激起，产生复仇的欲望；见到心仪的异性，情爱心被激起，产生求偶的欲望。

欲望是动力，动力驱动行为，有欲望才有行为，欲望强则动力强，动力强则行为更卖力。饿了，饥饿的痛苦使你产生吃饭的欲望，随之有了吃饭的行动；渴了，口干舌苦使你有了喝水的欲望，随后去喝水；遭遇危险，心惊胆颤的恐惧使你有了逃跑的欲望，随之逃跑。我曾有过这样的不解：平日我家是我和我的夫人两个人生活，

【067】为什么“男女搭配干活不累”？

【068】行为总是由最强烈的欲望决定的吗？

到了周末通常请儿子和侄女两家来聚餐。两人过日子时，我常常眼看着被子没叠、地没扫、东西乱放也无动于衷，可聚餐那天就不同了，我一大早就去买菜，此后就忙着打扫卫生，整理内务，干劲十足。我夫人洗菜烧菜更是不辞辛苦不亦乐乎。这是为什么？直到有一天突然想到：这里的懒与勤，根源在于欲望是否被激起。正常过日子时，欲望平平淡淡。周末聚餐那天，我们对至亲的爱及自己的面子（自尊心）等情感就被激起，而且十分强烈。作为父母和爷爷奶奶的我们，出于爱，会想到孩子们喜欢吃什么，喜欢什么就买什么。家里卫生不好，会影响自己的面子，所以要角角落落彻彻底底地打扫，生怕被谁说些什么。如此用心卖力不是很累吗？奇怪的是，我们不仅不感到累，反而心中还荡漾着快乐。特别是当孩子们吃得开心的时候，我们就更加开心。这使我联想起“男女搭配干活不累”这一俗语【067】。这里的原理是，人的多个欲望同时被激发起来，有的带来痛苦，有的带来快乐，当快乐强于痛苦时，痛苦就被掩盖，人就不感到累了。男女搭配，情欲和性欲被激起的快乐显然大于干活的劳累。

行为总是由最强烈的欲望决定的【068】。个别父母之所以会毒打或抛弃自己的孩子，不是因为这些父母没有母爱的天性，而是因为人除了母爱还有多种机体需要。在不同的情况下，各种机体需要被激起的欲望强度是不同的。在正常情况下，人的欲望正常地驱动行为；而当某个或某几个需要所产生的欲望特别强烈时，一个人就会做出超乎寻常的行为。如，当儿女重重地伤了父母的心，父母就会产生强烈的仇恨，而当这种强度远超过母爱之心时，父母就会毒打孩子。又如，当父母特别贫困、生活难以为继，或婴儿先天严重残疾，父母为自己的生活和孩子的抚养、治疗陷入焦虑、绝望时，也可能会抛弃自己的孩子。

在实际生活中，一个行为常常并不是由一个欲望（机体需要），而是由多个欲望驱动的。人体有近 20 种需要，人的行为常常是几种机体需要共同作用的结果。有一次，我去银行取钱。银行开了三个窗口，一号窗口办理 B 业务，二号窗口办理 A 业务（存取款），三号窗口暂停。二号窗口业务员上班后一直在数钱，导致包括我在内的众多用户被晾了十多分钟。许多人生气找大堂经理，他答应两个窗口都改为 A、B 业务轮流各办一项。没想到，二号窗口业务员开始叫号时还是叫了 B 业务。大家愤怒了，纷纷说要给他差评。果然，后来有人真的给他评价“不满意”。轮到我办理的时候，几个情感在打架：仇恨心要给“不满意”，但看那个业务员是新手，动作虽慢，态度还好，如真的给差评，既感到于心不忍，又感到于理不公，甚至还会感到问心有愧。最终我按了“一般”。在这个行为中，我的仇恨心、同情心、自尊心、正义感都在起作用。当我准备作“不满意”的评价时，同情心让我感到于心不忍；自尊心让我感到问心有愧；正义感让我感到于理不公。这里还表明，人因为有多种机体需要，即使在某种需要的驱使下打算行动，但在其他需要的作用下，完全可能改变或停止行动。

综上所述，行为产生于欲望，欲望产生于机体需要。这就是说，没有机体需要就没有欲望，没有欲望就没有行为。具体而言，人有食物、性、尊重、安全等 18 种机体需要，就有了食欲、性欲、爱面子、躲避危险等 18 个基本欲望。人的欲望很多，但一切欲望都归于这 18 个基本欲望。欲望是能够直接感知的，因此，人们总是从欲望看行为。可以说，人的一切行为都是由这 18 个基本欲望驱动的。

机体需要与欲望的区别是：机体需要是客观的生理机制，本身是无欲的；欲望是机体需要被激起时产生的心理反应。欲望和动机的区别是：欲望有肉体和心理的感受性，无意识，不直接指向行为；动机源于欲望，无感觉，有意识参与，有目的，指向行为。

3．**机制与行为**

人体有很多生理机制和心理机制，它们共同担负着维持个体生存、繁殖和群居的任务。其中一部分是身体自行运行的机制，如血液循环机制、伤口愈合机制、免疫机制、呕吐机制、生茧机制、打喷嚏机制；另一部分是与快乐痛苦的感觉紧密相连的机制，如饥饿机制、性欲机制、睡眠机制、酸甜苦辣机制、恐惧机制、害羞机制、仇恨机制、母爱机制。显然，这后一种机制是具有动力性的机制，只有这种机制才驱动行为，而一切动力性的机制都归属于机体需要。

可见，寻找行为的根源，关键的一条，是要确定人体有哪些驱动行为的机制。确定了它，才能抓住行为的根，否则必然没有头绪。这也就是说，研究行为不仅要寻找人体的机制，而且一定要寻找能够驱动行为的机制。确定了，就在这个范围内寻找。如果你所确定的机制或机体需要还不能完全或准确地解释人的行为，那就去找新的动力机制，千万不能去寻找那些并无驱动力的机制。

应该相信，任何行为背后都有具体的驱动机制【069】。男女一见钟情，这里的驱动机制是人的情爱需要和性需要。那一瞬间的事实是，一见美女、帅哥，就在生理和心理上感到兴奋、快乐，即有了快感。在动物界，雄狮夺取首领位置后，为什么会杀死原首领的幼仔？从根本上讲，这有利于物种的生存。新首领能打败原首领，说明新强原弱，为了物种的强盛，只能淘汰弱的基因，让新首领的基因得以延续。那么杀死原首领幼仔的行为具体是由哪种机制驱动的呢？任何行为都应由具体的生理或心理方面的动力机制驱动，而不是由道理驱动。我想，或许是仇恨心。

人世间，有没有杀人、自杀、强奸、攻击、友谊方面的行为？当然有。但人体有没有与这些行为对应的专门机制？应该没有。可一些进化心理学研究者为了解释这些行为，假设人体存在着这些专门的机制，并着力证明这些机制的存在。

我以为，判断人体是否有支配某种行为的专门机制，关键看两点：一是这个机制是否有利于物种的生存；二是这个机制之中是否有与快乐痛苦紧密相连的具体的驱动行为的动力，如果没有，这个机制要么根本不存在，要么就不是动力机制。

照此看来，自杀不利于个体生存；强奸不利于物种繁衍；互相残杀和攻击，既不利于个体生存，又不利于群体的存在和稳定。另外，杀人和攻击会激发人的仇恨心，这必然导致整个社会都处在打打杀杀、冤冤相报之中。自然选择怎么可能在人体上设计杀人之类的机制呢？再说，机制是人人都有的，难道每个人都有专门的杀人冲动吗？不杀人就难受，杀了人就快乐吗？这绝不可能。

那么，该如何解释杀人、自杀、强奸、攻击、友谊行为呢？

首先，这些行为是存在的，但属于个别行为，而不是普遍性的正常行为。所以这些行为都不是出于专门的机制，而是出于我所说的那些机体需要机制。有的行为出于一种需要，如强奸行为出于性的需要，是性欲被强烈激起而又不能自控所致。还有一些行为出于多种机制（多种机体需要），是多种机制作用的结果，如杀人行为，有仇杀（仇恨心）、有情杀（性嫉妒）、有因劫财而杀人（财物是满足多种机体需要的保证）、有干坏事怕暴露而杀人（羞耻心）；又如自杀行为，有畏罪自杀、有因失恋而自杀、有因丢面子而自杀、有因患抑郁症生不如死而自杀；再如攻击行为，有为复仇而攻击、有为避免伤害而攻击、有为名誉地位而攻击、有为争夺或保护财产而攻击、有为女人而攻击。再说友谊行为，它不是出于专门的天生的“合作联盟”，而是出于多种机体需要，比如，朋友之间有共同的兴趣爱好、朋友被误判入狱而同情、与之相处能避免寂寞孤独等。应该说，这正是友谊难以永恒的根本原因。

在《进化心理学：心理的新科学》一书中，为讨论“人类已经进化了杀人机制吗”，有过这样的调查：“下面几种情境更能激发男性的杀人念头：受到人身威胁、财物被盗、想知道杀人是什么感觉、钱财引发的冲突，以及受到公开的羞辱。”[5]这正好证明：杀人念头或杀人行为不是源于专门的杀人机制，而是源于人的多种机体需要。

“受到人身威胁”欲杀人，源于保护自己生命的需要；“财物被盗”和“钱财引发的冲突”欲杀人，源于食物、繁殖等多种机体需要，因为财物是人满足多种需要、维持自己生存和繁殖的基本保障；“受到公开的羞辱”欲杀人，源于人的尊重（自尊心、面子）的需要。至于“想知道杀人是什么感觉”欲杀人，这似乎是闹着玩的，如真有这个念头，那一定是源于好奇心，可单凭这个念头就付诸杀人的行动是难以想象的。除此外人还有同情心、自尊心、恐惧感、正义感等情感，这些情感都会阻止其随意杀人。

4．情感需要与行为

前文说过，情感需要的满足情况与生理需要的满足情况一样，也反应为快乐痛苦的感觉，快乐痛苦的感觉既是生理需要的动力环节，也是情感需要的动力环节。不同的是一个是肉体上的快乐痛苦，另一个是心理上的快乐痛苦。应该看到，情感需要是动力性的生存能力，是生理性动力能力的发展和补充。我原以为，动物机体上的动力性生存能力是不变的，变化的只是非动力性的生存能力，如牛

---

5 ［美］D · M · 巴斯著，熊哲宏、张勇、晏倩译《进化心理学：心理的新科学》，华东师范大学出版社，2007 年，349 页。

【070】情感需要是驱动行为的两大动力之一吗?

的角、鸟的翅、长颈鹿的长颈等。现在看来，进化无所不能，在动物脑特别是大脑出现之后，动力性的生存能力在脑中逐步有了发展进化，从而出现了心理方面的动力，即情感动力。

情感需要是动力性的生存能力，是驱动行为的两大动力之一【070】。这里的关键在于，快乐痛苦的感觉也是情感需要的决定环节。我们看到，情感需要对于行为的驱动作用是显而易见的。人们遭遇危险，在安全需要（恐惧感）的驱使下紧急逃生；母亲在母爱需要的驱使下无微不至地关爱自己的孩子；科学家在好奇心、好胜心的驱使下满腔热情地投身科学研究；足球健儿们在好胜心荣誉感（自尊心）的驱使下奋力拼搏于绿茵场；恋爱男女在情爱需要的驱使下亲亲热热、海誓山盟，情意绵绵；学生在好胜心、好奇心、自尊心的驱使下努力学习刻苦钻研；广大劳动者在自尊心、荣誉感、好胜心等需要的驱使下努力工作，积极上进；人际间，人们在自尊心、好胜心、仇恨心、性嫉妒等情感需要的驱使下，相互尊重、互帮互助、团结友爱，或争争吵吵、斗来斗去、冤冤相报；革命战争年代，许许多多的志士仁人在正义感、好胜心、同情心等情感的驱使下义无反顾地投身革命。

情绪是机体需要满足情况的反映，也明显起着动力的作用，驱动着人的行为。生气、愤怒、义愤填膺，会驱使你或反抗或报仇，或挺身而出打抱不平。着急，催你快快行动去实现你的目的，如快走、快做、快等到你要等的人、快完成你所做的事情；你在途中，暴风雨即将来临，你着急，驱使你赶快回家；忧愁、焦虑驱使你把要做的事放在心里，要你思考，再思考，以实现你的目的；家无存粮使你忧愁，驱使你尽快想办法以维持生计；悲哀，让你记住失败，总结经验教训，以争取胜利。

【071】人为什么会“替古人担忧”？

与生理需要相比，人满足情感需要的行为范围是十分宽泛的。

其一，生理需要是“硬”道理，无论谁都不会把泥土当饭吃；可情感需要就容易被欺骗，一些并不能带来食物或异性的刺激物也常常会给人带来快乐。这是为什么？因为情感原有的刺激物被人的神经系统扩展的缘故。在进化过程中，致使情感形成的远古的刺激物，原本是直接有利于动物生存和繁衍的，比如，致使好奇心形成的刺激物是粉红色的苹果、黄色的梨、紫色的葡萄等各种好吃的果实；致使爱美之心形成的刺激物是具有最强生殖能力的年轻貌美的靓女或强壮的猛男；致使恐惧感形成的刺激物是一次次猛兽的追击和猎杀。神奇的是，这些情感一旦形成，由于人或类人猿高级神经系统的条件反射和无条件反射的作用，一切与原刺激物相关、相类似的，而不论与生存繁衍有无直接关系的情境、事物、语言、图像、视频、文字等，也同样能激起这些情感。

人的生理需要（除性需要）被激起时，一般都是身体受到伤害产生痛苦的感觉，可情感需要被激起时大多是快乐的，甚至是强烈的快感。比如，当年人们看朝鲜电影《卖花姑娘》时，一个个泪流满面，可都说这部影片“好看”“感人”。因为这种“痛苦”并不是现实中的不幸，而是一种“刺激”，一种快乐。由此，人们为了获得快乐，常常主动地、大量地在书籍、电视、电影、网络中追求情感需要的满足，大量地看书、看电影、看电视、看演出、唱歌、跳舞、参加各种比赛、打牌、捉迷藏、上网、玩电子游戏、旅游、与人聊天等。当你认真看一本书或一部电影，这些原本是虚构的、于你而言无关痛痒的东西时，会在心里激起一串串的情感和情绪：好奇心、美感、爱情、恐惧、同情、好胜、正义感、喜悦、憧憬、愤怒、“替古人担忧”等【071】。尽管这是对情感的“欺骗”（情感原本是用于个体生存和物种繁衍的），但你还是从中获得了快乐。

文艺作品中蕴含着人类众多的情感，又广泛深刻地激发着更多人的情感。人有新奇、爱美、安全（恐惧感）、强胜、反抗（仇恨感）、自尊、情爱、性嫉妒、母爱、同情、正义等情感需要。人们都有这样的感觉，情节惊险、曲折、神秘、奇特，矛盾众多、冲突激烈、爱情热烈，好与坏、美与丑、爱与恨、平凡与伟大、平静与恐怖、痛苦与快乐反差大的作品，一定是受群众欢迎的好作品。

这提示文艺作品的作者和导演，人们之所以喜欢小说、影视等文艺作品，是因为人有情感需要；一部作品受群众欢迎的程度和卖座率的高低，取决于这部作品满足人的情感需要的程度【072】，或者说，一部作品越能激起人的情感（越强烈）就越受欢迎。因此，对每位文艺作品的作者、导演、制片人来说，要想使自己的作品广受群众欢迎，就应努力刺激人的情感需要。要做到这一点，就应了解人的情感需要的种类和特点，即了解人性。

我们都有这样的体会：文艺作品中人物的情感越强烈、经历越曲折、展示越充分，就越能被它感动。2012 年 4 月，刘晓庆主演的话剧《赛金花》在上海演出，观演体验并不好。一位观众在 5 月 9 日《新民晚报》中指出，该剧“剧本太单薄”，情感太平淡，他感到十分遗憾：“一台戏，就看到丰姿绰约的主演刘晓庆，没看到她扮演的赛金花这个角色，没有看到角色丰富的内心、人性挣扎的轨迹以及行为的情感驱动。”关键在于，没能更多地、更强烈地激发人的情感。一部作品仅有明星的“丰姿绰约”是远远不够的。

这 30 年之间，我看过 8 次印度故事片《流浪者》。每一次观看，电影中曲折的故事情节、诱人的异国风情、浪漫的爱情、美丽聪慧的丽达、优美的音乐歌舞、神秘的佛教文化、顽固的拉贡拉特、凶狠的拉扎、遭遇不幸的拉兹及其他的母亲等，都能够强烈地激发起我的好奇、爱美、情爱、同情、好胜、正义等情感。每一次我都被深深地吸引，自始至终沉浸在兴奋、激动和甜蜜之中。

另外，越富有感情的作品就越感人。2012 年 4 月 28 日，第 29 届“上海之春”开幕音乐会上，一首音乐抒情诗《中国，我可爱的母亲》声震全场，获得了潮水般的掌声和欢呼声。这首曲子的作者是著名作曲家陆在易，他在接受记者采访时说：“写这部作品时，曾有半个月的时间，我的心在颤抖，时常号啕大哭。也许，观众是被作品中的真情打动的。”他还说，“在创作的那段时间，我的钢琴上放着方志敏烈士的《可爱的中国》和他行刑前戴着脚镣手铐的照片，构思旋律时脑海中浮现出栩栩如生的画面，那种强烈的冲动促使我双手在琴键上敲击出情感充沛的旋律。”正如冰心所说：“只有从内心深处流出真情的作品才最能感动人。”

其二，人对满足情感需要的追求是无止境的。日常生活中人们总是不惜花费很多时间去追求情感的满足：看书、看报、聊天、看电视、打牌、唱歌、跳舞及各种体育活动等；许多人双休日大量的时间是在电视机、手机前度过，而且经常一看就是半天、一天；网络，对学生有更大的吸引力，许多人常常通宵达旦上网。即使在工作中，人们也在追求好奇、美、好胜、荣誉、同情、正义等情感的满足。从满足情感需要的物质形式上说，人们为了打扮自己，以前用几毛钱的胭脂、花粉、蛤蜊油、雪花膏，现在用几十到上千元的珍珠霜、唇膏、润肤霜、洗面奶，还有整容、割双眼皮、垫鼻梁等，更是高档的消费。玩，花头就更多了。儿童玩具，从陶瓷的小狗、小猫、小牛到铁制的冲锋枪、小汽车再到变形金刚、游戏机、机器人、手机。以前，看电影多是露天的，现在家家有电视，屏幕大小从 12 吋到 65 吋不等，有的人还装了“家庭影院”。

人的情感是不能停息的，即闲不下来，闲下来就会“空虚”“寂寞”。总之，情感总是缠着人，总是与人相伴。人在疲倦时可让身体休息，可人的情感在兴奋、痛苦时，是很难得到休息的。而随着人们物质生活水平的提高，人满足情感需要的欲望会越来越强烈、迫切，有时甚至成为主要欲望。这也就是说，当生理需要得到了基本满足，心理需要就会明显地表现出来。中国古代思想家墨子说：“食必常饱，然后求美；衣必常暖，然后求丽；居必常安，然后求乐。”“衣食足，思淫欲。”马斯洛在谈到爱的需要时说：在一个人饥饿的时候，他把爱看得不现实和不必要；但当他的生理需要得到了基本满足，他就强烈地感到孤独，感受到遭到抛弃、遭到拒绝、举目无亲、浪迹人间的痛苦。

更为明显的是，当物质条件好了，越来越多的人便热衷于旅游。旅游目的地越来越远，费用越来越高。本国的名山大川，什么海南、云南、黄山、张家界、九寨沟、大连、新疆、西藏，能去的、好玩的都得去。国内游不过瘾，又趋于出国游，欧洲、美国、澳洲、新马泰、俄罗斯、非洲等，一切新奇的地方都为人们所向往。一个美国人，竟花巨资乘坐宇宙飞船遨游太空。

总之，饭有吃饱的时候，茶有喝足的时候，觉有睡够的时候，可情感享受似乎没有满足的时候。人们什么时候会说“我已经玩够了，再玩就不行了”呢？人对情感快乐的追求是非常贪婪的。快乐的次数是越多越好，时间是越长越好，强度是越刺激越好。其间，如果真的不想玩了，说“累了”，那则是身体上吃不消了。

细想，人的许多精神追求不是自然界的本意，而是情感需要的副产品。此时情感满足并不用于生存（觅食、护身、繁衍），而是纯粹用于娱乐。值得警惕的是，过多地、不知节制地寻求刺激，会危及人种生存这个根本。

当然，娱乐也有一定的好处。儿童在娱乐中了解世界，学习生存技能。成年人在活动中增长见识、寻觅爱情、融洽感情，有利于自我生存、繁殖和群居。还有一条也是肯定的，那就是愉悦心情、强健体魄。负面情绪有害健康，喜悦情绪则令身心受益。俗话说得好：“笑一笑十年少，愁一愁白了头。”

至此，我们看到，人体感受源于两个途径的刺激：一是通过刺激人的肉体引起的感受，吃饱了舒服，针刺了疼痛；另一个是通过刺激人脑中的情感机制引起的感受，它没有确定的部位，多是反应在人的胸部，这是一种隐藏着的不易被人分辨的感受。可见，情感需要也是根深蒂固的。

机体需要是人的主宰

在西方，有史以来的几千年间，“理性是人的主宰”的观点长期统治人们的思想。14 世纪文艺复兴以来，薄伽丘、费尔巴哈、达尔文等一大批思想家都证明人是自然的产物、人来源于动物、人的自然欲望是人的主宰。19 世纪，弗洛伊德高举非理性主义大旗，他宣称，人（意志）主宰不了自己，“人体内有一种人不能自主的强大的非理性力量”，而这种非理性的力量是人的“动物本能”。弗洛伊德是第一个系统研究人的内在力量的思想家，他在医疗实践中揭示，本能“对我们的生活起决定性的作用”。然而，因为几千年来对人欲的诅咒根深蒂固，又因为从新思想的提出到被广泛承认是一个艰难的过程，以致至今非理性主义的旗帜并没有高高飘扬，理性主宰的观点还居统治地位。如今中国《现代汉语词典》中还赫然写着：“思想是人们行动的主宰。”

所谓主宰，就是决定人的一切感受、欲望、动机、行为、意志以至存亡的力量。人生理上有眼睛、耳朵、鼻子、手、脚以及思维、感觉、情感、需要机制等，头脑里有思想、意志、理想、道德等理性的东西。什么是人的主宰呢？我们知道，自然界将维护每一物种生存的任务落实给了所属的每一个体，而每一个体完成任务的全部力量都集中于机体需要。无疑，机体需要是驱动人一切行为的唯一力量，机体需要是人的主宰。

主宰必然十分强大，让我们进一步地看看事实吧。

1. 生理需要的强大

马斯洛说：毋庸置疑，“生理需要在所有的需要中占绝对优势”。[6]对此，马斯洛作了精彩的分析：“如果所有需要都没有得到满足，并且机体因此受生理需要的主宰，那么其他需要可能会全然消失，或者退居幕后。”[7]

食物的地位。食物是人生存的基本保证。在感觉上，它表现为食物缺乏会产生饥饿的痛苦，而且这种痛苦十分强烈。马斯洛说：“一个同时缺乏食物、安全、爱和尊重的人，对于食物的需要可能最为强烈。”“这时就可以公正地说，整个有机体的特点就是饥饿，因为意识几乎完全被饥饿所控制。此时，全部能力都投入满足饥饿的服务中去。这些能力的状态几乎完全为满足饥饿这一目的所决定。感受器、效应器、智力、记忆、习惯，这一切现在可能仅限于满足饥饿的工作。”“对于一个其饥饿已经达到危险程度的人，除了食物，其他任何兴趣都不存在。他梦里是食物，记忆里是食物，思想活动的中心是食物，感情的对象是食物……生活本身的意义就是吃，其他任何东西都是不重要的，自由、爱、公众感情、尊重、哲学，都被当作无用的奢侈品弃置一边，因为它们不能填饱肚子。”[8]

吃饱难。机体不断地消耗能量，人需要不断地补充能量，不可能一顿吃饱便一劳永逸。根据新陈代谢规律，一顿饭可供消耗的时

---

6 ［美］马斯洛著、许金声等译《动机与人格》，华夏出版社，1987年，41页。

7 同上，42页。

8 同上。

间是很短的，一般只有几个小时。人进食的规律是一日三餐。一个月有30天或31天，一年有12个月，人的寿命一般七八十年，因此，人的一生总要不断地为吃饭而操劳。

美食追求更是永无止境。无论家常一日三餐，还是宴请，不管是山珍海味、生猛海鲜，还是川菜、杭州菜、广帮菜、潮州菜，如要吃饱，一桌人一两百元就够了；如要吃好，可以成千上万。解渴，有水有茶就行；要喝得好，就没有尽头了。美味佳肴给人带来快感，人们因美味而高兴，因痛饮而叫“爽”。

性的地位。性的本质是两性交配生育后代，驱动力是性快感。性快感特别强烈，所以性满足就成了人的一大追求。人类的繁殖是通过婚姻来实现的。性是婚姻的基础，一旦一方性功能出了问题，很可能会导致夫妻分离。平日，性冲动虽然不是始终存在，但时常会被众多的因素所激起，而一旦被激起就很强烈，像一把烈火在体内燃烧。有人形容，“有时突然间会感到全身的肌肉和血液都在沸腾”。同饥渴相比，性满足的快感要比它们强百倍。据2017年2月英国《镜报》报道，英国伯明翰的史密斯伍德体育学校，近日将75名女生遣返回家，理由是这些女生穿的裤子太紧【073】，致使男生无心向学。更有甚者，一些性欲很强或新婚的男子，会时不时地挑逗、侵犯女性。性，能燃起更丰富更艳丽的遐想，也常常是梦的内容。它不仅产生于交配，而且产生于一切与性相关的东西。比如见到美女或帅哥时的快感。正因如此，人世间有些人总是企求夫妻之外的性满足，通奸、卖淫、强奸等行为屡禁不止。如果没有羞耻心、道德和法律的约束，他们一有机会就会寻花问柳。当然色胆包天而无视羞耻心、道德和法律的也大有人在。

睡眠的地位。人每天要花七八个小时睡眠，如长时间缺睡，会不由自主地瞌睡，眼睛不听使唤，常常是不知不觉地睡着了。瞌睡有时会使人倒地就睡，而顾不得环境的脏、硬、喧。这里，人的认识、意志、思想全然不起作用，机体的需要支配着一切。

健康需要的地位。人体是一个有序结构，损伤这个结构就会产生疼痛感。人从头到脚、从里到外的每一个地方都会产生疼痛感，这种疼痛感如饥、渴、冷、热、酸、痛、劳累、痒、晕、苦、麻、头昏等，随时随地都可能产生。人的疼痛感极其敏感，一旦受到侵袭就会发生，因此，人们不得不一辈子为避免机体的疼痛、追求舒适而奋斗，这也是没有止境的。比如，为了减少或避免走路的劳累，人类的行走方式随着社会物质条件的提高而不断变化。先是徒步，后来是坐船、骑牛、骑毛驴、坐马车、骑自行车，再后来是骑摩托车、打的、开轿车。为了坐、卧舒服，人们从木板凳、木板床用到沙发和席梦思；为了使机体享受适宜的温度，人们从用扇子、火炉、电风扇、取暖器到用空调；洗衣，从手洗到半自动洗衣机、全自动洗衣机。人的一生不可能完全没有痛苦和不适，只能是有人多些有人少些。因此，一个人或一个家庭的收入的很大一部分不得不为此而消耗。为了健康，人们日日费心、终生奋斗。本质上，健康就是少痛苦，无疾病，生活质量高，寿命长。

生活是艰难的。在农田里、工地上或集市上，我们常常会看到，农民顶着烈日在种地、工人冒着生命危险在高空作业、小商贩们起五更睡半夜地忙碌。有年冬天，我在老家的小镇上亲眼看见，六七十岁的老太太拄着拐杖拎着篮子在卖鸡蛋，十八九岁的大姑娘坐在寒风里当修鞋匠，双手粗糙而皴裂。

生理需要的强大还表现为，其满足的状况直接决定机体的健康和寿命。饿会把人饿死，渴会把人渴死，冷、热也会致人性命。经常性的营养不良会使人面黄肌瘦、浮肿、贫血，儿童营养不良直接影响发育。外伤和疾病，对人健康和生命的影响就更直截了当。总之，人的生理需要的满足状况决定人的现实感受，决定机体的健康和生存。机体需要是强大的，不可抗拒的，谁慢待、违抗机体需要就要受到报复和惩罚，以致付出痛苦或生命的代价。

2．情感需要的强大

情感的强烈。情感被激起时人的快乐痛苦的感觉常常是十分强烈的。胜利的喜悦如暴风骤雨，科学家埋头工作废寝忘食，歌唱家在鲜花和雷鸣般的掌声面前飘然欲仙。失恋时，痛哭流涕，伤心欲绝，肠断肝裂；仇恨时，咬牙切齿，暴跳如雷；两个人吵得不可开交时，劝不住，拉不开；沉迷于网络的孩子，再怎么教育都无能为力；抑郁时，度日如年，生不如死；恐惧时，失魂落魄、心惊胆战、痛苦异常；失去面子时无地自容。心理痛苦最突出的表现是难以忍受而自杀，因失恋、丑事败露、恐惧、绝望、悲伤等。人们常有这样的感受：情感需要得到满足十分开心时，是不愿停下来的，停下来就会痛苦。可想而知，要相恋的人停止相爱、艺术家不从事创作、科学家不做科研、革命家放弃理想，都是很难的，尤其是情感正汹涌的时候，强烈的快乐已经把人全盘控制，停下来会感到痛苦异常。

人的情欲是压抑不了的。20世纪六七十年代时爱情被全面摧残。一对恋人因婚前生子，男的被判刑，女的受批判。样板戏把爱情斩尽杀绝，《白毛女》《红色娘子军》里原本还有爱情的影子，后来由于怕观众“误会”，就强调只有纯洁的“革命战友关系”，连夫妻关系也都淡化、净化到讳莫如深的地步；《红灯记》里有祖孙三代，没有夫妻、恋人的踪影；《沙家浜》里阿庆嫂的丈夫跑单帮去了，与阿庆嫂并无“男女之事”；《海港》的女主人公年龄虽不小，却绝无涉及爱人的言辞。文艺作品里取消爱情，社会生活里的爱情乃至正常的夫妻关系也都转入地下。如有青年男女胆敢在公园里卿卿我我，必会遭到“工纠队”的训斥、殴打甚至扣留。

情欲客观存在于人体，表面被压制了，烈火燃烧的内心照样付诸行动。1978年，作家刘心武决心为爱情恢复名誉，撰写了小说《爱情的位置》。小说发表后引发轰动，许多报刊转载、电台广播。短短一个月内，刘心武收到7000封读者来信，小说“给了他们解放感”。一位渔民听了广播后激动不已，他说自己终于知道原来隐藏在心底的爱情并不是罪恶，现在可以跟女朋友公开来往了。

与快乐相比，心理痛苦常常具有更强大的驱动力。恐惧的痛苦，驱使人们不顾一切地逃离险境；失恋的痛苦，驱使人们执着地追求自己心仪的恋人。前文讲过，知名学者李银河因恋爱如痴如狂，痛苦无法忍受时想用刀子割自己的手臂；品学兼优的初三男生，因长期遭受母亲的谩骂、羞辱，一时失控用铁锤把母亲砸得头破血流；在外打工的小夫妻，因丈夫出轨，妻子用“迷魂药”和修眉刀片教训他。

不妨再举一例。1995年，贵州遵义一个5岁的男孩潘帅帅在幼儿园被人贩子骗走。母亲王志香哭干了眼泪后，毅然踏上了14年的寻子之路。一年内，她跑遍了整个贵州，带着儿子的照片逢人便问，直至花光了家里的所有积蓄，丈夫也因不堪重负而与她离婚。离婚后，她带着3岁的女儿再次上路，走遍全国大大小小的城市，历尽艰辛。经人帮助，她将儿子的照片和信息载入了“寻亲扑克”，并在寻人网站录制了她如泣如诉的“寻亲视频”。而她的儿子当年是被人贩子带着乘了几天火车到了广东汕头，不久被卖到了深圳。9年后，14岁的潘帅帅向养父母请求帮助寻找自己的亲人，并凭记忆说出了亲生父母的大概名字和家乡地名。心地善良的养父母开始帮助儿子寻找亲人，遍寻不获之后不惜出高薪聘用“寻亲助理”帮助寻找。经过4年的努力，2009年3月，他们终于在网上看到了“寻人扑克”和王志香声泪俱下深情呼唤儿子的视频。2009年3月21日，王志香终于见到了她日思夜想的儿子。王志香找回失散14年的儿子是大海捞针般的难，而她成功的动力正是令她长年累月心如刀绞的失子之痛。

情感的敏感。情感被激起，人的快乐痛苦的感觉是十分敏感的。敏感表现之一，是反应十分迅速。一见到新奇的东西，你立刻兴奋；他人无意间说你个子矮，你立马脸红；他人一句蓄意的嘲笑，你顿生恨意。这个过程究竟迅速到什么程度，科学显示，大概不足0.1秒。情感敏感表现之二，是细微的刺激也常常能激起强烈的情感。夜晚走路周围稍有响动会毛骨悚然；在景区玻璃栈道上行走会胆战心惊；男女之间尴尬时哪怕有一张纸的遮挡也不会感到难为情。人的自尊心十分敏感，交往中稍有不慎便会伤及人心。甚至微信中一处用词不当，也常常会惹人生气，伤及人心。我有体会，即使想让亲朋好友注意点什么，哪怕是在微信中也不能居高临下，不能作指示，而多用“与你们商量”“说点想法供你们参考”“与你们一起讨论”之类的话语。

人的实际体验证明，各种情感的强弱程度和敏感程度是不同的。人最强烈的情感是：自尊心、仇恨心、情爱、性嫉妒、恐惧感；其次是：母爱、好胜心、爱美心、正义感；再次是：好奇心、同情心、寂寞感、孤独感、感恩心。最强烈的情感与较弱的情感其强度可能要差几十倍、上百倍。人的自尊心被激起的频率最高；仇恨心被激起会咬牙切齿；性嫉妒被激起如暴风骤雨；情爱被激起如痴如狂压倒一切；母爱则如涓涓流水长流不息。对此，我们都应好好把握。

情感还有强大的一面，那就是激情的力量。什么叫激情？激情就是人的情感被刺激后所反应为强烈情绪的可感觉到的情感。人的情感被激起后的强烈程度取决于刺激的强烈程度。激情产生于强烈的刺激，有的是一种或几种情感受到突然的强烈激发而生，有的是一种或几种情感受到长时间经常性的激发而生。激情常常反映如心潮澎湃、慷慨激昂、怒火满腔、热血沸腾等。人世间到处可见激情

【074】人有长时间存在的激情吗？

的存在，如画家绘画的激情、科学家热衷科研的激情、战争年代革命者的激情、足球场上的激情、两个人争吵不休而激起的激情、看影片《英雄儿女》被王成的英雄形象激起的激情等。

激情的力量是强大的。心理研究表明，人的情感的强烈程度是可变的，在连续的刺激下，情感会变得越来越强以致产生激情。全神贯注工作的人，会忘记疲劳和饥饿；法国画家毕加索作画，有时几天几夜不吃不睡；热恋中的情人会忘掉一切；整日悲伤的人会用死来结束痛苦。著名作家、原文化部部长王蒙，在自传中记载了他青年时代充满激情的一件事：一天，王蒙突然想到要写一部小说（即后来的《青春万岁》），这样一个写作的念头，令他“如醉如痴如疯如狂，如神仙如热火”，而在创作这部小说的过程中，他常常沉迷其中，泪流满面。我们还看到，人际矛盾被激化时常常导致激情杀人，此时杀人者的头脑里只有一个强大的报仇欲望，此外什么道德、法律、坐牢、家破人亡一切皆无，即“脑子一片空白”。

激情都是短暂的吗？不。应该看到，人世间还有长时间存在的激情【074】。这种激情是在大量的、经常的、强烈的刺激中产生的，它是多种情感在某一事物上的汇集，是对某一事物的热爱，有的则是一种理想的激情。理想的激情可能持续几年、几十年，甚至一辈子。当情感变成了对某种事情的兴趣和追求（欲望）时，就有了持续的力量。而人在充满激情的时候，特别是满腔激情地热衷于某种事业的时候，身体里会爆发出强大的力量，这个力量甚至是自身能够产生的最强大的、连生命都可以不顾的力量。

16、17 世纪，欧洲思想界发生激烈变化，出现了很多思潮。意大利思想家康帕内拉（1568—1639 年）因宣传自己的社会理想，揭露当时社会的黑暗，而多次被捕、坐牢。他在牢狱中度过了29年，进过52个牢房，遭受过7次严刑拷打，其中一次受刑达40个小时，直至全身血肉模糊，濒于死亡。但他坚持自己的信念，始终没有动摇。他的不朽著作《太阳城》就是在牢狱中写成的。

2003年11月，香港歌星梅艳芳在香港连开8场演唱会，可在演唱会结束后的第45天，便传来她去世的噩耗。为何如此突然？原来这是她为事业放弃了癌症治疗的结果【075】。梅艳芳1963年出生于香港旺角，儿时就和姐姐在母亲经营的歌舞团登台表演。19岁那年她以音乐天赋崭露头角成为歌坛新秀，同时开始涉足电影界。自此，她的事业不断发展，直至如日中天，她也成为叱咤香港乐坛的巨星；而在她的内心，已深深地爱上了她的事业。天有不测风云。在姐姐梅爱芳患子宫颈癌于2000年4月去世之后，梅艳芳专门前往医院做全身检查，结果令人沮丧，她和姐姐患有相同的癌病。2003年8月香港传媒大肆猜测她的病情。此时，她的癌病尚处于第二期，医生说如果马上住院治疗，病情是可以有效控制的。是的，她姐姐与她患相同的病，发现后活了10年。2003年9月，梅艳芳召开记者发布会公布自己的病情，并表示“一定可以打倒”病魔。但毕竟是癌病，医生要求她每天到医院接受治疗。

梅艳芳哪能搁下自己热恋的事业而每天去治疗呢。从她得知自己病情之日起，就一直照常工作。特别是，她有一个心愿未了：2003年是梅艳芳进入演艺圈的第二十个年头，为纪念这个有意义的年份，她早先就计划于这一年连开8场演唱会。现在，她患了癌病，由于化疗血小板很低，经不起任何磕磕碰碰和劳累，需要绝对静卧，并要在医院接受治疗。在这样的情况下，继续这个计划就意味着走向死亡。

然而，胸中澎湃着对事业、对歌迷、对亲朋、对爱情、对人生的种种情感的梅艳芳，竟毅然决然地“拒绝治疗”，以实现自己连开 8 场演唱会的心愿。2003 年 11 月 6 日，8 场“梅艳芳经典金曲演唱会”在香港红磡体育馆拉开帷幕。会上，她的演唱中气十足，充满激情。她说：“我将自己嫁给音乐，嫁给你们（歌迷）。”在最后一场长达 170 分钟的演唱会里，梅艳芳大约演唱了 70 分钟，虽然她的声音有些沙哑，但每首歌都尽全力去唱，许多歌迷为她心疼而偷偷抹泪，同时歌迷给梅艳芳极大的鼓励，整晚气氛非常热烈，全场歌迷不停地挥舞着手中的荧光灯，场面极为壮观。可谁知道，在她去世后好友披露，“那时候她已经知道她的时日不多了”“当时梅艳芳的身体会不受控制地流血，她是戴着尿片上场的”。这着实让人震惊，原本人对癌症、对死亡的恐惧是不可抗拒的，可梅艳芳的激情远比这种恐惧的力量还要强大。梅艳芳是在用生命演唱。有人说，这是一个为舞台而存在的女人，舞台是她的生命。在那里，她可以光芒四射不可一世艳丽到底。这是她的选择：生，如夏花般绚烂；死，亦要如夏花般绚烂。

当然，强烈的激情也有可能导致人们对某些事情或事业上瘾，丧失理智，以至痴迷。如对绘画、唱歌、收藏、钢琴、作曲、书法、旅游、诗词、帮助残疾儿童的痴迷，对赌博、网络游戏、养猫、养狗的痴迷。激情都有一定的强度，强烈时能使人达到疯狂的地步。为什么一些青少年痴迷于网络游戏【076】？一天，我走进了一家游戏厅，一下子我被这里满屋子强烈的声响、闪烁的电光、荧屏上紧张激烈的打斗场面震住了。我明白了，在这种情况下，热烈的气氛，强烈的音乐节奏，变化无穷的画面，游戏比赛中的高分低分，会强烈地刺激人的好奇心、好胜心和正义感等情感。在这里，容不得你多想，你整个的心已被音响、画面、剧情、气氛牢牢吸引，你快乐，你疯狂。如果一个人长时间地置身在此，就会受到经常反复的刺激，以致形成网瘾。这如同吸毒的人形成的毒瘾一样。正因为如此，许多人上了瘾，一见到电脑屏幕就兴奋，一玩就是半天一天，甚至三天五天。

人的情感在连续的强烈刺激下，也会因失去理智无法自控而伤人、杀人。2014 年 3 月，南京居民郑东将他 13 周岁的亲生女儿小梅殴打致死。郑东之所以如此，是因强烈的父爱，是因受到一连串恨铁不成钢的强烈刺激。小梅两岁时父母离婚，一直由郑东含辛茹苦地抚养。可近一两年来，小梅逃课、上网、晚归、夜不归宿成了家常便饭，郑东着急、担忧、痛心，不断想办法教育引导。后又发现小梅与一个大男孩有暧昧关系，真是伤透了心。事发当天，学校告诉郑东小梅又逃课了。为了与女儿好好谈谈，郑东提前下了班，炒了几个女儿喜欢的菜，只等女儿回家。可从晚上 6 点开始，左等右等，就是看不到女儿的身影。郑东无比担心，心急如焚。晚上 10 点，小梅回来了。整整 4 个小时的煎熬，使得郑东在见到小梅的时候怒火中烧。他要小梅跪下，可小梅不认错，还表示不想读书了。听到这句话，郑东的情感一下子爆发了。他拿起家里的晾衣架（铝合金制），决意好好地教训女儿。他连续抽打，直到发现女儿吐血才住手，随即送女儿进医院抢救，可当夜医生就宣布不治。郑东情绪崩溃瘫坐在地上，伤心欲绝。在法庭上，他反复恳请法院“判我死刑，立即执行”。最终，郑东因犯故意伤害罪被判无期。

应该相信，人在情感爆发的时候，什么事都做得出来，什么情况都可能发生。人世间，那些因怕自己所做的坏事暴露而杀人、为泄愤连捅他人 20 多刀、杀人后为毁灭罪证而分尸等惊心动魄的犯罪不是经常出现吗？人在满腔气愤、仇恨、欲望的情况下，什么家破人亡的后果、违法、坐牢全部抛诸脑后，“脑子一片空白”。一

【077】“激情犯罪”是怎么回事？

【078】欲望和情感是心理的主要内容吗？

个年轻人杀了人，他的母亲怎么也不相信，“连鸡都不敢杀”的儿子“怎么会杀人呢”？她不懂得在仇恨填满胸膛之时，人的胆量会变得无限大，或者说，他的恐惧感已经被强大的报仇的情感所淹没。2005年10月25日《北京晚报》报道：一位经常审理命案的刑事法官，对屡屡发生的“激情犯罪”（因一时感情冲动而杀人）【077】作出分析，认为三分之二的命案都是激情犯罪，比如情杀、酒后杀人、想教训一下对方而失手杀人，是因瞬时心理失衡而导致犯罪。研究显示，人进入激情状态后，大脑机能几乎完全被情绪所控制，主观意识仅指向与自己情绪体验相关的事物，理智不同程度地丧失，不能控制自己的行为，也不能预见行为的后果。

情感和欲望是心理的主要内容【078】。长期以来，心理学总是讲感觉、知觉、注意、记忆、思维、想象、意志、性格、气质、能力之类，而很少讲情感、情绪、欲望。殊不知这两者有本质的区别。情感与快乐痛苦的感觉紧密相连，是具有强烈动力性的心理，能够直接驱动行为；而知觉、记忆、思维、意志、性格、气质之类是大脑的一般机能，没有动力性。在人类为生存而进行的斗争中，这两者对行为的作用是截然不同的。前者是为行为提供驱动力（发动机），后者是为行为提供情报、知识、策略。不仅如此，后者服从、服务于前者。情感被激起产生欲望（有的欲望产生于生理需要），有欲望就要行动，要行动才需要情报、知识、策略。人若没有需求和欲望，知觉、记忆、思维、意志之类用处何在？还有，性格本质上乃是一些情感在个人身上强弱反应不同的一种心理特征。情感强弱反应之所以不同，是因为个人的经历不同。性格有遗传性，这里的“个人”是几代人。性格形成是遗传和个人经历的结果。气质也是如此。

再说，平日人们多是把情感作为“心”的。一个人受了气伤心欲绝，朋友总是劝他“不要往心里去”。

就生理需要和情感需要实际的作用，我们看到，吃饱吃好不易，保持心情愉快不易，满足生理需要不易，满足情感需要也不易。有人认为，一个人追求自己需要的满足只要少部分的时间就够了，而应该把大部分时间和精力用到为他人、为社会服务中去。对此，我们先不讨论为他人、为社会服务的问题，而有必要研究一下，一个人追求自身需要的满足，是否只需要少部分的时间和精力。

我们看到，人永远不会有完全满足的时候。比如，先不说世界上还有很多很多的穷人，即便是腰缠万贯的富豪，也仍然在努力挣钱。或许通过一段时间的奋斗或一夜暴富，便能够获得满足生理需要所需的物质，但满足情感需要所需的东西是不可能一次获得的。情感所要的奇、美、胜、尊重、荣誉、情、爱等精神的东西，只能在不断的奋斗、活动、交往中获得。当官的人总想一直当下去，最好越当越大；尊重、荣誉、地位、友谊有时间性，过去的只能代表过去，未来需继续努力；周围环境不断刺激人的好奇心、好胜心，人们会不断产生丰富多彩的新追求。

当然，腰缠万贯的富豪与一般人不同，他们能力更强，会更多地为社会、为他人做事，如从事慈善事业等。这是可敬的，是值得称颂的。但是从根本上说，他们的行为并没有离开自身需要的满足，并没有离开快乐痛苦的驱使。与他人不同的是，他们更多的是在满足自尊心、同情心、正义感方面的需要。所以，人一辈子不得不接受快乐痛苦感觉的驱使，其中不仅要追求生理方面的快乐和痛苦的避免，而且要追求情感方面的快乐和痛苦的避免。

至此，我们对人行为的根源有了这样一个清楚的认识：人的一切行为都必然建立在人内在的动力之上，没有动力的驱使就不会产生任何行为。人内在驱动行为的直接动力是快乐痛苦的感觉，根本

【079】个人天生地承担着维护自己生存、繁衍和群居的任务吗？

动力是机体需要；快乐痛苦的感觉是机体需要的动力环节，正是这一动力时时刻刻驱使人们去行动；满足自身的机体需要是人的全部追求。人的机体需要是十分强大的，满足机体需要是十分艰难的。在强烈的机体需要面前，人由不得自己。人的一切行为都决定于机体需要，不是决定于这一个或几个需要，就是决定于那一个或几个需要，任何行为都无法摆脱机体需要的束缚。

其基本原理是这样的：人种生存取决于个体生存、后代繁衍和群体强盛，而人种生存是由个人完成的，个人天生承担着维护个体生存、后代繁衍和群体强盛这三件任务【079】。而要完成这些任务，自然界必然在个人的机体上设计若干完成这些任务的能力（器官、机制、特征等）。个人要完成这些任务全靠行动，而行动全靠动力的驱使。人体驱动行为的动力是什么？就是机体需要，即机体需要是驱动人行为的根本动力。其中，因为个人承担维护个体生存、后代繁衍和群体稳定三个方面的任务，所以机体需要必然有些用于维护个体生存、有些用于维护繁衍、有些用于维护群体强盛，而有的则有多种用处。比如，食物、健康、睡眠、温度、安全、好奇、好胜、劳动（寂寞感）、复仇等需要用于个体生存；情爱、性、情侣独占、爱子、爱美、好胜、复仇等需要用于人种繁衍；尊重、维护正义、帮助同类、归群等需要用于维护群体强盛。可见，人体的18种机体需要是人一切行为的全部动因及根本驱动力。

总而言之，既然物种生存是每一物种所要维护的总目标，那么人类要维护人种生存这个总目标，自然界必然在其个体的机体上设计种种驱动行为的动力机制。无疑，这个动力机制就是机体需要，机体需要代表着总目标，是实现物种生存这一根本目标的唯一执行者；或者说，机体需要承载着维护物种生存的全部任务，决定着物种生死存亡。无疑，机体需要是人的主宰。

3. 理性对行为的作用

长期以来，人们普遍认为“思想支配行为”。所谓思想，是客观存在在意识中的反映，是认识过程中的理性认识。如此说来，“思想支配行为”就是人的理性认识决定人的行为。果真如此吗？

根据是否有意识参与，人的行为也可分为两类：一类是无意识的行为，如哭、笑、愤怒、呕吐、抽筋、打喷嚏等；另一类是有意识、有目的的行为，如读书、捕鱼、种地、做工、打仗、绘画、科研等。第一类行为由生理因素决定；而第二类行为与人的认识有密切的关系，那么，第二类行为是由什么决定的？是思想吗？

在得出结论之前，有必要作这样一些思考：动物为什么要行动？因为要生存，不行动就会死亡。此外，动物个体还担负着物种繁殖的任务，不行动就不能繁衍。于是，动物个体不得不觅食、择偶、造窝、躲避敌害。应该看到，行为都是有目的的，最终都指向个体生存和物种繁衍。对人类来说，还有一个目的是维护群体的稳定。

行动是要付出辛苦的，动物之所以不辞辛苦地行动，必然有其迫不得已的动力。前面说过，这个动力只能是“不以人的意志为转移”的、不容偷懒的强大的自然力量，“只能是那些具有肉体感受性的东西”，这就是人机体上存在的生理需要和情感需要。2018 年 6 月 26 日央视《华人世界》栏目报道，美国一位华人科学家用实验揭示了母爱行为背后的神经学原理。此人名叫林大宇，是纽约大学医学院教授。据她介绍，许多动物都有“护犊子”的行为。以老鼠为例，幼崽一旦走出巢穴，母鼠就会将其叼回安全的家，研究发现，此时母鼠脑中的“内侧视前区”里有一种细胞电信号非常活跃，可一旦鼠宝宝回到窝里，电信号的水平就降低了。

研究者通过化学手段阻断了这些细胞的活动，结果母鼠的护犊行为消失了。但如人为地激活这些细胞，哪怕是没有生育的雌鼠，也会出现类似的母性行为。也就是说，这一特定的母性行为早已由自然选择植入动物的大脑了。

正因如此，在若干亿年的时间里，动物没有思想，也有行为。动物行为受到由身体需要引起的感觉、欲望和本能的支配。婴儿没有思想，但一不适应就哭，饿了要吃，湿了要换尿布，受了惊吓要安抚。即便以后产生了思想，许多行为也直接由生理因素决定。比如，小便急了，他急切地走进厕所；饿了，他狼吞虎咽地大吃大嚼；渴了，端过水一饮而尽；胆石症发作，他大喊大叫，在床上滚来滚去；极度疲劳，不知不觉就睡着了；还有挠痒痒、女人生孩子等，似乎都与思想无关。弗洛伊德等学者早就揭示，人脑里不仅有思想，而且还有感觉、欲望、情感等生理因素。弗洛伊德说，人脑中意识只是冰山一角，绝大部分是无意识的东西，而这些才是更为强大的力量。

当然，人的理性能力起着巨大的作用，它使人能够感知和认识世界，从而适应和改造世界，具备了其他动物无法比拟的生存能力。比如，人制造了威力无比、作用巨大的发动机、铁路、桥梁、汽车、火车、轮船、飞机、火箭、电脑、通信卫星、高楼大厦等。理性把人类组织起来，形成强大的集体力量，从而在与自然界的斗争中创造出惊天动地的业绩。

但是，无论理性的力量多么强大，它对于行为的作用绝不是决定性的，而是指导性的【080】；它使人的行为更科学、更准确、更有效。人有两类生存能力：一是动力性的能力，二类是非动力性的能力。其衡量标准是，是否与快乐痛苦相连，连者，动力也。前文说过，机体需要是与快乐痛苦的感觉紧密相连的；而纯粹的认识既不能引起快乐痛苦的感觉更不能引起欲望。显然，机体需要是动力性的能力；思想认识如同动物的头角、飞行、长颈、凶猛一样是非动力性的能力。尽管理性的作用巨大，但它是人们对客观世界的认识，是观念，只能指导行为，不能驱动行为。表面上似乎是它在驱动，实际上是其背后的机体需要在驱动。

生活中，我们都有体会，强烈的欲望对行为有绝对的控制力。情感需要受刺激越大，满足这个情感的欲望就越强烈，满足时的快乐或不满足的痛苦也就越强烈，此时理性起不了什么作用。中科院院士钟南山曾遇到这样一件事：他的一个朋友生了肺癌【081】。他认为朋友也是学者，能够理性对待，便将病情如实相告，结果“他唉声叹气，闷闷不乐，很长时间心里有压力”。说明理性认识阻止不了人们对死亡的恐惧。民间有句俗语“情人眼里出西施”，是说无论实际长相如何，在热恋的情人眼中，对方怎么看怎么好。这是因为男女之间产生的情感远比审美强烈。人的欲望会影响其对美的判断，此时喜欢的就是美的。

又如，男女热恋时，常常听不进别人的劝告，哪怕对方是残疾人、罪犯，这一恋情可能给自己带来灾难，也难以舍弃。这就是所谓“年轻人恋爱时智商为零”。2018 年 11 月，在上海卫视《新老娘舅我要找律师》栏目中，浙江临安的范姑娘讲述了她的一段恋爱经历。范姑娘 20 岁时遇到了一位英俊潇洒、温文尔雅的男子，对他“一见倾心”，尽管知道他大她 11 岁、没有工作、患有糖尿病，仍然对他死心塌地，不顾母亲的劝说、反对，和他结了婚，并生下孩子。但是婚后丈夫懒惰不肯工作，甚至也不关心孩子，生活压力全部需要她来承担。一次，孩子生病一连几天吊盐水，丈夫一样不管不问，为此夫妻争吵，丈夫竟然打肿了她的眼睛。她伤心极了，说“我对他彻底地没有了那种感情”，当天便搬回了娘家，不顾母亲的再次反对，很快离了婚。很明显，范姑娘的结婚和离婚，都是受到强烈的情感和欲望的驱使，而非理性的决定。

所以，如要给年轻人在恋爱问题上提供指导，一定要在他陷入感情的漩涡之前，否则就很难奏效。再看这样一个生理现象：人在受到指责或感到丢脸时，几乎在同一时刻会脸红、心跳加快、呼吸急促；在受到称赞时，则即刻会感到愉快。这种反应非常迅速，可能只需要几秒钟，甚至更短，但纯粹是生理和心理上的反应，而非认识的过程。

人的行为包含目的和方式两个方面。机体需要决定行为的根本目的，理性决定行为的方式。如偷窃行为，其直接目的是获得财物，最终目的是自己的生存和幸福，这是由机体需要决定的。而获得财物的方式有很多种，采用哪种方式是大脑（思想的作用）作出的选择，选择可能正确可能错误。无疑，偷窃是错误的方式。又如一个人创业，目的是赚钱，显然这是由其自身的需要决定的。而挣钱的方法有好多种，如在现有的工作岗位上求发展、学好本领另找工作、到国外去打工等，他理智地分析了各方面的情况，权衡利弊，认为创办私企最好，于是付诸行动。

再如，农民在“野草会影响庄稼的生长”这一思想指导下，给庄稼除草（行为方式）。庄稼生长受影响会产生什么后果？粮食收成受影响，而粮食是人们生活、生存所必需的。可见，农民除草是为了获得生存所必需的粮食，这个目的是由机体需要决定的。在“病从口入”这一思想指导下，人们习惯饭前便后勤洗手（行为方式）。为何怕生病？生病会导致机体受到侵害，发展下去就会危及人的健康和生命。可见，人们洗手是为了机体的健康。

同理，中学生在“上大学才有好出路”的思想指导下，刻苦学习（行为方式）。有了好的出路，就有生活的幸福，可见，学生刻苦学习是为了自己将来的幸福。而教师在“工作要尽心尽职”的思想指导下，努力教学（行为方式）。因为只有尽心尽职，才能做好工作，得到多方面的肯定和好评，同时也可以满足自己的事业心，实现教书育人的理想。

而如果人不需要粮食，任何思想都无法支配他去除草；如果人不需要健康，任何思想都无法支配他去爱清洁；如果人没有七情六欲，任何思想都无法支配学生去刻苦学习、教师去努力工作。

在实际生活中，机体需要和思想各自发挥其作用。比如，人是否吃饭取决于人的内在营养需要，而非思想。尽管在某种情况下思想可以改变吃饭的时间，甚至决定两天不吃饭，但人必须因此承受饥饿痛苦的煎熬与机体受损的后果。机体需要如同如来佛的手掌心，孙悟空武艺再高强也跳不出去。试想，如果人的行为可以背离机体需要而由思想决定，那么机体就不应该因此产生任何快乐和痛苦的感觉。事实上这是不可能的。应该说，人的具体行为是由机体需要和思想共同作用的结果，机体需要起决定作用，思想起指导作用；单一的思想在任何情况下都无法启动任何行为。

在传统观念中，思想常被理解为“思想觉悟”。说“思想支配行为”，本意是在说“思想觉悟决定人的行为”，有什么样的思想觉悟就有什么样的行为。一个人思想觉悟高，就会一心为公；而思想觉悟取决于教育，只要加强思想政治教育，人民群众就会有高尚的思想觉悟，就会“大公无私”。其实，思想觉悟是道德观的一部分，是人们对自身利益与集体利益关系的认识以及履行这种认识的决心的体现，本质上是人为满足自身需要而进行的理智思考，与道德观一样，是人们满足自身需要的手段。

确实，思想教育是非常重要的。一个国家如果没有强有力的思想教育，就不可能有良好的社会秩序和社会风气。对此，任何时候都不能有丝毫的松懈。但是，思想教育的重要并不等同于理性的重要。应该看到，在根本上，思想教育的作用并非理性的作用，而是机体需要的作用。

思想教育是为机体需要服务的，它为机体需要的满足提供了有效的方法。此外，思想教育还能够激发人的情感，使人产生种种利他的激情。思想教育的内容主要包括道德品质、遵纪守法、英雄模范、爱国主义、理想信念等方面，其中既有世界观、人生观和道德规范，更有正义感、自尊心、好胜心、同情心等情感。这样的教育对受教育者的作用是什么呢？占主要地位的并不是认识的提高，而是情感被激发。情感就是情感需要。可见，这里真正驱动人行为的仍然是机体需要。

应该相信，对于行为由谁决定，这一如此重大的问题必然早已由自然选择定好了。这个决定力量只能存在于人的机体之中，成为固定的力量，以确保物种生存的实现。可以肯定的是，这一力量必然是天生的而非后天的，必然是生理的而非理性的。理性对于行为只有指导作用。

显然，机体需要自然地成为决定机体一切活动的指挥者，成为主人。机体需要代表着个体生存和物种繁衍的方向，是行为的决定力量。比如，眼睛要看到什么；胃里要不要进食、进多少；思维要不要思考，思考什么；人要不要行动，行动的目的是什么，这一切都是由机体需要决定的。总之，机体需要是人内在最本质最核心的东西，人时时刻刻都处在它控制之下。

真正的人性

关于人性，长期以来人们一直争论不休。很多人将人区别于其他动物的理性作为人性，也有的人把残害他人的行为称为“没人性”“灭绝人性”。其实，真正的人性只有一种，那就是机体上存在的决定人欲望、追求、行为和生死的核心力量，这个力量就是机体需要。

动物界，不同动物之间总是有区别的，可这种区别只是外貌形态、生存方式和生存能力方面的区别，而非是否受机体需要这一核心决定的区别。比如，老虎与绵羊、狐狸与鸡，它们在体型、性情和行为特征上有区别，可它们在机体存在需要、受机体需要主宰这一点上没有区别。它们行为的目标都是满足机体需要，机体的一切特征都是为这一目标服务的。所以，如果把区别于其他动物的某个特征作为虎性、羊性、狐性、鸡性，那是拣了芝麻丢了西瓜。

人性必然会表现在人的追求上。那么，人追求什么呢？前文已证明，机体需要是人的主宰。人所追求的，当然是机体需要的满足。机体需要是自然界为人体设置的，目的是让个体担起自我生存、人种繁衍和维护群体稳定的任务。为了达到这个目的，神奇的自然界使机体需要与强烈的快乐痛苦的感觉紧密相连。满足了（或避免了痛苦）就快乐，不满足就痛苦。在这种感觉的驱使下，人的全部追求就是满足自身的需要，以保证自己的生存、物种的繁衍和群体的稳定。

至此，我们终于对人性有了清楚的认识。

站在你面前的每一个人，其机体都已经被自然界输进了用于自我生存、人种繁衍和群体稳定的若干程序，其中有一种决定性的机制，那就是与快乐痛苦的感觉紧密相连的机体需要。机体需要是人内在驱动行为的根本动力，动力是人的核心。人有七情六欲（机体需要），并全力追求机体需要的满足，其中既有维护自我生存的自私的一面，又有维护人种繁衍和群体生存的利他的一面，这就是人性【082】。企业关心员工的疾苦，医院尊重患者的自尊心，政府关心人民的柴米油盐，这就是人性化。

人性的具体内容包括：人的机体上既存在着多种生理需要，又存在着多种情感需要；这些需要都与快乐痛苦的感觉紧密相连，每一种需要的满足情况都反映为快乐或痛苦，这种反映既强烈又敏感；每一需要在一定情境下都会有自己特殊的生理或心理反应；快乐痛苦是驱动行为的直接动力，机体需要是驱动行为的根本动力，动力决定人的一切行为；动力的目标表现在欲望上，就是追求机体需要的满足；自然界在人的机体上既设置了用于个体生存方面的需要，又设置了用于物种繁衍和维护物种生存秩序方面的需要，所以人性中既有自私（自爱）的一面，又有利他的一面。

把握了人的机体需要和基本欲望，就把握了人性。把握人性，是制定方针政策、教育、管理、服务、与人交往和追求个人幸福的根本。管理者管人，人与人交往，主要在于把握：最能牵动人心的东西，就是个人的切身利益和自尊心。

人性包含生理和心理（情感）两个部分，一般来说情感部分是最难把握的。我们不妨联系生活中的具体事例作一些分析。

病名中的人性。2011 年 9 月 5 日《文汇报》有篇文章提出了一个很有意义的问题，即“病名也需尊严”。作者针对我国医生和病人家属常常当着老年病人的面说“老年痴呆”的情况，深有感触地谈了自己的看法。一次，作者在医院看到一位中年妇女向医生诉说母亲的病情，她怀疑是“老年痴呆”，当着母亲的面，左一个“痴呆”，右一个“痴呆”。她母亲嗫嚅道，不过是记性不好。作者看着这一幕，不由为病人感到悲哀。作者自己的婆婆生前也得了这种病，她的婆婆早年毕业于燕京大学，学过医，是何等的聪明优雅，所以只要药品说明书上有这四个字，她就拒绝吃药。“痴呆”二字足以打击病人的自尊，让他们感到自卑和无助。所以，作者建议给“老年痴呆症”改名，因这一名称会产生消极的后果，给患者及其家属带来心理痛苦。2004 年 12 月日本厚生省根据网民

【083】将“老年痴呆症”改名有意义吗？

【084】某高校的“温暖套餐”为什么不讨好？

投票结果（多个病名供网民选择），正式将“痴呆症”改名为“认知症”。2010 年香港经网上讨论，则将“老年痴呆症”改名为“脑退化症”。【083】

“温暖套餐”中的人性。21 世纪初，重庆市有所高校为贫困学生推出“二荤一素一汤，饭管饱，只收两块钱”的“温暖套餐”。学校设 4 个窗口，每天提供两餐，每餐学校补贴 3 ~ 4 元。可一年多来，全校 6000 名左右贫困生，平均每天窗口只能卖出约 400 份套餐。也就是说，愿意购买套餐的贫困生只占贫困生总数的约 3.3%。为何绝大多数贫困生不来享受这个“温暖”？【084】显然，是因为人有自尊心。学校的良好愿望所以没有达到预期的效果，是因为不懂得人有自尊心，不知道人在众目睽睽之下，面子比肚子更重要。

“无偿献血”中的人性。2010 年 10 月全国出现“血荒”。11 月 7 日，中央电视台法制频道“大家看法我建议”栏目组织了一场“如何走出‘血荒’”的讨论。四位嘉宾分别是大学教授、公共问题专家、红十字无偿献血志愿者协会会长、媒体特约评论员。讨论主要围绕“献血是靠爱心，还是靠激励”进行。大学教授介绍，他所在高校给予无偿献血的学生 50 元的饭卡代金券以及加 20 分鼓励，这个分数会影响到学生的评奖评优和报送研究生。此外，据了解，各单位有的会给无偿献血者发毛绒玩具等纪念品，有的会给予一定的物质奖励和休假。对此，有三种意见：一是赞同适当的物质激励和精神激励；二是提倡精神鼓励，反对物质补偿；三是从“人应该有爱心”“爱心是无私的”出发，反对任何形式的激励。

我认为，国家在献血动员时，把“人应该有无私的爱心”作为原则，是不懂得人性的表现。【085】对献血者来说，出于无私的爱而献血，可能有以下情况：一是出于母爱，二是出于爱情，三是出于同情，四是出于自尊守德而利他，五是出于热心献血（即献血已成为自己所热衷的事业）的激情。人的任何行为都应有根据，这个根据就是与快乐痛苦的感觉紧密相连的自身机体的需要。这就是说，就“做与不做这个行为”，要看人们有没有快乐、痛苦的感觉或有没有自身功利方面的考虑。就献血而言，如果一个人亲眼看到一个病人生命垂危急需输血，这时候不献血会感到痛苦，那他就会去献血，行为的根据是同情心；如果一个人只是见到街头的“无偿献血车”，不献血既没有不安（同情心需要情景刺激）也没有功利考虑，那他就不会去做。一位被临时请到讨论现场的血站站长说得好：“不要把个人的献血提高到无私奉献的角度。”

如何走出“血荒”？我认为，应该从人的内在需求上进行驱动、激励，最好的办法就是我国多年来采取的把“献血任务到单位”的做法。这一做法好处是，单位有了任务，领导会重视，因为这直接影响领导的利益和面子；个人被选派，不去献血会受到领导和群众的非议，这个非议则会直接影响被选者的利益和面子。可见，这里主要是利益和面子在起作用。当然，在“任务到单位”的基础上，我提倡给献血者适当的物质激励和精神鼓励，比如表扬、荣誉证书和纪念品，有条件的单位也可以发一点营养费，以示关心慰问。另一方面要大力宣传“无偿献血是每一个公民应尽的义务”，使其成为荣耻的标尺。

“政策”中的人性。近年来离婚率上升，常有夫妻一时冲动就来到民政局要求离婚。于是许多地方的民政局为民着想，采取情感降温政策，帮助居民慎重对待婚姻。2015 年 5 月，甘肃省兰州市城关区

【086】办理离婚要预约是考虑了情感的什么特性?

【087】“刀子嘴豆腐心”应得到原谅吗?

婚姻登记中心推出了一项政策，规定为期一周的离婚预约期。【086】他们让要求离婚的夫妻先填写一份预约离婚登记表，一周后再来正式办理，为的是给他们留一周的冷静期和理智思考时间。事实证明这一政策相当成功，不少夫妻慎重思考后放弃了申请，离婚预约期成了冲动情感的缓解期。从根本上讲，冲动情绪是以一定生理心理的因素为依托的，而这些因素是应急组织起来的，一段时间后它们会回到原位，同时紧绷的神经松弛下来，理智恢复正常。

人际交往中的人性。人性经常纠缠在人际交往之中，与人打交道实际上是在与人性打交道。卡耐基说得好：“我们要记住，跟别人相处的时候，我们所相处的不是绝对理性的动物，而是充满情绪变化、成见、自负和虚荣的东西。”[9]正因如此，为人处事是一门要下功夫研究和体验的科学，其中最需要把握的乃是人的自尊心。所以卡耐基把“不要批评、指责或抱怨别人”作为为人处事的“第一条原则”。我们发现，在人际交往中，有的人经常不顾情面地批评指责他人，弄得他人很不开心，然后说自己是“刀子嘴豆腐心”，【087】自以为心是好的，只是方式方法不够好。其实，这总体上是错的。“刀子嘴”的每一句批评、责备、训斥，乃是自尊心的直接刺激物，都会直接伤及人的自尊心，从而激起人的仇恨心。伤及了就会生气，生气了就会生恨。你心好不好，他人是无法感知的，可你那“刀子嘴”则直接伤及人的心。无疑，伤了人心，是不会有什么好效果的。曾有个亲戚问我：“我与人相处不会说话，你看怎么办？”我对她讲，说具体的很复杂，关键是要把握为人处世的基

9 [美]戴尔·卡耐基著，李异鸣、郭海东译《卡耐基大全集》，新世界出版社，2000年，7页。

【088】父母管教孩子应把握什么样的基本原则？

【089】孩子为什么特别希望得到父母的表扬？

本原则，这个原则就是：让人高兴，起码不要让人不高兴。

有个阶段，我侄女因管教孩子（初中生）母女关系比较紧张，她特发愁。一天我对侄女说：父母管教子女是很难很难的，难在父母面对的不是物体，而是有强烈情感的孩子，且父母自己也有强烈的情感。客观规律是，孩子一旦生了气心里很痛苦，便听不进父母的话。此时，孩子不会因为父母是好心、父母说得对，心里就不痛苦，就服从，就不生父母的气。不仅如此，心里痛苦还会产生仇恨，从而逆反，对抗。这就是说，人的情感在受到伤害时，伤心痛苦是自然而然的事，而人在伤心痛苦时理智常常不起作用，既不会认识到自己的错误，也不会体会父母的好心。没有办法，既然孩子是目的（一切为了孩子），父母只好忍住自己的痛苦，控制好自己的情感。我还说，有时你如实在忍受不了，哪怕自己躲在房间里大哭一场，也不能把气撒在孩子身上。再说，父母应看到自己的问题，弄得孩子伤心痛苦自己一定有错。怎么办呢？基本的原则是【088】，在“不要让孩子很伤心”的前提下，多寻求管教孩子的方式方法。

表扬，是孩子最喜欢最盼望的，【089】父母、教师对孩子千万不要吝啬表扬。湖南卫视有一个很有创意的栏目叫《少年说》，是一个了解中小学生真情实感的窗口，内容便是让学生上演说台“说心里话”，想到什么说什么。台下听众主要是学生，也有家长和老师。一名六年级的男孩子上台说，他的成绩一直名列前茅，可很少得到妈妈的表扬，妈妈总是说“别人有许多地方比你厉害”。男孩子满腹委屈地对台下的妈妈说：“妈妈，我明白人外有人天外有天的道理，可我这样努力，你为什么不表扬一下我呢？”说到这里，孩子流下了眼泪。妈妈回答说：我是怕你骄傲，是想让你学习别人的长处。孩子说："你不能只看我的短处，不看我的长处，你让我努力，不能一味鞭策我，不鼓励我呀！"可以想象，孩子一个人站在高台上，面对台下那么多的同学、老师说出这番话，需要多大的勇气，他心中又积压了多少委屈和渴望啊！孩子也有自尊心，也追求荣誉，而且特别在意父母的肯定（好印象）。表扬就是肯定，肯定了孩子就放心了，开心了。孩子做出成绩却得不到表扬，一是会因担心父母不认可他的努力而感到委屈，二是会因没得到父母肯定而失去继续努力的方向和动力。这样的结果应该是任何父母不愿意看到的。

2018 年东方卫视《万万看不懂》（128 期）栏目介绍了一对母女之间的故事。31 岁的女儿小吴说起自己的情感经历。小时候她爱哭，可妈妈总是不许她哭，因而她经常挨打。她说："哭为什么就不好，我又没有犯错误，我很委屈，这是我童年很受伤的一件事。"还有，高中二年级时，她参加学校体育运动会 1 500 米、3 300 米长跑，拼尽全力取得了两个第一名。当天她回到家里，兴奋地对妈妈说自己跑了第一名，原想妈妈一定会很高兴地夸奖她，可妈妈竟冷冷地说出了三个字："是的吗。"她说："我很不解，心很受伤，我想我的妈妈怎么像卡通片里的继母。"如此这般，二三十年来，她们母女之间一直在争吵。述说中，小吴一次次地流下了眼泪；妈妈则说，哪个母亲不爱自己的孩子，对于女儿长跑，她是担心女儿的身体。

小吴母女的情感经历，引发场内观众（母亲）的热议。许多母亲指责小吴对父母太计较，妈妈的出发点是好的，是希望女儿坚强，是担心长跑强度过大影响女儿的身体。问题又来了：好心就能不顾及孩子的快乐与痛苦吗？孩子不是没有七情六欲任人摆布的木偶，父母不能只顾发泄自己的喜怒哀乐，而不顾孩子的心情。更为重要的是，家长批评孩子也应以理服人【090】，让孩子心服口服，而不是以势压人。不讲道理的批评，会刺激孩子的正义感、自尊心，使得孩子感到委屈，甚至可能引起逆反、仇恨。

可喜的是，节目现场出现了暖心的一幕：这一对性格彼此难以适应、长期缺乏沟通的母女互诉衷肠，妈妈亲耳听到女儿痛苦的经验后一次次地流下了眼泪，并多次对女儿说“妈妈错了”。女儿则说：“我背负了很长时间的包袱，今天说出来了，我真的把它放下了。”随之，母女相拥而泣。

第 8 章

人性既有自私的一面又有利他的一面

人类是群居动物，人体存在着维护个体生存、人种繁衍、维护群居三个方面的机制。为维护自我生存必自私，为维护人种繁衍和群居必利他。人性既有自私的一面又有利他的一面。

人的利他行为是普遍存在的。利他有两种，一是作为手段的利他；二是出于内在需求的不图回报的纯粹利他。手段利他的主观动机是为自己生存，即因为己而利他，主要方式有合作利他和道德利他。手段利他的原因不难理解：人在社会中生活，理智告诉我们，与他人合作和遵守道德能够更多地保证自己的利益。以下将着重研究不图回报的纯粹利他。

【091】为什么只有从物种生存上才能理解人类利他?

为物种生存而利他是自然界的意图

自私和利他，讲的是行为与自己或与他人关系的一种性质。行为为自己就是自私（即利己、自爱），行为为他人就是利他。而在根本上，为自己只能从行为的最终目的上去讲，而不能从获得快乐上讲，即不能说趋乐避苦就是自私。生物界只有一个核心的东西，即生物的生存（包括个体生存、种群生存、物种生存），生物体的一切都是为生存服务的。快乐痛苦是机体需要的动力环节，本质上它是动物维护物种生存的一种手段。由此，自私和利他这两个概念，应定义为：为自己的生存就是自私，为他人的生存就是利他。

需要强调的是，这里的“自私”是指不损害他人或社会利益的追求自己利益的行为性质。这种行为是正常的、普遍的。人世间也时常会出现种种无视道德或法纪的自私行为，无疑，这类行为是损人利己的，可以将其称之为“太自私”。

1．动物利他的根源

要弄清人类会不会利他，不能从道义上去认识，而应该从自然选择、物种生存上去理解。【091】对于这个问题，前文已证明，在整个生物界，生物的发展进化是围绕物种生存进行的，对人类来说，人种生存取决于个人生存、后代繁衍和群体稳定，而这一切都是靠个人去做的，显然个人天生地担负着自我生存、后代繁衍和维护群居三项任务。个人的一切行为必然都是为了完成这些任务。显然，个人力求吃饱穿暖以保自己生存，而保自己生存就是保物种生存；繁衍是为物种延续后代，维护群居是为物种得以强盛。为自己

【092】人性既有自私的一面又有利他的一面吗？

【093】人身上有哪些利他情感机制？

生存就自私（即自爱），为物种生存就利他，或者说，为个人生存必自私，为繁殖和维护群居必利他。【092】

从根源上看，人的行为不是由理性驱动的，而是由人体内在的动力机制驱动的。要让个人利他，自然选择就得在人体上设计种种利他机制，其中不仅要有利于后代繁衍的机制，而且还要有利于群居的机制。【093】利于后代繁衍的机制主要有母爱、情爱，这是大家熟知的。利于群居的机制，则是人的自尊心、正义感和同情心。自尊心的作用是，用羞耻心让人不胡作非为，用荣誉感让人争做好事；正义感的作用是，用满腔的义愤让人抱打人间的不平；同情心的作用是，用同情的眼泪让人帮助受苦受难的同类（包括帮助同伴的生育和抚养幼崽），还可限制自己的行为（不忍心伤害他人）。

这样，可以得出两个结论：其一，人体存在着利他机制，即用于维护物种繁衍和群体强盛的机制；其二，人性既有自私的一面，又有利他的一面。无疑，这种利他是不图回报的，而这是自然界的意图。

对于群居动物利于群体的情感，达尔文当年就有许多探索。他发现群居动物的机体上存在着利于群体的变异（能力）。他说："关于严格的社会性动物，自然选择不时通过保存有利于群体的变异而对个体发生作用。""高等社会性动物"虽然没有利于群体"构造"方面的变异，但有"某些心理能力""这等能力的获得主要是甚至专门是为了群体的利益，而个体不过因此同时间接地得到了利益而已。"[1] 至于人有哪些利于群体的心理能力，达尔文在《人类的由来》

1　叶笃庄编《达尔文读本》，中央编译出版社，2007 年，274 页。

一书中提到了“同情心”、“羞耻”感、“是非感”和“对受表扬的喜爱，对荣耀的强烈感觉”。他说：“社群与社群相比，同情心特别发达的成员在数量上特别多的社群会繁荣得最大最快，而培养出最大数量的后辈来。”[2]他还说，“我认为还有一点也是无可怀疑的，就是，狗也懂得羞耻，而这一情绪表示显然和畏惧分明是两回事，而在索取食物过于频繁的时候，也似乎表现得很像有些羞涩不前，有些难为情。”[3]

事实上，群居动物的机体上确实存在着利于群居的情感。据1994年英国《奥妙》杂志报道，黑猩猩也有自尊心和正义感。“美国艾默里大学研究中心动物学家迪戈尔在研究中发现”，当哪个黑猩猩“自私”了，会“受大多数同伴的鄙夷，它们常常得不到足够的食物，而且根本没有当头领的号召力和凝聚力。打抱不平则可能是黑猩猩表现出的第二种‘道德’观念。迪戈尔曾多次看到，当体格强壮的成年猩猩欺负小猩猩或体格弱小的同类时，其他猩猩会发出尖叫。”这里，“鄙夷”就是看不起，乃是自尊的评价；打抱不平则出于正义感。

2017年的一天，一名生物医学家搭乘一条小船，在非洲马拉维一个国家公园游览时，拍摄到一段鳄鱼与象群生死搏斗的视频。象群在水池边喝水，突然蹿出一条鳄鱼，咬住了一只小象的鼻子。象群发出惊恐之声，不断向后退缩。小象反复甩动鼻子试图逃生，可被鳄鱼死死咬住，无法解脱。突然，一头成年公象奋勇向前，对鳄鱼进行攻击，终于解救了小象。无疑，这头公象的利他行为是出于天生的利他情感，这种情感最大的可能是同情心而非父爱。因为小象被咬时，这头成年公象与小象不在一起，而且它的解救也不在第一时间，说明这头公象不是小象的父亲。从同情的角度来说，小象

2 叶笃庄编《达尔文读本》，中央编译出版社，2007年，161页。
3 同上，106页。

的惨叫、小象面临的危险、小象的苦苦挣扎，正是最有效的同情刺激物。

群居动物中，维护繁衍的利他行为更是普遍存在。前文说过，为繁衍后代，动物要经受孕育时的千辛万苦和大量的能量消耗，生育后要在恶劣的环境中为幼崽提供食物和保护；有些物种的个体只能活到生育的年龄，往往在交配后就被吃掉。

据法国南极考察工作站纪实：南极有一种企鹅叫帝企鹅，雌的把蛋生下来后，便去大海中为自己（补充营养）和小企鹅觅食，雄企鹅则担起蛋的孵化责任，孵化期 60 天。南极是个冰雪世界，气候条件极其恶劣，全年平均气温低于零下 40℃，极地风一无遮拦，风速极快，一年大部分时间不见太阳。雄企鹅将蛋放在自己的脚面与尾部孵化巢之间，立在雪地里两个月的时间，不吃不喝，任凭风吹雪打，死守在一个地方（只移动方向），孵化后代。孵化结束后，雄企鹅体重下降 45%。

各个物种的利他程度和利他方式是不同的。白蚁、蚂蚁、蜜蜂、黄蜂等社会性昆虫中自己不能生育的工虫（雌性），除了维持自己的生存外，专门为其他个体服务。比如，蚂蚁中工蚁的职责就是为蚁群觅食、筑巢、保卫家园、照顾幼蚁。蜜蜂中，在外敌入侵时，成群的工蜂勇敢地用尾部的刺蛰入侵者，以致一些工蜂因内脏被拖出而死去。可以说，社会性昆虫中存在着普遍的利他行为。

在进化过程中，蚂蚁物种之所以能够生存，是因为蚂蚁中有“工蚁”这一等级的存在，它们不仅为自己工作，更多是为群体服务。这样，蚂蚁社会中形成了一种特殊的自然分工，形成了一个共存亡的整体，有人称其为“超个体”，其中蚁后是生殖器官，工蚁是脑、心脏、肠子和其他组织。在进化过程中，蚂蚁物种之所以被自然所选择，正是因为自然界为它造就了特殊的个体构成和社会组织结构。从个体生存的角度上看，这是不可理解的；然而从物种生存的角度看，正是这种特殊的社会组织结构，保证了这种社会性昆虫的存活。

由此，群居动物物种的生存不仅靠个体生存和后代繁衍，而且还要个体承担维护物种整体利益的义务。为物种的生存，这种义务的存在是必要的，也是必然的。如果某个群居动物物种的个体失去这种义务，那么这个物种就会在自然选择中被淘汰。生物学家汉密尔顿考察了膜翅目的白蚁、蚂蚁、黄蜂这些典型的社会性昆虫，仔细研究了它们的社会结构、等级分化、筑巢方式、觅食行为、婚配制度、生殖模式以及社会秩序的建立和维系，指出正是这类昆虫社会的合作与利他行为，造就了他们巨大的生态优势。[4]

当然，在不同的群居动物物种中，承担繁衍和维护整体利益义务的情况是不同的。有的物种由每一个个体承担，有的物种由部分个体承担（社会性昆虫就是如此）。它们的社会性程度取决于各物种在一定的生存环境下生存的需要，而社会性越强，个体的利他行为就越多。社会性昆虫中的工虫利他只是动物界中的个别现象。人类的繁衍和维护整体利益的任务是由每个个人承担的。

至此，要判断人性中是否有利他的一面，关键在于是否承认：物种生存是生物进化的根本目标，群居是群居动物物种生存的又一个决定条件。如果答案是肯定的，那么，人性是利他还是利己，以及一些情感是归于自私还是归于纯粹利他，就一目了然了。

如此看来，“人之初，性本善”一说是错误的。【094】它的本意是，人出生之初，心地是善良的，长大后受社会影响才有了恶（即自私）。其实这种“自私”不是源于社会影响，而是源于人的天性。人天生具有维护自己的生存的需求，不维护就会饿死、冻死、病死。但人除了

4 刘鹤玲著《所罗门王的魔戒：动物利他行为与人类利他主义》，科学出版社，2008 年，39 页。

自私的一面，还有善良（利他）的一面，即有母爱、同情、自尊、抱打不平等天生的无私行为。人性在客观上就既有自私的一面又有利他的一面，违背事实去肯定一面否定另一面自然是行不通的。

我们看到，人们常常把父母爱孩子，个人追求名誉、追求快乐都看成是自私的，【095】于是就有了“人都是自私的”的结论。其实，爱孩子和追求名誉是有利于人类生存的，是利他的。爱孩子是爱人类的后代；爱名誉是认可来自社会的肯定和赞扬，有利于社会；追求快乐则是维护人类生存的一个手段。人追求快乐，既可能是为自己的生存，又可能是为后代繁衍和群体稳定。或者说，人在快乐的时候，既可能是个人吃饱喝足的时候，又可能是因抚养后代感受母爱甜蜜的时候，还可能是怀着一腔热血主持正义、打抱不平、维护群体稳定的时候。

显然，正是因为没有看清这个关键的问题，人们才会在人性的利己利他、一些情感的归属上左右为难。

2. 人类对利他的探索

17、18 世纪，欧洲的一些思想家看到了人类社会中同情心、荣誉感及利他性的存在，可他们找不到这种利他的真正原因，只好将其归于自私。英国学者培根认为“人性之中有一种隐秘的爱他人的倾向和趋势”，他的结论是这种爱他人的仁爱心是由基督教根植于人类心灵的。英国学者孟德维尔也看到了人类有同情心和荣誉感，他把同情他人、追求荣誉都归于利己。他认为，人是极端利己的，即使人们做了好事，其动机也是出自人的利己本性。他举例说，一个人去救一个溺水的儿童，尽管行为后果是好的，但其目的是解除自己看到这个儿童被淹死时的惨象所引起的痛苦。他不懂得自然界正是通过给行为者痛苦或快乐的感觉驱动其利他的。

法国思想家伏尔泰承认人除了自爱心还有一种与生俱来的对同类的怜悯之心，然而由于无法解释这种利他，便将这种利他归于自爱。他说："正是对我们自己的爱，助长了对他人的爱。"同样，法国思想家卢梭也是如此，既认为人有自爱心，又认为人有天生的怜悯心。他说："怜悯心是一种自然的情感""是使我们设身处地与受苦者共鸣的一种情感。"怜悯心使人不做损害他人的事，而做同情他人、帮助他人的事。不过，他也把"帮助他人"的利他归于自爱。他说，人从爱自己出发，必然会爱那些有利于自己生存的人。

20世纪五六十年代，美国心理学家马斯洛认为，人有爱、尊重、归属等"基本的情感需要"。爱的需要，主要是指对于"朋友、心爱的人、妻子和孩子"的爱；自尊的需要，主要是"对于名誉或威信（来自他人对自己尊敬或尊重）的欲望；归属的需要，是指'要成群结队、要入伙、要有所归属''要乡村的亲密'的情感"。由此，马斯洛认为人有"善"的一面，这是了不起的进步。

20世纪三四十年代之后，随着西方新达尔文主义的兴起和动物行为学的发展，对人的利他问题的研究重新成为热点。为解开人类利他行为之谜，一些生物学家在研究动物利他与利己、竞争与合作行为的基础上，提出了种种利他理论。如内含适应性理论、互惠利他理论。其中，尤属"内含适应性理论"影响最大，被称"点燃了一场革命"。后来，进化心理学解释利他行为的基本依据也正是这两个理论。

"内含适应性理论"是20世纪60年代早期，由美国一位名叫威廉·汉密尔顿的研究生提出的。这一理论主张，自然选择将倾向于那些能促使有机体的基因得以传播的特性，"亲属身上携带着我们的基因拷贝，所以我们才会对亲属给予照顾"[5]"父母会牺牲

---

5 ［美］D·M·巴斯著，熊哲宏、张勇、晏倩译《进化心理学：心理的新科学》，华东师范大学出版社，2007年，16页。

他们自己去挽救孩子的性命，因为孩子身上携带着父母的基因拷贝”。[6]这通常被称为“基因之眼看世界”。如果你是一个基因，你怎样让自己得以生存和繁殖？你除了要保证你的宿主（自己的身体）的生存和健康，还要帮助携带着你拷贝的宿主（亲属）成功地生存和繁殖。这一理论预测，利他行为会更多地出现在那些遗传相关度高的个体之间，即利他行为一般会出现在亲属之间，并且与亲近程度成正比，亲缘关系越近，彼此之间的利他倾向就越强。亲属之间的遗传相关度是：同卵双生子 1，父母与子女 0.5，同胞兄弟姐妹 0.5，祖父母与孙子 0.25，叔叔与侄子 0.25，第一代堂表兄弟 0.125。

对此，我有很多话要说。人是自然选择的产物，人体的一切都是自然界按一定规则和目的设计的，所以寻找利他的根源，应首先着眼于宏观（利他行为与物种生存的关系），而不是着眼于微观（基因）。我们看到，在亲族之间，确实存在着利他行为，如父母对子女的爱，祖父母对孙子女的爱；此外其他亲族之间也有一定程度的关心。问题是，自然选择的目标是物种生存，还是基因？亲属间的利他程度取决于遗传相关度吗？

在有些人看来，基因是自然选择的目标，而基因是自私的，一切都是为了更多更快地复制自己。但是，每一动物体上有千千万万个基因，如果它们都自私地各行其是，没有共同的目标，那还有个体生存和物种的生存吗？无情的事实是，在进化的过程中，一切不利于物种生存的基因必然被淘汰；而对必须群居的物种来说，一切不利于群居的基因必然被淘汰。试问，在这里，起决定作用的，是物种生存还是基因？由此，我们应该坚信，物种生存是自然选择的目标，群居是群居动物物种的又一个决定条件，群居动物为维护物

6 [美] D · M · 巴斯著，熊哲宏、张勇、晏倩译《进化心理学：心理的新科学》，华东师范大学出版社，2007 年，19 页。

种的生存，机体上必然存在着种种专门的利于群居的机制。

应当肯定，任何行为都有具体的动力机制予以推动。前面说过，驱动人们利他的具体机制乃是种种情感。而“基因之眼”中没有情感，没有“亲属照顾”的实际的动力机制。如果“亲属照顾”根源于基因，那么自然界就会选择一定的机制来保障。

从遗传相关度与利他倾向的关系来看，这一理论存在着许多的不准确性。在实际生活中，亲属之间，母爱最强烈，其次是祖父母对孙子女的爱。而据遗传相关度理论，双生子之间的爱比母爱要强一倍，同胞之间的爱比祖父母对孙子的爱强一倍，这既不符合事实，又不利于物种生存。同卵双生子出生后的很长时间，还靠父母的抚养，他们之间哪来的相互抚养的能力？如果自然选择让他们相互抚养，这个物种还能存在吗？事实是，父母对子女的帮助最为合适和方便。所以自然选择把抚养子女的使命交给了父母，给母亲进化出了乳房和强烈的母爱。这正好证明，自然选择的目标是物种生存，而不是基因。

如果说，父母和子女之间相互的遗传相关度是相同的（都是0.5），那么照此说来，有母爱，也应该有子女对父母的爱，而且这两个爱同样的强烈。可事实并非如此，子女对父母的爱远远不及父母对他们的强烈。其根本的原因仍然是物种生存。为了物种的强盛，年轻力壮的子女远比年老体衰的父母重要。

所谓“互惠式利他理论”，讲的是在非亲属之间合作行为和友谊行为中的互利，即帮助者能“从受惠者那里获得回馈式的收益”。比如狒狒之间的相互帮助、蝙蝠把食物反刍给曾给过它食物的朋友、人类搭顺风车等。在我看来，这类利他行为是存在的，但不是出于专门的心理机制，而是出于自身的种种需要和理性。寻找人类驱动行为的心理机制，应有个思路来统领，这个头绪就是，围绕生物发展进化的根本目标进行寻找。如这一机制有利于这个目标，机制就存在，否则就不存在。在自然选择的过程中，必然会产生种种维护物种繁衍和群体稳定的利他机制，这种机制必然是纯粹利他的机制，而不可能是想要从中得到好处的“互惠式利他”。

为了否定“物种生存”是自然选择的根本目标，《进化心理学：心理的新科学》中，讲了这样一个亲代抚育的例子。墨西哥的皱鼻蝠群居在黑暗的洞穴中，洞内通常有成百上千甚至上百万只蝙蝠。雌蝙蝠产下幼崽后外出觅食，回来后面临着从拥挤的住所中辨认出自己幼崽的难题。有进化心理学家说，“假如自然选择按照‘为了物种的利益’行事，那么蝙蝠妈妈喂养哪一个幼崽都可以”。可蝙蝠妈妈总是不惜代价，也要准确地找到自己的孩子进行喂养。这是因为“每一个母亲都进化出了养育机制”，是“用于保护自身的遗传后代，而不是整个蝙蝠物种的后代”。[7]

对此，我说，在繁殖上，物种的利益是由个体各自抚养自己后代去落实的，这两者并不矛盾。上述观点存在错误：其一，所谓“物种的后代”不是空洞的名词，个体“自身”的后代就是物种的后代，物种的后代是由所有个体的后代组成的。其二，每一物种后代的抚养，只能是责任制。单个母亲的精力及所觅食物是有限的，为了物种生存，蝙蝠妈妈必然会进化出准确喂养自己孩子的机制，以保证个体生存，进而保证物种不被淘汰。

纵观以往，对于维护群居的极端重要性，人们知之甚少。因此长期以来，人们普遍相信，人体的动物性是一种恶的动物性，大多数的原始冲动是邪恶的、贪婪的、自私的。对于不图回报的纯粹利他，至今在世界范围内还是一个“令人迷惑”的“非常深奥的难题”。

现代，笃信人的自私性的当数《自私的基因》一书的作者理查德·道金斯。他认为自然选择的基本单位是基因，“成功基因的一

7 ［美］D·M·巴斯著，熊哲宏、张勇、晏倩译《进化心理学：心理的新科学》，华东师范大学出版社，2007 年，214 页。

个突出的特征就是无情的自私性。这种基因的自私性通常会导致个体行为的自私性。”[8]那么，怎样理解动物界中的利他行为呢？道金斯“从纯粹自私的动机出发”作出种种猜测。他说：“我们常常会发现明显的利他行为实际上是伪装起来的自私行为。”[9]对于鸟类遭遇危险对其伙伴发出的警叫声，他推测，要么听众是它的“近亲”，要么是它自己想“通过各种途径获得私利”。[10]对于瞪羚遭遇捕食者时的跳跃行为，他认定“绝非是利他性的”。并推测，这是在给捕食者发信号。“这个信号的大意是：‘我显然是一只健壮的瞪羚，你抓不到我。你还是放聪明点，抓我的伙伴吧，它们没有我跳得高。’”[11]对于雌螳螂在交配中吃掉雄螳螂这种物种的繁殖方式，他直截了当地将其称之为“可怕习性”。[12]

在道金斯那里，人类社会是一个极端自私的社会，“一个单纯以基因那种普遍的、无情的自私性法则为基础的人类社会”，想要将这个社会建成“一个人与人之间慷慨大度、相互无私合作的社会，那你就不能指望从生物的本性获得什么助益”，而只能“设法通过教育把慷慨大度和利他主义灌输到人们头脑中吧！因为我们生来就是自私的”。[13]我不解，在道金斯那里，人是极端自私的，人体不存在什么利他机制，那么灌输法怎么能行得通呢？如果人体本身没有利他机制，无论怎样教育（灌输）也出不了利他主义。在根本上，人的利他性不是认识而是情感，教育只能激发已有的利他情感，或为利他情感提供认识上的指导，而无法植根人的情感机制。另外，如果“慷慨大度和利他主义”有利于人种生存，那么无所不能的自

8 ［英］理查德·道金斯著，卢允中、张岱云、陈复加、罗小周译《自私的基因》，中信出版社，2012年，3页。
9 同上，6页。
10 同上，191页。
11 同上，193页。
12 同上，6页。
13 同上，4页。

然选择为了人种生存，早就会在人体上设计相应的利他机制了，而无须人为地去“灌输”。相反，如果利他主义对人类生存没用，那么无论怎样“灌输”也是灌不进去的。

由此再次重申：为了人种生存，人类天生担负着维护个体生存、后代繁衍和群居三大任务。维护后代繁衍和群居是人类利他的根源，人类的纯粹利他则集中表现在维护繁衍和群居这两个方面。正因如此，自然选择在人体上设计了情爱、母爱、自尊心、正义感、同情心等利他情感。自尊心还会与社会道德规范等紧密联系在一起，从而使人把关心他人见义勇为作为道德责任而广泛利他。如此一来，人的利他行为丰富而广泛。

满足部分情感需要的利他

我们知道，人类的部分情感就是为了后代繁衍和群体稳定而设计的。母爱关爱的是自己的子女；情爱关爱的是自己的恋人；同情关心帮助的是你所遇到的同类中遭遇困苦的人；正义感打击邪恶，维护的是群体中的正义；自尊心让你关心他人、关心社会，自觉遵守社会公德。

让我们具体地看一看人类的种种利他情感是如何利他的吧。

1. 母爱利他

关于母爱的感人事迹前文已经讲得很多了，这里仅举一例。2017 年 10 月 24 日，安徽太和县医院监控拍下了感人的一幕：一位母亲在医院院子里，面朝手术室方向一直跪拜着，从下午两点半拜到晚上七点。原来，她的 15 岁的女儿正在里面做手术，她是在为女儿做平安祈祷。女儿幼时患小儿麻痹症，近一两年又经历了父母离婚，学习成绩却一直很优秀，令这位母亲感到骄傲。女儿腿疾变得严重起来，医生告诫要尽快手术，可懂事的女儿说：“妈妈，如果我的腿治不好，我就不去上学了。”母亲听得心如刀绞。女儿在里面手术，她精神高度紧张，只能不停地跪拜祈祷。好多人劝她起来，她哭着说：“女儿做手术，我心里害怕。”

2. 同情利他

因同情而出手相助，这也是很常见的。人们见不得他人受苦受难，见了就会伤心、流泪，这种痛苦总是驱使人们向受苦受难的人伸出援助之手。

2016 年 5 月 31 日傍晚，南京民警潘顺群去一个超市处理偷窃案件，这个案件令他心酸之极。小偷是一位 30 多岁的十分可怜的母亲，她所偷的是一点杂粮、一个鸡腿、两本儿童读物。询问中，这位母亲哭着叙述了一切：她姓刘，山东德州人，有一对双胞胎女儿，不幸的是，孩子一岁多时均被查出肾脏有问题。为了给她们治病，花光了家里的积蓄，丈夫很早就离家不知去向。4 年前开始，她每个月都要带两个女儿来南京治病。这次，她带着病情较重（小便排不出）的大双来南京总医院治病，病历本上的诊断为肾病综合征，伴有急性上呼吸道感染。因为住不起院，只能让孩子白天在医院挂水，晚上租住在医院附近的小房子里。“这几天都在挂水，每天花费要一两百块钱。”这对刘女士是沉重的负担。她的主要经济来源，是在当地一家废品站打工，每天只有四五十元。这次来看病总共带了 3000 元，大多是跟亲戚借的。说起自己在超市的行为，刘女士十分羞愧和后悔。她说：“小孩有肾病，脸和身子都浮肿了，吃杂粮才能让孩子消肿。”儿童节前一天，7 岁的女儿一早就说要礼物，想吃鸡腿，还想要两本三字经，一本给自己，一本给妹妹。学校早读课上要背。她还常对妈妈说，别的小朋友都有，就她没有。可刘女士一直没舍得给她买。当时在超市，她身上只有 5 块钱，可一个鸡腿就要 7 块钱，书要 19 块钱。“我拿起又放下，拿起又放下。”想起病中的女儿那近似哀求的目光，她不自禁地偷拿了一个鸡腿，两本书。

为了核实情况，潘警官和同事到了刘女士暂住地。他们看到，两平米的小屋子里只能放下一张床，小女孩在睡觉，脸肿得像苹果。当时，潘警官“就觉得特别心酸”，差点掉泪。回到警务工作站，潘警官打电话给同事小段警官说了这次经历，小段警官和她的母亲都流泪了，她们立刻开始给刘女士母女找衣服、找玩具。因为触动太大，潘警官的心情一直难以平复，当晚他就在自己的朋友圈和战友群里发了当时出警的情况，倡议大家给孩子捐款捐物。这个倡议先是在战友群里得到了响应，大家纷纷把红包发给潘警官。看到大家踊跃捐款，潘警官想到，应该发动警务工作站的同事们，为这对母女做些什么。于是，晚上接近 12 点时，潘警官又在工作群里发了他出警的详细情况。同事们都说：“这么可怜，让人看了心酸，我们能帮就帮帮吧。”“明天就‘六一’了，大家准备礼物，明天一起去医院看看小女孩。”第二天 6 月 1 日上午十点，潘警官和几位同事带着站里刚刚募捐到的3000多元钱和给母女俩准备的衣服、玩具去医院看望小女孩。小段警官说：“一看到她，眼泪就不自觉掉下来。她全身肿得很厉害，脚上在挂水，看着这些，真的心疼。儿童节礼物中有一块蛋糕，大双一直捧着，打开盖子举着勺子，看了半天又装了回去，还是没舍得吃。小女孩很懂事，看到这么多人在关心她，不停地哭。”

潘警官的微信经朋友圈转发后，也引发了媒体的关注。六一节这天，“微公益”捐款通道开通。“最心酸的儿童节礼物”激发了人们的同情心，戳中了大家的泪点。不到三个小时，1.6 万人次捐款金额已超30万元，不少明星也在微博上转发并参与了捐款。由此，一对双胞胎患儿的命运出现了转机。

大灾有大爱。在平静的情况下，人的情感是以生理机制的形式存在的，只有被激发时才产生能够感觉到的心理层面的情感，才产生快乐痛苦的感觉，才产生欲望、动机和行为。在大灾大难中，大量的伤亡、眼泪、哭喊、流离失所会强烈地刺激同情心等情感，而这些情感越被激发，表现出来的利他就越强烈、越广泛。

2008 年 5 月 12 日，四川省汶川县发生 8 级大地震，10 万平公里的土地上房屋倒塌，交通瘫痪，30 多万人受伤，7 万多人遇难，几百万人被困。国家组织大批救援、医疗、修路等方面的人员奔赴灾区，与四川人民一起展开了大规模的抗震救灾工作。同时，电视媒体对此进行了持续、大量的报道。这一切极大地激发了人们的同情心。救援人员全身心地投入了抗震救灾之中。他们从废墟和危难中救人，在生活和心理上关心人；他们不辞辛苦，不顾危险，拼命工作。他们中有许多人本身就是灾民，忍受着家破、亲人被埋或死亡的悲痛救助他人。在全国，上亿的人为死难者哭泣流泪，上千万的人为灾区捐款捐物，许许多多的人排队献血、争当志愿者。感人情景到处可见。这其中，有的出于对灾民的同情，有的出于对抗震救灾中涌现出的高尚行为和英雄人物的敬佩，有的出于源于自尊心的道德责任。毫无疑问，这些人是高尚的，这些行为是值得肯定的。

3．维护正义利他

人世间，欺负、欺骗、偷盗、杀人放火、蛮横无理、公职人员贪污受贿、渎职失职等现象是经常发生的。人的正义感担负着抱打不平、维护社会稳定的任务。人们每当遇到那些破坏社会秩序的行为，就会激起一股愤愤不平之情，有时甚至义愤填膺。在这种情感的驱使下，人们会对种种有害人民或社会的行为予以打击，或直接惩治、或举报、或抗议、或阻止犯罪。无疑，这种行为是利他的，维护了社会秩序，保护了人民和国家的利益。大革命年代，很多青年反封建，争民主，追求真理，追求光明，一腔热血，英勇斗争，这在很大程度上是正义感的驱使。今天，我们周围抱打不平的事也屡见不鲜。

2016年12月12日，一辆公交车行驶在河南郑州的公路上，一名坐在后排穿红衣服的年轻男子，因有人嫌他身上有味道，竟掏出刀子（20cm左右）要捅人。红衣男子挥舞着刀，不断地砍向说他的人，穿过众多乘客，从车尾一路追杀到车头。乘客们惊慌失措，纷纷躲避，车上一片混乱。这一切激起了一位小伙子的义愤，他不顾危险猛然间从红衣男子身后冲了上去，将其连同车上的扶杆紧紧抱在一起，随之又来了几个人帮忙，打掉红衣男子手中的刀。终于，一起危害公共安全的恶性事件得到了制止。

还有一个满腔正义向全世界揭露日本“南京大屠杀”的罪行，值得所有中国人崇敬和记住的英雄，张纯如。【096】她是一位华裔女子，祖籍江苏淮安，1968年出生在美国，写作硕士，毕业后先在美联社和《芝加哥论坛》工作，后成为媒体、杂志自由撰稿人。1994年的一天，她去看了南京大屠杀图片展，一幅幅日本人残害中国人的画面震撼了她的心灵，她义愤填膺。此后，她情不自禁地开始查找南京大屠杀的资料，结果惊讶地发现，无数以中国为主题的图书之中，竟然没有一本关于南京大屠杀的专著。西方人都知道希特勒在欧洲的种种罪行，却无人知晓日本人在中国犯下的罪行。这段令中国人刻骨铭心的罪恶历史，就这样被中国以外的全世界遗忘了，她忍不住失声痛哭。

她当即决定，“我作为一名作家，我要将遇难者从遗忘中拯救出来，替那些喑哑无言者呼号”。随即，她踏上了去南京的飞机。到达南京后，她四处走访，亲临南京大屠杀所有重要的现场、墓地和纪念馆，几乎全部进行了拍照和摄像。她还寻访了那场大屠杀的5名幸存者，面对了当年肆意杀人强奸的日本兵。一桩桩一件件，一次又一次地激起了她对南京大屠杀刽子手的无比愤怒，对30万受害同胞的深深同情。在写作的过程中，她经常被“气得发抖”。她一次又一次地攥紧拳头，一次又一次地泪流满面。就这样，历时三年，她的《南京大屠杀：被遗忘的二战浩劫》一书，终于在1997年南京大屠杀60周年之际问世。此书一出，震惊全世界。这是60年来首次有人“用英文向全世界，详尽地揭露日本当年的兽行”。在随后的数年内，这本书被翻译成15种语言，再版十多次，印数百万册，终使日本人犯下的罪行大白于天下。

而她的心灵却为伸张正义付出了巨大的、任何人都无法承受的代价。一方面，她的调查本身就是一个自我折磨的过程，为此她不得不经常性承受大量惨不忍睹的图片、影像和文字的强烈刺激；另一方面，她的书出版后，各种质疑和日本右翼的狡辩、威胁、污蔑接踵而来，使她常常陷入愤怒、恐惧和还击的思虑之中。她每天都生活在痛苦中，因此患上了抑郁症，一度情绪崩溃，在医院里住了5个月。2004年11月9日，她在美国一段荒僻的公路边开枪自杀，释放了她早已经不堪重负的灵魂。

4. 自尊守德利他

一次在地铁上，我见一位抱着婴儿的母亲上了车，立刻站了起来，准备给她让座。几乎同时，车门附近有两个男青年也站了起来，让那位母亲坐下。这种让座行为是出于理性吗？我认为不是，因为这是在见到那位母亲的刹那间发生的，其中并没有经过思考。无疑这源于人的情感。让座是一种道德规范，显然这种情感与道德有密切的关系。

这里的情感乃是人的自尊心。人的自尊心要维护的是自己在众人心目中的地位，或者说维护众人对自己的看法。众人的看法主要是针对一个人的守德情况的，因为道德是维护社会稳定和发展的总规定，是调整人们之间以及个人利益和社会整体利益之间关系的行为的总规定。众人的看法就是道德评价。道德评价就是对一个人遵守道德表现的评价。一个人遵守了道德就会受到他人的尊重，否则就会被人瞧不起。可见，人的自尊心和社会的道德要求紧密相连。

我们看到，道德规定什么，人的自尊心就会让自己遵守什么。社会一旦把给需要的人让座、拾金不昧、见义勇为等作为道德规范，人们就会从自尊心出发，自动去让座、去交还失物、去见义勇为。荣耀和羞愧是自尊心的心理反应，做好了感到荣耀，违反了会感到羞耻。显然，人的自尊心是以社会道德规范为标尺的【097】，或者说道德规范是自尊（荣耻）的标尺。社会一旦有了标尺，人们就会自觉自愿地按道德规范行事。

比如，你坐在公共汽车上，正享受着机体的舒适，突然车门一开，上来一位怀抱婴儿的母亲，正巧站到了你的身旁。在众目睽睽之下，你开始感到烦躁、羞愧、不敢抬头，因此立即站了起来给她让座，情愿用机体的劳累去换取心的舒适。又如，中国改革开放前，婚前性行为、未婚先孕是道德所不容的，一旦有谁违反自己就会感到羞耻。后来随着社会思想的开放，这类行为不再被认为是不道德行为，荣耻的标尺改变了。于是，谁再有这种行为就不感难为情，他人也见怪不怪了。

社会的稳定和发展离不开道德规范，而道德规范是作用在自尊心之上的，是给自尊心立标准划界限。如果人世间没有具体的道德标准，人们不知道什么该做什么不该做，也不会因此感到荣耀或羞愧，自尊心就失去了作用。行为无所适从，秩序必然混乱。有位中国女士移民美国做了幼儿教师，她不敢管班里的孩子，很多应该有的规矩都没有照做，该严肃的时候还是笑容满面，弄得孩子们失去了界限感，结果因纪律涣散而影响了教学。

在实际生活中，我们看到，以自尊心作为动力的道德规范（也称“道德戒律”）对人有着强大的控制力，人们在道德面前不敢越雷池半步。几百年前，对澳大利亚原住民来说，同姓通婚是禁止的，一旦有人违反便是最可怕的罪恶。还有，“一个印度人，如果违反了种姓制度的戒律、越出了自己所属的种姓，会惊恐得失魂落魄”。[14]新中国成立前后，受“男女授受不亲”传统道德风俗的影响，未婚男女在公众场合连话都不好意思说，也不敢说。当时有一部很受欢迎的文艺作品《小二黑结婚》，里面就有一段描写农家姑娘小芹与未婚夫二黑哥离别时的羞涩心理：“你去开会的那一天，乡亲们送你到村外边，我有心跟你说呀，说上那几句话，人多眼杂，人多眼杂我没敢靠前。”

从总体上说，道德是利他的，因为它维护的是社会的稳定和发展。所以，遵守道德就是利他。让座是利他，拾金不昧是利他，维护民族风俗也是利他（风俗过时另当别论）。人们在道德活动中，会形成一定的道德习惯，产生一定的道德责任，而这又丰富和加强了人的利他行为。比如，礼貌待人的习惯。有一年我外出旅游，在车上为空调与司机起了争执，心中不快。可两小时后我俩在车门口巧遇，我上他下，我习惯性地说了句客气话“你先下”，他回了声“谢谢”，我心中的那点闲气也就在这友好的对答中消失了。所谓道德责任感，乃是一个人坚决要去做的决心和自我压力。道德责任与人的身份有着密切的关系，比如教师、医生、军人、明星、公务员、共产党员往往会产生比常人更多的道德责任感。客观上，人们对这

14 ［英］达尔文著，潘光旦、胡寿文译《人类的由来》，商务印书馆，2013年，183页。

些人也有更高的要求。有道德责任感的人，在遵守道德的过程中往往积极主动，由此会产生大量助人为乐甚至是超乎寻常的利他行为。

2011 年 7 月 2 日，杭州一位年轻妈妈英勇救人的事迹引发海内外的震动。这天中午，杭州市滨江区一个住宅小区内，一个两岁多的女孩趴在 10 楼窗台上（窗子开着），楼上楼下一片惊呼。有人急得团团转，有人开始想办法救援。9 楼的住户设法搭了一个梯子，可是梯子刚刚伸到女孩脚下，女孩突然掉落。就在千钧一发之际，一位路过此地的年轻妈妈踢掉高跟鞋，快速靠近，伸出双臂接住了女孩。孩子得救了，救人的年轻妈妈左臂却被砸得粉碎性骨折。很快，年轻妈妈的英雄行为传到了网上，网友称她为“最美妈妈”。网友用公式计算：那一瞬间她相当于接住了 335.4 公斤的物体。她所住医院的院长说，如果孩子掉落偏差一点点，落在她的脖子上，她可能要高位截瘫；落在头上，就可能当场死亡。一时间，全世界都为她的事迹所感动，许多人都在思考“最美妈妈”行为的原因。【098】其中有“传统美德”“母爱”“人性大爱”“对生命的尊重”“本能反应”等观点。阿联酋国家报网站评论说：“虽然我们无法解释，这样一种应付突发事件的本能反应，但是如果每个人都能做到这样，那这个世界肯定会变得更美好。”

在我看来，“最美妈妈”行为的原因，一是出于自尊心（道德责任），这是最主要的。这位女士生于 1980 年，一贯积极上进，2000 年加入了中国共产党，接受了良好的道德教育。二是出于同情心，她是一个七个月孩子的母亲，亲眼看到另一个幼小的生命遭遇危险时，必然会对孩子及其父母产生强烈的同情。一位网友妈妈说：“看到报纸的时候，我都哭了，可能因为我也是刚当上妈妈的缘故。我宝宝和最美妈妈的宝宝差不多大，那样的感触真是太深了。”

顺便指出，救人者在救人的过程中受伤甚至牺牲生命是经常发生的。应该看到，人在投入救人行动之初，往往并没想到情况的复杂性和多变性，更没想到自己可能会受伤或死亡。受伤或死亡常常是在复杂多变的情况下瞬时造成的。可见，这种种利他不是道德、理智的问题，而是母爱、情爱、同情、正义感、自尊心等情感需要的驱使。在当时，救人者并不企求别人的报答，也暂时将自己的安危抛诸脑后，而实际上是在满足自己的情感，是在获得自己的快乐或解除自己的痛苦。

激情而利他

人的情感有一个显著特征，即情感被刺激后有时会反应为有着强烈情绪的激情。激情都是利他的吗？不，有的利他，有的则害人害己。但利他的激情是普遍存在的。

人有众多的情感，在外界情景的强烈刺激下，常常会对一些事情产生强烈的兴趣和爱好，即产生激情。比如，绘画的激情、科研的激情、收藏的激情、舞蹈的激情、演唱京剧的激情、写作的激情等。而在社会上，公共事业有着巨大的吸引力，更容易使人产生利他激情。比如民族危亡、外敌欺扰、国家兴衰、人民疾苦、儿童失学、科学研究、自然灾害、汹涌澎湃的革命事业、充满正义与邪恶的战争风云，必然会激起人们积极投身爱国家、爱社会、爱他人、爱科学的激情。这些利他激情，不仅来源于母爱、情爱、同情心、自尊心等直接利他的情感，而且也来源于好奇心、好胜心、仇恨心、正义感、爱美之心等情感。

人在充满激情的时候，激情起主导作用，人的享乐和生存等欲望就会退居次要的地位。此时，人们会不辞辛苦、甚至不怕牺牲地“时刻准备着”为自己所热衷的事业献出自己的生命。正因如此，历史上才会有千千万万不怕牺牲、为人民事业奋斗的志士仁人。

让我们看看科学家、革命家、艺术家、思想家们的激情吧。

科学家对科学的兴趣和迷恋，正是好奇心、好胜心等情感的作用。人人都有好奇心、好胜心，科学家更是有着“永不满足的好奇心”。美国一位作家在说到爱因斯坦时说，他的“好奇心像附体的魔鬼那样，驱使他去寻找真理的最后藏身之处”。而科学本身的奇异，对他们有着很强的吸引力、诱惑力。许多科学家说，从事科学犹如探险，“充满着浪漫的气息”。大自然的神秘、事物的五彩缤纷、斗争的错综复杂，激发了他们的好奇心、好胜心等情感，于是，他们渐渐地或突然某一天便产生了对一些事物和问题的兴趣。有了兴趣，好奇心、好胜心就驱使他们更多地关注和探索这些问题，随之产生了更加浓厚的兴趣，进一步激发好奇心、好胜心……他们急切地忘我地去探寻真理，如痴如狂，一直到生命的最后一息。许多科学家的生命是在书房、藤椅、实验室结束的。达尔文在临终说：“我难过的只是我已经没有力气把我的研究继续下去了。”

人的情感一旦被外界情景强烈激发，会聚集形成一种热衷于某一事情的兴趣、爱好或理想的激情，且这种激情有一定的稳定性，使人长时间地生活在其中，少则几年，多则几十年。比如，一个热衷于科学研究的人，会常常处于思考之中，吃饭、走路、乘车、睡前会思考，半夜醒来也会思考；如感悟到什么，会异常兴奋；如与人谈起自己所热衷的事业，则会兴致勃勃，滔滔不绝。激情特别敏感，一切与激情有关的事物都会激起它。

法国科学家居里夫人（1867—1934 年）是两次诺贝尔奖的获得者。1897 年她开始研究放射元素镭，这一研究成为她一生不懈的追求。居里夫人在巴黎一所学校实验室工作，她的丈夫、物理学家居里在该校任教。一次居里夫人在检验一种矿石时，发现其中有一种未知的元素，其放射性远远超过铀和钍，于是她和她的丈夫以极大的热情穷追不舍，经过一年多对铀沥青矿的分析研究，于1898年12月宣布发现了镭。

紧接着，他们开始了把镭元素从矿石里提炼出来的工作。没有矿石原料，他们费尽周折、不辞辛苦地从外地弄来几吨铀沥青矿废渣；没有实验室，他们利用自己所在学校废弃的木棚。设备简陋，经费不足，靠自己的决心和勇气。木棚雨天漏水，夏天闷热，冬天阴冷，如居里夫人所说，“我们就是在如此恶劣的条件之下，拼命地干着”。为了不中断实验，他们整天待在实验室里，午饭常常就随便凑合一下，有时累得“像是散了架似的，连话都懒得说”。经过4年艰苦的工作，1902年，他们终于提炼出一分克纯净的氯化镭。1903年，居里夫妇及贝克莱尔因发现放射性和放射性元素而共同获得诺贝尔物理奖。1906年，居里车祸去世，居里夫人强忍着巨大的悲痛，以坚强的毅力继续她的研究。1910年，她终于提炼出了纯净的金属镭。1911年，她获得了诺贝尔化学奖。

在《居里夫人自传》中，到处可见她强烈的激情、她的喜怒哀乐：“急不可耐地想尽快证实我的这种假设”“极大的兴趣”“有时候，我们夜晚也跑到木棚里去”“惊诧不已”“苦恼至极”“高兴得跳起来”“眼看令人满意的结果即将获得时，我们会激动不已，说不尽的欢欣鼓舞”，当看到提炼出来的宝贝“那微微发光的身影”，他们“感到无比激动和迷恋”。尽管研究非常辛苦，可她说自己“度过了一生中最美好最快乐的时光”，而“如果放弃科学研究，对我来说，不啻是一种巨大的痛苦”。

居里夫妇热衷科学事业，把大部分时间用于无报酬的科研，不顾及物质生活，弄得一度“生活难以为继”；不顾及长期的放射性毒气对身体的伤害，以致居里夫人死于白血病。

人在充满激情或情感爆发时聚集着强大的力量，以致整个人都被这种情感所控制。他们常常会不辞辛苦、不顾一切甚至不惜生命地去关心他人、关心公众事业。他们可能会长时间地生活在激情之中，情愿为某种事业献身。应该看到，人们对某些事业的热爱的激情往往成为一种稳定的心理定势，一种理想和信念。正因如此，在社会变革时代，总是会出现许许多多为真理而英勇斗争、不怕牺牲的可歌可泣的革命者。

“生命诚可贵，爱情价更高。若为自由故，两者皆可抛。”这是我们熟悉的诗句，可它并不是一个人平静的遐想，而是一个革命者为理想而战的真实情怀的反映。它的作者是伟大的诗人裴多斐。裴多斐是匈牙利人，他参加了匈牙利人民争取自由的战争，为此牺牲了年轻的生命，永远地离开了 22 岁的妻子和 1 岁半的孩子。

结婚是人一生中最神圣的事情，充满激情的人常常会把激情与结婚联系在一起。1920 年 5 月，中国共产党的创始人之一蔡和森和他的爱人向警予在法国捧着马克思的《资本论》拍了结婚照。此后他们为自己热爱的事业前赴后继、英勇奋斗，分别于 33 岁和 36 岁就义。

中国民主革命时期，黄花岗烈士林觉民为自己即将参加广州起义激动不已。想到自己可能死去，在起义前一天晚上，他写下了《致父老书》《禀父书》《与妻书》三封绝命书，决意为拯救中国和人民而死，结果被俘。在敌人讯问时，他抑制不住满腔的激情，顾不得生死发表慷慨激昂的演说，劝诫清吏洗心革面、革除暴政、建立共和。

应该想到，在大革命时期暴风骤雨的环境下生活，各种刺激铺天盖地而来，人的情感不可能不被激起。这种情况下，如果一个人坚持对外界不闻不问，那么不仅会受到人们耻笑，而且必定受到来自内心的痛苦煎熬。同理，为什么一些出身豪门的人会放弃安定舒适的生活而投奔革命？那是因为他们的情感已被激起，革命的形势激发了他们自尊、好胜、正义、反抗、好奇、同情等情感需求。

2007 年，香港凤凰台记者采访中国一位知名大学教授。这位教授在讲到她现在的情况时，说：“我不再为个人活着。”她在大学里教授研究生，在国内外讲学。她非常热爱古诗词传播事业，决心为此奋斗终身。我以为，这位教授说的是真心话。她已为老年，此时她吃、用不愁，声名已有，确实不需要再为个人的物质生活和名誉活着。可她要为自己的激情活着。她的激情是为古诗词传播事业奋斗的激情，为古诗词传播事业奋斗是利他的。激情的力量是强大的，在这种激情驱使下她不得不为之奋斗，奋斗就会感到快乐，停下来就会感到痛苦。

情感这个东西是很奇特的，当你没有触及它的时候，它是平静的；而只要你去持续地接近它，它会愈演愈烈，且一旦“烈”了，就难以平息，这时突然的冷却便成为一种痛苦。19 世纪中叶，俄国作家陀思妥耶夫斯基因反对沙皇政府，被判服苦役 4 年。其间，不许写作。陀思妥耶夫斯基非常痛苦，在给哥哥的信中，他说：“如果不许我写作，那我就会死亡。我可以在牢里关上 15 年，但求手里能握起一支笔。”

在有些人看来，科学家、革命家之所以热爱科学、热爱革命，是由于他们树立了造福人类的崇高思想。他们不懂得：道德可能使人下决心去学习一门科学，但决不能使人直接产生对这门科学的热爱。科学家对科学的迷恋，一定是出于对科学本身的爱，而这种爱来自人自身的情感需要。革命家确实会把“革命成功”“人民幸福”“国家富强”作为奋斗目标，但这只是他们坚持真理、追求理想的一部分，是他们为激情奋斗的一种表现，而不是他们自身具有的或通过教育产生的需求。这种不图回报的利他，根源于他们自身的一些情感需要，如好奇、正义、好胜、同情等。

情感爆发而利他

最后，在行为动因的迷宫内，还隐藏着一个最大的难题，即舍生忘死的英雄行为的根本动因。几千年来，“人不为己”论者在此挂上了沉重的铁锁，“自爱”论者在此也望而却步。人们常常发问：这些英雄连生命都不顾，他们的行为还会与自身需要相关吗?

殊不知，情感还有一个特点，就是爆发性。特别强烈的感情冲动或许就是其中的一种。心理研究表明，人的情感需要的强烈程度是可变的，在连续的刺激下，情感会越来越强，甚至爆发。两个人吵架，越吵越凶，以致怒不可遏，甚至杀人。激烈的足球比赛，人的情感如烈火燃烧，怒吼、争吵、有意冲撞、打人或报复的事时有发生。

战场上的情况更是如此。在正义的战争中，将士们汹涌澎湃的情感必然会创造出伟大的业绩。在我国，电影《英雄儿女》家喻户晓，片中那个高呼“向我开炮”、手握爆破筒与敌人同归于尽的王成，更是感动了一代又一代的人。王成的形象并非虚构，而是中国人民志愿军在抗美援朝战场上英雄事迹的再现。影片中“向我开炮”的事迹，【099】取材于1953年的一篇题为《向我开炮》的通讯，该文记述了志愿军23军于树昌和蒋庆泉的事迹。

1953年4月,在第三次攻打“三八”线附近的石岘洞北山战役中，23军67师201团步话兵蒋庆泉面对几乎攻到面前的敌人，向指挥所连连呼叫“向我的碉堡开炮”。23军《战地报》记者洪炉听说这一情况，立即找到当时在指挥所与蒋庆泉直接通话的两名战士陆洪坤、谷德泰，随后完成了一篇战地通讯《顽强的声音——记步话机员蒋庆泉》。因为蒋庆泉最后没有牺牲——他被炸昏以后成了美军俘虏，按照规定，凡被俘者不予宣传，该通讯没有发表，但蒋庆泉那句“向我开炮”的惊天呼喊在军中迅速流传。1953 年 6 月 29 日晚，于树昌所在部队 23 军 73 师 218 团，为了配合金城主攻方向作战，对无名高地之敌进行反击。战斗中，步话机员于树昌看到冲过来的敌人，喊出了“敌人上了我的地堡顶，开炮！向我开炮！为了胜利，向我开炮！”随后，于树昌砸碎了步话机，拉响最后一颗手榴弹，壮烈牺牲。根据这两人的事迹，洪炉和时任 67 师宣传干事的田镜波写出了《向我开炮》一文。20 世纪 60 年代，这篇报道被长春电影制片厂《英雄儿女》的编剧毛烽和导演武兆堤发现，又结合了英雄杨根思抱着炸药包与敌人同归于尽的情节，塑造出了王成的英雄形象。

多年来，老作家洪炉一直在寻找活着的“王成”蒋庆泉。21 世纪初，他在网上写了一篇名为《呼唤“王成”：你在哪里？》的文章。2008 年 9 月，陆洪坤通过这篇文章找到了蒋庆泉，不久后，洪炉、陆洪坤和蒋庆泉相聚。原来，蒋庆泉于战争结束后不久回到了家乡辽宁省锦州市大岭村，从此一直默默无闻地生活在这里。由于洪炉和陆洪坤这两位当年的亲历者站出来为蒋庆泉“王成般的英雄事迹”作证，多家媒体跟踪报道了此事。

蒋庆泉和陆洪坤一起回忆了那段在心中深埋了 50 多年的历史。在朝鲜战场上，每一块阵地都被反复争夺，“人肉堆成山”。1953 年 4 月 18 日，蒋庆泉和陆洪坤所在的 23 军 67 师 201 团 5 连接到攻占石岘洞北山的命令。出发前，连长便开始指定如他死后谁来指挥，一直从排长指定到了年岁最小的一位班长。攻山战中，165 人组成的加强连，已经只剩下十几名战士，连长阵亡，排长阵亡，班长阵亡。蒋庆泉看着战友们一个接一个地扑通扑通倒下去，一个拦着蒋庆泉不让他出碉堡的战士，头被打碎了，胸口也喷着血。此时此刻，蒋庆泉热血沸腾。陆洪坤至今仍记得，当年步话机中蒋庆泉的嘶吼声，最后他不喊暗语了，直接喊“向我碉堡顶上开炮”。陆洪坤问，那你怎么办？他说你别废话，向我开炮！向我开炮！然而由于我方弹药供给出现了问题，蒋庆泉并未等到他要的炮火，负伤被俘。

可想而知，在紧张激烈的战场上，战友的牺牲、敌人的凶残、战情的紧急、浓烈的战争气氛等，会强烈地刺激人的好胜心、好奇心、复仇心、自尊心、正义感等情感，以致爆发。此时，战士激情满腔，根本没有死亡的恐惧，心中最强烈的、控制一切的欲望就是杀敌、报仇、胜利。据当年第十五军编撰的《抗美援朝战争史》记载：“上甘岭战役中，危急时刻拉响手雷、手榴弹、爆破筒、炸药包与敌人同归于尽，舍身炸敌堡，堵敌枪眼等成为普遍现象。”生命对任何人都是可贵的，但这并不是说人对生命的欲望，在任何时候、任何情况下都最强烈。在激情燃烧的时候，将生命置之度外并不罕见。

在媒体上，经常有这样的报道：一个人见义勇为救了人，政府给了 10 万元奖励；有的地方政府为鼓励见义勇为，将奖励金从 10 万提高到 20 万，等等。2015 年 9 月大连市报道，一位准新娘在老虎滩救人，大连阿里公益负责人被感动，决定奖励她一万元。具体经过是这样的：2015 年 9 月 21 日上午，一对新人在大连市老虎滩一处拍婚纱照时，听说海滩上有人突发心脏病，生命垂危，穿着婚纱的准新娘直接从台阶上跳下，急奔数十米来到患者身边。当时患者老伯嘴里吐水，还有生命迹象。准新娘立即为他急救，跪在地上按压心脏，一会做人工呼吸，一会伏下身子听心跳，如此反复多次。遗憾的是，持续 20 多分钟的心肺复苏抢救没能挽回患者的生命。可这位准新娘认真、努力、不怕脏、不避嫌，不顾婚纱被汗水、海水浸湿的形象，深深地感动了在场所有的人。人们为她热烈鼓掌，说“这太感人了”，称赞她是“最美新娘”。当天，人们得知这位准新娘是大连市中心医院护士。大连阿里公益负责人对她深为敬佩，决定奖励她一万元，可被婉拒了。她说得很明确，不希望由这件事获取任何荣誉和利益。

这引起人们的思考：物质奖励能激发见义勇为的行为吗?【100】救人的动机到底是什么？这就要求我们懂得人性利他的本质。前面说过，情爱、母爱、自尊心、正义感、同情心是人用于繁衍和维护群居的利他情感，出于这些利他情感的行为是不图回报的。上述准新娘的行为出于她的同情心和根源于自尊心的道德责任心。利他情感被激起后产生强大的推动力，驱使人们去见义勇为，做了就快乐，不做就痛苦，做的时候就是满足的时候，就是回报的时候，此外不再希求回报。物质利益并不能驱动这种行为的产生。那么，那些见义勇为的人，需要什么呢？他们需要被承认、肯定，说一声“谢谢”。由此，我们的政府如想鼓励见义勇为，最好的做法就是大张旗鼓地宣传这种行为，广泛地评选“道德模范”。

以上，在说一件天大的事。我们终于找到了不图回报利他的原因，这为科学认识人行为的根本动因，为彻底解释人的全部行为提供了依据。

主要参考书目

[1] 河北师范大学生物系遗传育种教研组《生物进化论》，人民教育出版社，1975年。

[2] [英]达尔文著、舒德干等译《物种起源》，北京大学出版社，2005年。

[3] 叶笃庄编《达尔文读本》，中央编译出版社，2007年。

[4] [英]达尔文著，潘光旦、胡寿文译《人类的由来》，商务印书馆，2013年。

[5] [美]杰里·科因著、叶盛译《为什么要相信达尔文》，科学出版社，2009年。

[6] 张秉伦、郑土生著《达尔文》，中国青年出版社，1982年。

[7] [美]I·阿西摩夫著，阮芳赋、陈大卫等译《人体和思维》，科学出版社，I1979年。

[8] 陈炳卿、孙长颢主编《营养与健康》，化学工业出版社，2004年。

[9] [美]马克·贝科夫著，宋伟、郭燕、高勤译《动物的情感世界》，科学出版社，2008年。

[10] [英]苔丝蒙德·莫里斯著、余宁等译《裸猿》，学林出版社，1988年。

[11] [日]栗原坚三著、叶荣鼎译《趣谈味觉与嗅觉的奥秘》，上海科学普及出版社，2004年。

[12] [意]马耶尔纳编，张娇、黄寰、罗子欣译《世界动物百科一本全》，安徽少年儿童出版社，2009年。

[13] [奥]弗洛伊德著，林尘、张唤民、陈伟奇译《弗洛伊德后期著作选》，上海译文出版社，1986年。

[14] [奥]弗洛伊德著、高觉敷译《精神分析引论》，商务出版社，1986年。

[15] 吴光远、徐万里编著《弗洛伊德：欲望决定命运》，新世界出版社，2006年。

[16] [美]马斯洛著、许金声等译《动机与人格》，华夏出版社，1987年。

[17] [美]马斯洛等著、林方主编《人的潜能与价值》，华夏出版社，1987年。

[18] [奥]格奥尔格·马库斯著、顾牧译《弗洛伊德传》，人民文学出版社，2011年。

[19] [美]弗兰克·戈尔布著，吕明、陈红雯译《第三思潮：马斯洛心理学》，上海译文出版社，1987年。

[20] [美]D·M·巴斯著，熊哲宏、张勇、晏倩译《进化心理学：心理的新科学》，华东师范大学出版社，2007年。

[21] [美]爱德华·O·威尔逊著、毛盛贤等译《社会生物学：新的综合》，北京理工大学出版社，2008年。

[22] 章海山著《西方伦理思想史》，辽宁人民出版社，1982年。

[23] 高觉敷主编《西方近代心理学史》，人民教育出版社，1982年。

[24] 冯广国、彭文晓、周宗明主编《心理学》，经济科学出版社，1988年。

[25] [美]加德纳·墨菲、约瑟夫·柯瓦奇著《近代心理学历史导引》，商务印书馆，1980年。

[26] 张爱卿著《动机论：迈向二十一世纪的动机心理学研究》，华中师范大学出版社，1999年。

[27] [美]希尔加德等著、周先庚等译《心理学导论》，北京大学出版社，1987年。

[28] 陈红著《进化心理学：人类心理设计之路》，安徽大学出版社，2014年

[29] [美]杜·舒尔茨著、杨立能等译《现代心理学史》，人民教育出版社，1981年。

[30] 曹日昌主编《普通心理学》，人民教育出版社，1980年。

[31] [韩]朴珍英著、千太阳译《敏感动物：我们为什么在意别人的脸色？》，古吴轩出版社，2015年。

[32] 石毓彬、杨远编《二十世纪西方伦理学》，湖北人民出版社，1986年。

[33] 魏英敏，金可溪编著《伦理学简明教程》，北京大学出版社，1984年。

[34] [保]瓦西列夫著，赵永穆、范国恩、陈行慧译《情爱论》，文化生活译丛，1984年。

[35]《关于人的学说的哲学探讨》，人民日报出版社，1982年。

[36] 彭波主编、《中国青年》编辑部编《潘晓讨论：一代中国青年的思想初恋》，南开大学出版社，2000年。

[37] 张步仁著《西方人学发展史纲》，江苏人民出版社，1993年。

[38] [美]亨利·托马斯、达纳·李·托马斯著，陈仁炳译《伟大科学家的生活传记》，江苏科学技术出版社，1980年。

[38] [德]费尔巴哈著，苏震华、李金山译《费尔巴哈哲学著作选集》，商务印书馆，1984年。

[40] 吴倬编著《神的世界探源》（宗教学篇），清华大学出版社，1994年。

[41] [英]罗素著、靳建国译《婚姻革命》，东方出版社，1988年。

[42] [美]戴尔·卡耐基著，李异鸣、郭海东译《卡耐基大全集》，新世界出版社，2000年。

[43] [美]约翰·P·霍斯顿著，孟继群、侯积良等译《动机心理学》，辽宁人民出版社，1990年。

[44] [英]理查德·道金斯著，卢允中、张岱云、陈复加、罗小周译《自私的基因》，中信出版社，2012年。

图书在版编目（CIP）数据

看透人心：揭开行为动因之谜 / 皋古平著. -- 上海：同济大学出版社，2021.5

ISBN 978-7-5608-9839-1

Ⅰ. ①看… Ⅱ. ①皋… Ⅲ. ①心理行为 Ⅳ. ①B842

中国版本图书馆 CIP 数据核字（2021）第 049289 号

看透人心

揭开行为动因之谜

皋古平 著

出 品 人 华春荣

责任编辑 张 翠 责任校对 徐春莲 装帧设计 张 微 陶春晨

出版发行 同济大学出版社 www.tongjipress.com.cn

地 址 上海市四平路 1239 号 邮编 200092 电话 021-65985622

经 销 全国新华书店

印 刷 常熟市华顺印刷有限公司

开 本 710mm×960 mm 1/16

印 张 19.25

字 数 385 000

版 次 2021 年 5 月第 1 版 2021 年 5 月第 1 次印刷

书 号 ISBN 978-7-5608-9839-1

定 价 78.00 元